Introduzione alla fisica moderna

Luca Salasnich • Francesco Lorenzi

Introduzione alla fisica moderna

Un invito alla meccanica quantistica e alla meccanica statistica

Springer

Luca Salasnich
Dipartimento di Fisica e Astronomia
"Galileo Galilei"
Università di Padova
Padova, Italy

Francesco Lorenzi
Dipartimento di Fisica e Astronomia
"Galileo Galilei"
Università di Padova
Padova, Italy

ISBN 978-3-032-17302-7
ISBN 978-3-032-17303-4 (eBook)
https://doi.org/10.1007/978-3-032-17303-4

This book is a translation of the original English edition "Modern Physics," 2nd edition, by Luca Salasnich and Francesco Lorenzi, published by Springer Nature Switzerland AG in 2024. The translation was done with the help of an artificial intelligence machine translation tool. A subsequent human revision was done primarily in terms of content, so that the book will read stylistically differently from a conventional translation. Springer Nature works continuously to further the development of tools for the production of books and on the related technologies to support the authors.

This Springer imprint is published by the registered company Springer Nature Switzerland AG
The registered company address is: Gewerbestrasse 11, 6330 Cham, Switzerland

Prefazione

Questo libro contiene gli appunti delle lezioni preparate per due corsi semestrali all'Università di Padova: "Struttura della Materia", B.Sc. in Ottica e Optometria, e "Fisica Quantistica", B.Sc. in Scienza dei Materiali. Questi corsi forniscono un'introduzione alla meccanica statistica, alla relatività speciale e generale, e alla fisica quantistica.

Il primo capitolo rivede brevemente le idee della meccanica statistica classica introdotte da James Clerk Maxwell, Ludwig Boltzmann, Willard Gibbs e altri. Il secondo capitolo è principalmente dedicato alla relatività speciale di Albert Einstein, ma consideriamo brevemente anche la relatività generale. Nel terzo capitolo viene analizzata storicamente la quantizzazione della luce dovuta a Max Planck e Albert Einstein, mentre il quarto capitolo discute la quantizzazione dei livelli energetici e le transizioni elettromagnetiche di Niels Bohr. Il quinto capitolo è dedicato all'equazione di Schrödinger, che è stata ottenuta da Erwin Schrödinger dall'idea di Louis De Broglie di associare a ogni particella una lunghezza d'onda quantistica. Il capitolo sei descrive gli assiomi fondamentali della meccanica quantistica, che sono stati formulati nei libri seminali di Paul Dirac e John von Neumann. In questo capitolo discutiamo anche la teoria delle perturbazioni stazionarie, la teoria delle perturbazioni dipendenti dal tempo e il principio variazionale. Nel capitolo sette ci sono diverse applicazioni importanti della meccanica quantistica: la particella quantistica in una scatola, la particella quantistica nel potenziale armonico e il tunneling quantistico. Il capitolo otto è dedicato allo studio della fisica atomica quantistica con particolare enfasi sullo spin dell'elettrone, che richiede l'equazione di Dirac per una giustificazione teorica rigorosa. Nel nono capitolo viene spiegata la meccanica quantistica di molte particelle identiche a temperatura zero, mentre nel capitolo dieci la discussione viene estesa a temperatura finita introducendo e utilizzando la meccanica statistica quantistica. Le appendici sulla funzione delta di Dirac, i numeri complessi, la trasformata di Fourier e le equazioni differenziali sono un utile aiuto matematico per il lettore.

L'autore ringrazia il Dr. Fabio Sattin, il Dr. Andrea Tononi e il Prof. Flavio Toigo per la loro lettura critica del manoscritto e i loro utili commenti e suggerimenti.

Padova
11 Novembre 2021

Luca Salasnich

Prefazione alla seconda edizione

La seconda edizione di questo libro ha due capitoli aggiuntivi. Questi capitoli 11 e 12 trattano argomenti rilevanti nella fisica quantistica contemporanea, e potrebbero essere utili anche per gli studenti di dottorato. Il capitolo 11 è un'introduzione all'informazione quantistica, dove introduciamo i concetti di base dell'informazione quantistica, il qubit e le porte logiche quantistiche, per poi affrontare gli stati *entangled* e separabili, l'entropia di *entanglement*, e gli stati puri e misti. Alla fine del capitolo discutiamo l'importante algoritmo quantistico di Deutsch-Jozsa. Il capitolo 12 è un'introduzione alla formulazione dell'integrale sui cammini di Feynman della meccanica quantistica. Nel contesto della meccanica quantistica a singola particella, trattiamo la derivazione dell'integrale sui cammini per il propagatore, e forniamo alcuni esempi notevoli. Discutiamo l'analogia con la termodinamica, e i metodi di approssimazione per gli integrali funzionali. C'è anche una nuova appendice dedicata ad alcuni elementi di base della teoria della diffusione quantistica.

Alcuni capitoli sono stati ampliati cercando di rendere il loro contenuto più chiaro ai lettori. Per questo motivo, i capitoli 6 e 7 sono stati scambiati. In particolare, nel capitolo 6 abbiamo arricchito la discussione del potenziale armonico quantistico e dell'approssimazione WKB con le sue applicazioni al tunneling quantistico e ai livelli energetici quantizzati. Invece, nel capitolo 7 abbiamo meglio elaborato gli assiomi della meccanica quantistica e le loro conseguenze fisiche. Infine, nel capitolo 10 abbiamo introdotto un interessante collegamento tra l'insieme gran canonico e l'insieme canonico per la descrizione statistica di un gas ideale di bosoni.

Gli autori ringraziano diversi studenti che hanno rilevato refusi ed errori nella prima edizione.

Padova
19 Febbraio 2024

Francesco Lorenzi
Luca Salasnich

Prefazione all'edizione in italiano

L'edizione in italiano del libro si basa sulla seconda edizione in lingua inglese. Sono stati corretti alcuni refusi ed è stata aggiunta una breve discussione della teoria della misura, ed alcuni testi suggeriti per approfondimenti, nel capitolo 7.

Padova	Francesco Lorenzi
10 settembre 2025	Luca Salasnich

Indice

1 Meccanica statistica classica 1
- 1.1 Teoria cinetica dei gas 1
  - 1.1.1 Distribuzione di Maxwell delle velocità 3
  - 1.1.2 Distribuzione di Maxwell-Boltzmann delle energie 6
  - 1.1.3 Densità di stati a singola particella 7
- 1.2 Insiemi statistici di Gibbs 8
  - 1.2.1 Insieme microcanonico 9
  - 1.2.2 Insieme canonico 10
  - 1.2.3 Insieme gran canonico 11
  - 1.2.4 Densità di stati di molte particelle 12
- 1.3 Capacità termica di gas e solidi 13
- Ulteriori letture 14

2 Relatività speciale e generale 15
- 2.1 Onde elettromagnetiche 15
  - 2.1.1 Invarianza di Lorentz dell'operatore di d'Alembert 18
- 2.2 Trasformazioni di Lorentz 20
  - 2.2.1 Esperimento mentale con lampadina 20
- 2.3 Postulati di Einstein 21
- 2.4 Cinematica relativistica 22
  - 2.4.1 Contrazione delle lunghezze 22
  - 2.4.2 Dilatazione del tempo 23
  - 2.4.3 Trasformazione delle velocità 25
- 2.5 Dinamica relativistica 26
  - 2.5.1 Lavoro meccanico ed energia relativistica 27
  - 2.5.2 Energia relativistica e quantità di moto 28
  - 2.5.3 Limite non-relativistico dell'energia 29
- 2.6 Concetti di base della relatività generale 30
  - 2.6.1 Intervallo spaziotemporale 30
  - 2.6.2 Varietà curve 32
  - 2.6.3 Principio di equivalenza e equazioni di Einstein 33

2.6.4 Limite non-relativistico della relatività generale 34
2.6.5 Previsioni della relatività generale 35
Ulteriori Letture 36

3 Proprietà quantistiche della luce 37
3.1 Radiazione del corpo nero 37
3.1.1 Derivazione della legge di Planck 39
3.2 Effetto fotoelettrico 42
3.2.1 Spiegazione teorica 43
3.3 Energia e quantità di moto di un fotone 44
3.4 Effetto Compton 46
3.4.1 Spiegazione teorica 46
3.5 Produzione di coppie 47
Ulteriori Letture 48

4 Proprietà quantistiche della materia 49
4.1 Capacità termica dei solidi: Einstein vs Debye 49
4.2 Spettri energetici degli atomi 51
4.2.1 Spettro energetico dell'atomo di idrogeno 52
4.3 Modello di Bohr dell'atomo di idrogeno 52
4.3.1 Derivazione della formula di Bohr 53
4.4 Livelli energetici e fotoni 55
4.5 Transizioni elettromagnetiche 56
4.6 Coefficienti di Einstein 57
4.7 Tempo di vita di uno stato atomico 58
4.8 Larghezza naturale della linea 59
4.8.1 Allargamento collisionale 60
4.8.2 Allargamento Doppler 61
4.9 Vecchia meccanica quantistica di Bohr, Wilson e Sommerfeld ... 62
Ulteriori Letture 63

5 L'equazione di Schrödinger 65
5.1 Lunghezza d'onda di De Broglie 65
5.1.1 Spiegazione della quantizzazione di Bohr 66
5.2 Meccanica ondulatoria di Schrödinger 67
5.2.1 Derivazione dell'equazione di Schrödinger 68
5.3 Esperimento della doppia fenditura con elettroni 69
5.4 Regole di quantizzazione formale 70
5.4.1 Equazione di Schrödinger per una particella libera 71
5.4.2 Equazione di Schrödinger per una particella in un potenziale esterno 72
5.5 Trasformazione di Madelung 73
5.6 Equazione di Schrödinger stazionaria 74
5.7 Spazio di Lebesgue delle funzioni d'onda quadrato-integrabili ... 75

5.8 Proprietà dell'operatore hamiltoniano . . . 77
5.8.1 I livelli di energia sono numeri reali . . . 77
5.8.2 Ortogonalità delle autofunzioni . . . 78
5.9 Proprietà dell'operatore quantità di moto . . . 79
Ulteriori Letture . . . 80

6 Problemi quantistici risolvibili . . . 81
6.1 Potenziale a buca quadrata unidimensionale . . . 81
6.2 Potenziale armonico unidimensionale . . . 83
6.2.1 Metodo di fattorizzazione . . . 85
6.2.2 Proprietà dell'operatore numero . . . 88
6.3 Diffusione unidimensionale . . . 89
6.3.1 Barriera di potenziale a gradino . . . 90
6.3.2 Barriera di potenziale rettangolare . . . 92
6.4 Potenziale a doppia buca unidimensionale . . . 93
6.4.1 Potenziale a doppia buca quadrata unidimensionale . . . 95
6.5 Metodo WKB . . . 96
6.5.1 Tunneling quantistico . . . 97
6.5.2 Spettro di energia . . . 98
6.6 Potenziale separabile tridimensionale . . . 101
6.6.1 Potenziale armonico tridimensionale . . . 103
Ulteriori letture . . . 104

7 Argomenti formali . . . 105
7.1 Meccanica matriciale e regole di commutazione . . . 105
7.1.1 Rappresentazione della quantità di moto . . . 107
7.2 Operatore di evoluzione temporale . . . 107
7.3 Assiomi della meccanica quantistica . . . 108
7.3.1 Teoria della misura . . . 112
7.4 Principio di indeterminazione di Heisenberg . . . 113
7.4.1 Principio di indeterminazione per operatori non commutanti 115
7.5 Teoria della perturbazioni stazionarie . . . 116
7.6 Teoria delle perturbazioni dipendente dal tempo . . . 118
7.7 Principio variazionale . . . 120
Ulteriori letture . . . 122

8 Elettroni e atomi . . . 123
8.1 Elettrone nell'atomo di idrogeno . . . 123
8.1.1 Equazione di Schrödinger in coordinate polari sferiche . . . 125
8.1.2 Regole di selezione . . . 127
8.2 Principio di esclusione di Pauli e spin . . . 127
8.2.1 Spin semi-intero e intero: fermioni e bosoni . . . 129
8.3 L'equazione di Dirac . . . 129
8.3.1 L'equazione di Pauli e lo spin . . . 132
8.3.2 Equazione di Dirac con un potenziale centrale . . . 134

8.3.3 Atomo di idrogeno relativistico e separazione fine 136
8.3.4 Correzioni relativistiche all'hamiltoniano di Schrödinger . 137
8.4 Proprietà dello spin in un campo magnetico 139
8.5 Effetto Stark 141
8.6 Effetto Zeeman 143
8.6.1 Effetto Zeeman a campo forte 144
8.6.2 Effetto Zeeman a campo debole 145
Ulteriori letture 147

9 Sistemi a molti corpi 149
9.1 Particelle quantistiche identiche 149
9.1.1 Teorema spin-statistica 150
9.2 Particelle identiche non interagenti 151
9.2.1 Struttura a guscio atomico e tavola periodica degli elementi 152
9.3 Particelle identiche interagenti 154
9.3.1 Elettroni in atomi e molecole 155
9.4 Il metodo di Hartree-Fock 156
9.4.1 Hartree per bosoni 156
9.4.2 Hartree-Fock per fermioni 158
Ulteriori Letture 161

10 Meccanica statistica quantistica 163
10.1 Insiemi statistici quantistici 163
10.1.1 Insieme microcanonico quantistico 163
10.1.2 Insieme canonico quantistico 164
10.1.3 Insieme gran canonico quantistico 165
10.2 Bosoni e fermioni a temperatura finita 167
10.2.1 Gas di fotoni all'equilibrio termico 169
10.2.2 Gas di bosoni massivi all'equilibrio termico 170
10.2.3 Gas di fermioni non interagenti a temperatura zero 173
10.3 Connessione tra insiemi statistici quantistici 176
10.3.1 Gran potenziale e densità media del numero 176
10.3.2 Insieme canonico e densità di numero 178
Ulteriori Letture 180

11 Informazione quantistica 181
11.1 Il qubit 181
11.1.1 Qubit e misure 184
11.1.2 Porte quantistiche per un singolo qubit 186
11.1.3 Qubit multipli 187
11.1.4 Gate quantistici per 2-qubit 188
11.2 *Entanglement* 189
11.2.1 Esempi di stati separabili e *entangled* 190
11.2.2 Porta CNOT e *entanglement* 191
11.2.3 Stati puri e misti 191

11.2.4 Entropia di von Neumann 193
11.2.5 Stato ridotto di un sistema: traccia parziale 194
11.2.6 Entropia di *entanglement* 194
11.2.7 Teorema di non-clonazione 195
11.2.8 Teletrasporto quantistico 196
11.3 Calcolo quantistico 197
11.3.1 Algoritmo di Deutsch-Jozsa 198
11.3.2 Una nota sull'hardware quantistico 202
Ulteriori Letture 202

12 Formulazione dell'integrale sui cammini 205
12.1 Costruzione dell'integrale sui cammini del propagatore 205
12.1.1 Rotazione di Wick e termodinamica 209
12.2 Punto di sella e fase stazionaria 211
12.2.1 Integrali gaussiani 212
12.2.2 Particella libera 213
12.2.3 Particella in un potenziale armonico 214
12.3 Tunneling quantistico 216
12.4 Integrale sui cammini per lo spin 219
Ulteriori Letture 221

Appendice A. Funzione delta di Dirac 223

Appendice B. Numeri complessi 227

Appendice C. Trasformata di Fourier 235

Appendice D. Equazioni differenziali 241

Appendice E. Teoria della diffusione 251

Bibliografia 255

Indice analitico 257

Capitolo 1
Meccanica statistica classica

In questo capitolo discutiamo prima la teoria cinetica dei gas ideali e la distribuzione di Maxwell delle velocità all'equilibrio termico. Poi consideriamo la più generale distribuzione di Maxwell-Boltzmann di particelle non interagenti sotto l'effetto di un potenziale di trappola esterno. Infine, analizziamo gli insiemi statistici di Gibbs, che sono strumenti utili per collegare la dinamica microscopica delle particelle interagenti al comportamento macroscopico di un sistema termodinamico.

1.1 Teoria cinetica dei gas

La teoria cinetica dei gas è stata formulata nel periodo tra il 1738 e il 1871 con il contributo di diversi scienziati, tra cui Daniel Bernoulli, Mikhail Lomonosov, August Krönig, Rudolf Clausius, James Clerk Maxwell, e Ludwig Boltzmann. Questa teoria è il primo esempio storico di meccanica statistica, dove la termodinamica macroscopica è descritta in termini di molte particelle microscopiche (atomi o molecole). In realtà, è stata la descrizione del moto browniano stocastico di una particella mesoscopica in un liquido, dovuto alle collisioni con le particelle microscopiche del liquido (fatta da Albert Einstein nel 1905), che ha fornito una prova convincente dell'esistenza di atomi e molecole. Jean Perrin ha confermato questo fatto sperimentalmente nel 1908. Nel 1926, Perrin ha ricevuto il Premio Nobel per la Fisica "per il suo lavoro sulla struttura discontinua della materia".

All'equilibrio termico un gas molto diluito è ben descritto dall' equazione di stato

$$P\,V = n\,R\,T\,, \tag{1.1}$$

dove P è la pressione del gas, V è il volume del contenitore del gas, n è il numero di moli, $R = 8.314$ Joule/(moli×Kelvin) è la costante dei gas, e T è la temperatura assoluta (cioè la temperatura, solitamente misurata in Kelvin, che è zero allo zero assoluto, dove la pressione del gas ideale diventa zero). L'Eq. (1.1) è conosciuta

L. Salasnich, F. Lorenzi, *Introduzione alla fisica moderna*,
https://doi.org/10.1007/978-3-032-17303-4_1

come l'equazione di stato dei gas ideali, ed è stata formulata da Benoit Clapeyron nel 1834.

August Krönig nel 1856 e Rudolf Clausius nel 1857 hanno scoperto, indipendentemente, che l'Eq. (1.1) può essere derivata da una teoria cinetica microscopica. Prima di tutto, si osserva che il numero n di moli è legato al numero totale N di particelle identiche dalla formula

$$n = \frac{N}{N_A}, \tag{1.2}$$

dove $N_A = 6.02 \cdot 10^{23}$ è il numero di Avogadro. Dopo aver introdotto la costante di Boltzmann

$$k_B = \frac{R}{N_A} = 1.38 \cdot 10^{-23} \text{ Joule/Kelvin}, \tag{1.3}$$

l'Eq. (1.1) può essere riscritta come

$$P\,V = N\,k_B\,T\,. \tag{1.4}$$

Questa equazione mostra chiaramente che la pressione P è proporzionale al numero totale N di particelle identiche e alla temperatura assoluta T. Quindi, è abbastanza naturale pensare che la pressione P esercitata dal gas sia dovuta alle collisioni delle particelle con le pareti del contenitore.

Consideriamo ora un contenitore cubico di lato L e volume $V = L^3$ con N particelle identiche di massa m al suo interno. Scegliamo il sistema di riferimento con gli assi cartesiani (x, y, z) lungo i lati del contenitore. La forza $F_{i,x}$ che la i-esima particella esercita, lungo la direzione x sulla parete del contenitore parallela al piano (y, z), è data da

$$F_{i,x} = \frac{\Delta(m v_{i,x})}{\Delta t} = \frac{2 m v_{i,x}}{\Delta t}, \tag{1.5}$$

dove $\Delta(m v_{i,x})$ è la variazione della quantità di moto nella collisione elastica della i-esima particella con la parete e Δt è l'intervallo di tempo. Questo intervallo di tempo non è arbitrario se le particelle interagiscono solo con le pareti del contenitore. In questo caso

$$\Delta t = \frac{2L}{v_{i,x}}, \tag{1.6}$$

cioè l'intervallo di tempo tra due collisioni della i-esima particella con la stessa parete. Ne segue che

$$F_{i,x} = \frac{m v_{i,x}^2}{L} \tag{1.7}$$

e la pressione risulta

$$P = \frac{\sum_{i=1}^{N} F_{i,x}}{L^2} = \frac{m}{L^3}\sum_{i=1}^{N} v_{i,x}^2 = \frac{m}{L^3} N\langle v_x^2\rangle \,, \qquad (1.8)$$

introducendo la media statistica di una quantità generica A condivisa dalle N particelle identiche come

$$\langle A\rangle = \frac{1}{N}\sum_{i=1}^{N} A_i \,. \qquad (1.9)$$

Inoltre, assumiamo indipendenza rispetto alla direzione di propagazione della velocità al quadrato, cioè

$$\langle v^2\rangle = \langle v_x^2\rangle + \langle v_y^2\rangle + \langle v_z^2\rangle = 3\langle v_x^2\rangle \,. \qquad (1.10)$$

Ne segue che la pressione P dell'Eq. (1.8) può essere scritta come

$$P = \frac{mN}{3V}\langle v^2\rangle \,. \qquad (1.11)$$

Confrontando l'Eq. (1.4) con l'Eq. (1.11) otteniamo

$$\frac{1}{2}m\langle v^2\rangle = \frac{3}{2}k_B T \,. \qquad (1.12)$$

Questa notevole formula collega la media statistica dell'energia cinetica delle particelle microscopiche identiche alla temperatura assoluta macroscopica T del gas.

In questa trattazione il gas è effettivamente ideale perché la sua energia interna totale E è semplicemente la somma delle energie cinetiche $(1/2)mv_i^2$ delle singole particelle, cioè

$$E = \sum_{i=1}^{N} \frac{1}{2}mv_i^2 = N\frac{1}{2}m\langle v^2\rangle = N\frac{3}{2}k_B T = \frac{3}{2}nRT \,. \qquad (1.13)$$

Questa è la formula corretta per l'energia interna di un gas monoatomico, dove ogni atomo ha solo tre gradi di libertà traslazionali. In questo caso vale il *teorema dell'equipartizione*: all'equilibrio termico c'è un'energia termica pari a $k_B T/2$ associata ad ogni grado di libertà.

1.1.1 Distribuzione di Maxwell delle velocità

Nel 1860 James Clerk Maxwell considerò la distribuzione di probabilità $f(\mathbf{v})$ di trovare una particella con velocità $\mathbf{v}$ in un volume $d^3\mathbf{v}$ per il gas ideale all'equilibrio termico. Poiché $f(\mathbf{v})$ è una distribuzione di probabilità, deve soddisfare la condizione di normalizzazione ad uno, cioè

$$\int_{\mathbb{R}^3} f(\mathbf{v})\, d^3\mathbf{v} = 1\,, \tag{1.14}$$

dove $\mathbb{R}^3$ è lo spazio tridimensionale delle velocità. Inoltre, la media statistica di un osservabile generico $A(\mathbf{v})$, che è una funzione di $\mathbf{v}$, è definita come

$$\langle A(\mathbf{v})\rangle = \int_{\mathbb{R}^3} A(\mathbf{v})\, f(\mathbf{v})\, d^3\mathbf{v}\,. \tag{1.15}$$

In particolare, ne consegue che la media statistica della velocità al quadrato v^2 è

$$\langle v^2\rangle = \int_{\mathbb{R}^3} v^2\, f(\mathbf{v})\, d^3\mathbf{v}\,. \tag{1.16}$$

Tenendo conto delle equazioni (1.12) e (1.16), ne consegue che $f(\mathbf{v})$ deve soddisfare la condizione

$$\int_{\mathbb{R}^3} v^2\, f(\mathbf{v})\, d^3\mathbf{v} = 3\frac{k_B T}{m}\,. \tag{1.17}$$

Ogni particella del gas è caratterizzata dalla sua energia cinetica

$$\frac{1}{2}mv^2 = \frac{1}{2}m\left(v_x^2 + v_y^2 + v_z^2\right), \tag{1.18}$$

e, a causa dell'isotropia del problema rispetto alla velocità, è abbastanza naturale assumere che

$$f(\mathbf{v}) = C\; f_0(v^2) = C\; f_0(v_x^2 + v_y^2 + v_z^2) = C\; f_0(v_x^2)\; f_0(v_y^2)\; f_0(v_z^2)\,, \tag{1.19}$$

dove C è una costante fissata dalla normalizzazione ad uno, Eq. (1.14). L'unica funzione $f_0(x)$ che soddisfa l'equazione

$$f_0(x + y + z) = f_0(x)\; f_0(y)\; f_0(z) \tag{1.20}$$

è la funzione esponenziale, cioè

$$f_0(x) = e^{\alpha x}\,, \tag{1.21}$$

e significa che

$$f_0(v^2) = e^{\alpha\left(v_x^2+v_y^2+v_z^2\right)}\,, \tag{1.22}$$

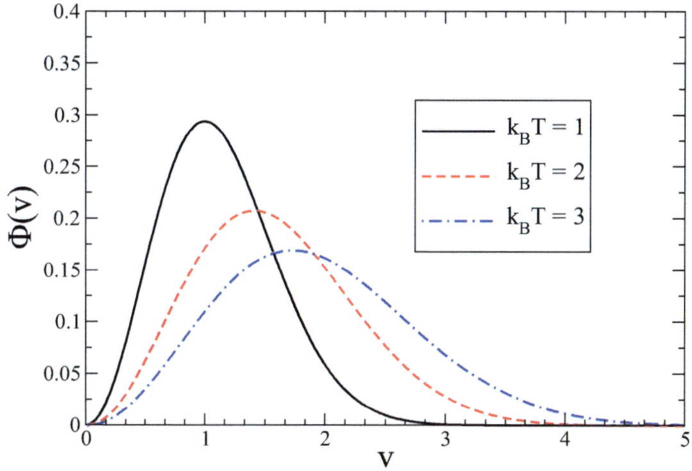

Figura 1.1 Distribuzione di Maxwell $\Phi(v)$ della velocità delle particelle $v = |\mathbf{v}|$ per tre valori della temperatura T. Nel grafico scegliamo unità tali che $m = 1$

dove α è una costante fissata dall'Eq. (1.17). È quindi immediato trovare

$$C = \left(\frac{m}{2\pi k_B T}\right)^{3/2} \qquad \text{e} \qquad \alpha = -\frac{m}{2k_B T}. \tag{1.23}$$

Si conclude che la distribuzione di Maxwell delle velocità è data da

$$f(\mathbf{v}) = \left(\frac{m}{2\pi k_B T}\right)^{3/2} e^{-\frac{mv^2}{2k_B T}}. \tag{1.24}$$

Per ragioni storiche si introduce solitamente il parametro

$$\beta = \frac{1}{k_B T} \tag{1.25}$$

e la distribuzione di Maxwell diventa quindi

$$f(\mathbf{v}) = \left(\frac{m\beta}{2\pi}\right)^{3/2} e^{-\beta\frac{mv^2}{2}}. \tag{1.26}$$

È importante sottolineare che, adottando coordinate sferiche e tenendo conto della simmetria sferica del problema abbiamo $d^3\mathbf{v} = 4\pi v^2 dv$, e possiamo anche introdurre

$$\Phi(v) = 4\pi v^2 f(|\mathbf{v}|) = 4\pi\left(\frac{m\beta}{2\pi}\right)^{3/2} v^2 e^{-\beta\frac{mv^2}{2}} \tag{1.27}$$

che è la distribuzione di probabilità del modulo $v = |\mathbf{v}|$ della velocità $\mathbf{v}$, e tale che

$$\int_0^{+\infty} \Phi(v)\, dv = 1\,. \tag{1.28}$$

Troviamo immediatamente

$$\langle v \rangle = \int_0^{+\infty} v\, \Phi(v)\, dv = \sqrt{\frac{8}{\pi}} \sqrt{\frac{k_B T}{m}} \tag{1.29}$$

e

$$\langle v^2 \rangle = \int_0^{+\infty} v^2\, \Phi(v)\, dv = 3\frac{k_B T}{m}\,, \tag{1.30}$$

come previsto. Si noti che il massimo di $\Phi(v)$ si ottiene invece a

$$v_{mp} = \sqrt{\frac{2k_B T}{m}}\,, \tag{1.31}$$

che è conosciuta come la velocità più probabile.

1.1.2 Distribuzione di Maxwell-Boltzmann delle energie

Nel 1872 Ludwig Boltzmann analizzò un gas ideale di particelle identiche di massa m sotto l'azione di un'energia potenziale esterna $U(\mathbf{r})$, ad esempio l'energia potenziale gravitazionale $U(\mathbf{r}) = mgz$ con accelerazione di gravità $g = 9.81$ metri/secondi^2. In questo caso l'energia interna totale del gas è data da

$$E = \sum_{i=1}^{N} \varepsilon(\mathbf{r}_i, \mathbf{p}_i)\,, \tag{1.32}$$

dove

$$\varepsilon(\mathbf{r}, \mathbf{p}) = \frac{p^2}{2m} + U(\mathbf{r}) \tag{1.33}$$

è l'energia di una singola particella con $\mathbf{p} = m\mathbf{v}$ la quantità di moto della particella generica e $\mathbf{r}$ il suo vettore posizione. Si noti che $p^2/(2m) = mv^2/2$.

Boltzmann introdusse la distribuzione di probabilità adimensionale $f(\mathbf{r}, \mathbf{p})$ di trovare una particella con posizione $\mathbf{r}$ e quantità di moto $\mathbf{p}$ in questo sistema di molte particelle all'equilibrio termico. Poiché $f(\mathbf{r}, \mathbf{p})$ è una distribuzione di probabilità, deve soddisfare la condizione di normalizzazione ad uno, ovvero

$$\int_{\mathcal{V}} f(\mathbf{r}, \mathbf{p})\, \frac{d^3\mathbf{r}\, d^3\mathbf{p}}{h^3} = 1\,, \tag{1.34}$$

dove $\mathcal{V}$ è il cosiddetto volume dello spazio delle fasi a singola particella e h è una costante introdotta per rendere l'elemento infinitesimale $d^3\mathbf{r}d^3\mathbf{p}/h^3$ adimensionale. La costante h, che deve essere un'azione, cioè una quantità con unità Joule×secondi, sarà identificata come la costante di Planck ($h = 6.63 \cdot 10^{-34}$ Joule×secondi) all'interno della meccanica statistica quantistica. In generale $\mathcal{V} = \mathbb{R}^3 \times \mathbb{R}^3$ ma se le particelle sono confinate in un volume V risulta $\mathcal{V} = V \times \mathbb{R}^3$. In assenza del potenziale esterno si deve recuperare la distribuzione di Maxwell dell'Eq. (1.26) e, di conseguenza, Boltzmann ha suggerito la seguente distribuzione di Maxwell-Boltzmann più generale

$$f(\mathbf{r}, \mathbf{p}) = \frac{1}{\mathcal{Z}_1} e^{-\beta\varepsilon(\mathbf{r},\mathbf{p})}, \tag{1.35}$$

dove $\mathcal{Z}_1$, che viene chiamata funzione di partizione a singola particella, è determinata dalla normalizzazione (1.34), cioè

$$\mathcal{Z}_1 = \int_{\mathcal{V}} e^{-\beta\varepsilon(\mathbf{r},\mathbf{p})} \frac{d^3\mathbf{r}\, d^3\mathbf{p}}{h^3}. \tag{1.36}$$

Secondo Boltzmann, per un gas di particelle non interagenti, la media statistica di un osservabile generico $A(\mathbf{r}, \mathbf{p})$, che è una funzione di $\mathbf{r}$ e $\mathbf{p}$, è definita come

$$\langle A(\mathbf{r}, \mathbf{p}) \rangle = \int_{\mathcal{V}} A(\mathbf{r}, \mathbf{p})\, f(\mathbf{r}, \mathbf{p}) \frac{d^3\mathbf{r}\, d^3\mathbf{p}}{h^3}, \tag{1.37}$$

ovvero

$$\langle A(\mathbf{r}, \mathbf{p}) \rangle = \frac{1}{\mathcal{Z}_1} \int_{\mathcal{V}} A(\mathbf{r}, \mathbf{p})\, e^{-\beta\varepsilon(\mathbf{r},\mathbf{p})} \frac{d^3\mathbf{r}\, d^3\mathbf{p}}{h^3} \tag{1.38}$$

Molti esperimenti hanno dimostrato che la distribuzione di Maxwell-Boltzmann (1.35) è estremamente accurata per particelle identiche non interagenti. Tuttavia, a temperature molto basse la distribuzione di Maxwell-Boltzmann non è affidabile a causa degli effetti della meccanica quantistica, che sono l'argomento principale di questo libro.

1.1.3 Densità di stati a singola particella

In molte applicazioni la funzione di partizione a singola particella (1.36) è scritta in modo compatto come

$$\mathcal{Z}_1 = \int_0^{+\infty} \mathcal{D}_1(\varepsilon)\, e^{-\beta\varepsilon}\, d\varepsilon, \tag{1.39}$$

dove

$$\mathcal{D}_1(\varepsilon) = \int_{\mathcal{V}} \delta(\varepsilon - \varepsilon(\mathbf{r}, \mathbf{p})) \, \frac{d^3\mathbf{r}\, d^3\mathbf{p}}{h^3} \tag{1.40}$$

è la cosiddetta densità di stati a singola particella con $\delta(x)$ la funzione delta di Dirac. In realtà, in questo modo l'espressione di $\mathcal{Z}_1$ sembra semplice ma, in generale, il calcolo della densità di stati $\mathcal{D}_1(\varepsilon)$ non lo è.

Ad esempio, supponiamo che $\varepsilon(\mathbf{r}, \mathbf{p}) = p^2/(2m)$ e $\mathcal{V} = V \times \mathbb{R}^3$. Allora abbiamo

$$\begin{aligned}\mathcal{D}_1(\varepsilon) &= \int_{V\times\mathbb{R}^3} \delta\left(\varepsilon - \frac{p^2}{2m}\right) \frac{d^3\mathbf{r}\, d^3\mathbf{p}}{h^3} = \frac{4\pi V}{h^3} \int_0^{+\infty} p^2\, \delta\left(\varepsilon - \frac{p^2}{2m}\right) dp \\ &= \frac{2\pi V}{h^3}(2m)^{3/2} \int_0^{+\infty} y^{1/2}\, \delta(\varepsilon - y)\, dy = \frac{2\pi V}{h^3}(2m)^{3/2}\, \varepsilon^{1/2} \, . \end{aligned} \tag{1.41}$$

Questa è la densità di stati a singola particella di un gas di particelle identiche ideali di massa m che si muovono all'interno di un contenitore di volume V.

1.2 Insiemi statistici di Gibbs

L'energia totale dell'Eq. (1.32) è separabile nella contribuzione delle energie a singola particella perché le particelle non interagiscono tra loro. In generale, si deve tenere conto del potenziale di interazione $V(\mathbf{r}_i, \mathbf{r}_j)$ tra le particelle e l'energia totale del sistema di N particelle identiche interagenti di massa m è

$$E = \sum_{i=1}^{N} \left[\frac{p_i^2}{2m} + U(\mathbf{r}_i) \right] + \frac{1}{2} \sum_{\substack{i,j=1 \\ i\neq j}}^{N} V(\mathbf{r}_i, \mathbf{r}_j) = H(\vec{\mathbf{r}}, \vec{\mathbf{p}}) \, , \tag{1.42}$$

dove l'energia totale è una funzione di $\vec{\mathbf{r}} = (\mathbf{r}_1, \mathbf{r}_2, \ldots, \mathbf{r}_{N-1}, \mathbf{r}_N)$ e $\vec{\mathbf{p}} = (\mathbf{p}_1, \mathbf{p}_2, \ldots, \mathbf{p}_{N-1}, \mathbf{p}_N)$ che sono vettori con 3N componenti. Qui abbiamo usato il simbolo $H(\vec{\mathbf{r}}, \vec{\mathbf{p}})$ per rappresentare la dipendenza funzionale dell'energia rispetto alle $6N$ variabili. Quando l'energia è scritta in termini di coordinate e momenti lineari si dice che sia la funzione Hamiltoniana H del sistema.

Nel 1878 Josiah Willard Gibbs introdusse il concetto di *insieme statistico*: un gran numero di copie virtuali di un sistema macroscopico, ognuna delle quali rappresenta un possibile stato microscopico in cui il sistema macroscopico potrebbe trovarsi. Gibbs ha proposto diversi insiemi statistici e qui discutiamo i tre più utilizzati.

1.2.1 Insieme microcanonico

L'insieme microcanonico descrive un sistema isolato caratterizzato da un volume fisso V, un numero fisso N di particelle identiche, e un energia totale fissa E. Secondo Gibbs, per un gas di particelle interagenti nell'insieme microcanonico, la media statistica di un osservabile generico $A(\vec{\mathbf{r}}, \vec{\mathbf{p}})$ è definita come

$$\langle A(\vec{\mathbf{r}}, \vec{\mathbf{p}}) \rangle = \frac{1}{\mathcal{W}} \int_{V^N \times \mathbb{R}^{3N}} A(\vec{\mathbf{r}}, \vec{\mathbf{p}})\, \mathcal{W}_0\, \delta\big(E - H(\vec{\mathbf{r}}, \vec{\mathbf{p}})\big) \frac{d^{3N}\vec{\mathbf{r}}\, d^{3N}\vec{\mathbf{p}}}{N!\, h^{3N}} , \tag{1.43}$$

dove $\delta(x)$ è la funzione delta di Dirac, $\mathcal{W}_0$ è una costante arbitraria con le unità di energia tale che la funzione di densità statistica $\mathcal{W}_0\, \delta\big(E - H(\vec{\mathbf{r}}, \vec{\mathbf{p}})\big)$ è adimensionale, e la quantità chiave è il numero $\mathcal{W}$ di stati microscopici (microstati) che corrispondono allo stesso stato macroscopico:

$$\mathcal{W} = \int_{V^N \times \mathbb{R}^{3N}} \mathcal{W}_0\, \delta\big(E - H(\vec{\mathbf{r}}, \vec{\mathbf{p}})\big) \frac{d^{3N}\vec{\mathbf{r}}\, d^{3N}\vec{\mathbf{p}}}{N!\, h^{3N}} , \tag{1.44}$$

È importante sottolineare che il termine fattoriale $N!$ che appare nelle Eq. (1.43) e (1.44) è noto come il corretto termine di conteggio di Gibbs, e tiene conto del fatto che le particelle identiche devono essere indistinguibili. Infatti, $N!$ è il numero di permutazioni di N particelle.

Nell'insieme microcanonico di Gibbs la connessione con la termodinamica è semplicemente data da

$$S = k_B \ln(\mathcal{W}) , \tag{1.45}$$

che introduce l'entropia S come funzione dell'energia E, del volume V e del numero N di particelle. Nota che questa equazione è stata scoperta da Ludwig Boltzmann nel 1872 e che il corretto termine di conteggio $N!$ di Gibbs è davvero cruciale per ottenere un'entropia estensiva, cioè un'entropia il cui valore è proporzionale alla dimensione del sistema.

È importante ricordare che Rudolf Clausius nel 1850 ha formulato per la prima volta in modo completo il *primo principio della termodinamica* : il calore infinitesimale dQ assorbito da un sistema macroscopico produce un lavoro infinitesimale dW svolto dal sistema macroscopico o una crescita infinitesimale dE della sua energia interna. In simboli,

$$dQ = dW + dE . \tag{1.46}$$

Inoltre, se questa trasformazione infinitesimale è reversibile, allora

$$dQ = T\, dS , \tag{1.47}$$

dove T è la temperatura e dS è una variazione infinitesimale dell'entropia S. Inoltre, in molti casi il lavoro può essere scritto come

$$dW = P\,dV - \mu\,dN \tag{1.48}$$

dove P è la pressione, dV è una variazione infinitesimale del volume, μ è il potenziale chimico, e dN è la corrispondente variazione del numero di particelle. In queste condizioni Eq. (1.46) dà

$$dS = \frac{1}{T}dE + \frac{P}{T}dV - \frac{\mu}{T}dN \, . \tag{1.49}$$

Ora, dall'entropia $S(E, V, N)$ come funzione dell'energia interna E, del volume V, e del numero N di particelle, abbiamo anche

$$dS = \left(\frac{\partial S}{\partial E}\right)_{V,N} dE + \left(\frac{\partial S}{\partial V}\right)_{E,N} dV + \left(\frac{\partial S}{\partial N}\right)_{E,V} dN \, . \tag{1.50}$$

Confrontando Eq. (1.49) con Eq. (1.50) otteniamo la temperatura assoluta T, la pressione P e il potenziale chimico μ come

$$\frac{1}{T} = \left(\frac{\partial S}{\partial E}\right)_{V,N}, \qquad P = T\left(\frac{\partial S}{\partial V}\right)_{E,N}, \qquad \mu = -T\left(\frac{\partial S}{\partial N}\right)_{E,V}, \tag{1.51}$$

che sono relazioni familiari della termodinamica dell'equilibrio. Nell'insieme microcanonico le variabili termodinamiche indipendenti sono E, N e V, mentre T, P e μ sono variabili termodinamiche dipendenti.

1.2.2 Insieme canonico

L'insieme canonico descrive un sistema caratterizzato da un volume fisso V, un numero fisso N di particelle identiche, e una temperatura fissa T dovuta al contatto termico con un bagno termico. Secondo Gibbs, per un gas di particelle nell' insieme canonico, la media statistica di un osservabile generico $A(\vec{\mathbf{r}}, \vec{\mathbf{p}})$ è definita come

$$\langle A(\vec{\mathbf{r}}, \vec{\mathbf{p}}) \rangle = \frac{1}{\mathcal{Z}_N} \int_{V^N \times \mathbb{R}^{3N}} A(\vec{\mathbf{r}}, \vec{\mathbf{p}})\, e^{-\beta H(\vec{\mathbf{r}}, \vec{\mathbf{p}})} \frac{d^{3N}\vec{\mathbf{r}}\, d^{3N}\vec{\mathbf{p}}}{N!\, h^{3N}} , \tag{1.52}$$

dove $\mathcal{Z}_N$ è la funzione di partizione canonica definita come

$$\mathcal{Z}_N = \int_{V^N \times \mathbb{R}^{3N}} e^{-\beta H(\vec{\mathbf{r}}, \vec{\mathbf{p}})} \frac{d^{3N}\vec{\mathbf{r}}\, d^{3N}\vec{\mathbf{p}}}{N!\, h^{3N}} , \tag{1.53}$$

che è chiaramente una generalizzazione della funzione di partizione di una singola particella $\mathcal{Z}_1$ dell'Eq. (1.53).

Nell'insieme canonico, la connessione tra meccanica statistica e termodinamica è dovuta alla formula

$$\mathcal{Z}_N = e^{-\beta F} , \tag{1.54}$$

che introduce l'energia libera di Helmholtz F, la cui definizione termodinamica è

$$F = E - T\, S , \tag{1.55}$$

dove E è l'energia interna, T è la temperatura e S è l'entropia. Qui F è una funzione di temperatura T, volume V e numero N di particelle. Dall'energia libera di Helmholtz $F(T, V, N)$ si ottengono l'entropia S, la pressione P e il potenziale chimico μ come

$$S = -\left(\frac{\partial F}{\partial T}\right)_{V,N} , \qquad P = -\left(\frac{\partial F}{\partial V}\right)_{T,N} , \qquad \mu = \left(\frac{\partial F}{\partial N}\right)_{T,V} , \tag{1.56}$$

che sono relazioni standard della termodinamica dell'equilibrio tali che

$$dF = -SdT - PdV + \mu dN , \tag{1.57}$$

che è un'altra formulazione della prima legge della termodinamica. Nell'insieme canonico le variabili termodinamiche indipendenti sono T, N e V, mentre S, P e μ sono variabili termodinamiche dipendenti.

1.2.3 Insieme gran canonico

L'insieme gran canonico descrive un sistema aperto caratterizzato da un volume fisso V, una temperatura fissa T, e un potenziale chimico fisso μ dovuto al debole contatto termico-chimico con un serbatoio. Secondo Gibbs, per un gas di particelle interagenti nell'insieme gran canonico, la media statistica di un osservabile generico $A(\vec{\mathbf{r}}, \vec{\mathbf{p}})$ è definita come

$$\langle A(\vec{\mathbf{r}}, \vec{\mathbf{p}})\rangle = \frac{1}{\mathcal{Z}} \sum_{N=0}^{+\infty} \int_{V^N \times \mathbb{R}^{3N}} A(\vec{\mathbf{r}}, \vec{\mathbf{p}})\, e^{-\beta(H(\vec{\mathbf{r}},\vec{\mathbf{p}})-\mu N)}\, \frac{d^{3N}\vec{\mathbf{r}}\, d^{3N}\vec{\mathbf{p}}}{N!\, h^{3N}} , \tag{1.58}$$

dove $\mathcal{Z}$ è la funzione di partizione gran canonica definita come

$$\mathcal{Z} = \sum_{N=0}^{+\infty} e^{\beta\mu N}\, \mathcal{Z}_N , \tag{1.59}$$

ovvero come

$$\mathcal{Z} = \sum_{N=0}^{+\infty} \int_{V^N \times \mathbb{R}^{3N}} e^{-\beta(H(\vec{\mathbf{r}},\vec{\mathbf{p}})-\mu N)}\, \frac{d^{3N}\vec{\mathbf{r}}\, d^{3N}\vec{\mathbf{p}}}{N!\, h^{3N}} . \tag{1.60}$$

Nell'insieme gran canonico la connessione tra la meccanica statistica e la termodinamica è dovuta alla formula

$$\mathcal{Z} = e^{-\beta\Omega}\,, \tag{1.61}$$

che introduce il gran potenziale Ω, la cui definizione termodinamica è

$$\Omega = E - T\,S - \mu\,\bar{N}\,, \tag{1.62}$$

dove E è l'energia interna, S è l'entropia, e $\bar{N}$ è il numero medio di particelle. Il gran potenziale Ω è una funzione di temperatura T, volume V e potenziale chimico μ. Dal gran potenziale $\Omega(T, V, \mu)$ si ottengono l'entropia S, la pressione P e il numero medio $\bar{N}$ di particelle come

$$S = -\left(\frac{\partial\Omega}{\partial T}\right)_{V,\mu}, \qquad P = -\left(\frac{\partial\Omega}{\partial V}\right)_{T,\mu}, \qquad \bar{N} = -\left(\frac{\partial\Omega}{\partial \mu}\right)_{V,T}, \tag{1.63}$$

che sono relazioni standard della termodinamica dell'equilibrio tali che

$$d\Omega = -S\,dT - P\,dV - \bar{N}\,d\mu\,, \tag{1.64}$$

che è una formulazione alternativa della prima legge della termodinamica. Nell'insieme gran canonico le variabili termodinamiche indipendenti sono T, μ e V, mentre S, P e $\bar{N}$ sono variabili termodinamiche dipendenti.

1.2.4 Densità di stati di molte particelle

Chiaramente, la funzione di partizione canonica (1.53) può essere scritta come

$$\mathcal{Z}_N = \int_0^{+\infty} \mathcal{D}_N(\varepsilon)\, e^{-\beta\varepsilon}\, d\varepsilon\,, \tag{1.65}$$

dove

$$\mathcal{D}_N(\varepsilon) = \int_{V^N\times\mathbb{R}^{3N}} \delta\big(\varepsilon - H(\vec{\mathbf{r}}, \vec{\mathbf{p}})\big)\, \frac{d^{3N}\vec{\mathbf{r}}\, d^{3N}\vec{\mathbf{p}}}{N!\, h^{3N}}\,, \tag{1.66}$$

è la densità di stati di molte particelle. Allo stesso modo, la funzione di partizione gran canonica (1.60) può essere scritta come

$$\mathcal{Z} = \sum_{N=0}^{+\infty} \int_0^{+\infty} \mathcal{D}_N(\varepsilon)\, e^{-\beta(\varepsilon-\mu N)}\, d\varepsilon\,. \tag{1.67}$$

1.3 Capacità termica di gas e solidi

La capacità termica molare a volume costante V è definita come

$$c_V = \frac{1}{n}\left(\frac{dQ}{dT}\right)_{V,N}, \tag{1.68}$$

dove dQ è la quantità di calore scambiato e dT è il corrispondente variazione della temperatura. Poiché $n = N/N_A$ con N_A il numero di Avogadro, e qui $dV = dN = 0$, dall'Eq. (1.48) segue $dQ = dE$, cioè

$$c_V = \frac{1}{n}\left(\frac{dE}{dT}\right)_{V,N}. \tag{1.69}$$

Per un gas monoatomico ideale l'energia interna è data da $E = (3/2)nRT$ e di conseguenza

$$c_V = \frac{3}{2}R. \tag{1.70}$$

Questo risultato è in ottimo accordo con i dati sperimentali dei gas monoatomici a temperatura ambiente, e anche a alta temperatura. Tuttavia, a bassa temperatura si trova che questa formula non è più affidabile. Il calore molare del gas monoatomico può anche essere dedotto invocando il *teorema dell'equipartizione* della meccanica statistica classica che afferma che per ogni grado di libertà quadratico c'è un'energia termica associata pari a $k_BT/2$. Infatti, nel caso di un atomo libero ci sono 3 gradi di libertà di traslazione, che sono 3 componenti quadratiche della velocità.

In un solido cristallino gli atomi sono distribuiti in una struttura ordinata e periodica. Questi atomi rimangono, in media, in un sito specifico del reticolo cristallino, ma possono oscillare intorno alla loro posizione di equilibrio. Quindi, il movimento di ogni atomo in un solido è simile a quello di un oscillatore armonico, che è caratterizzato da $3 + 3$ gradi di libertà: 3 per l'energia cinetica e 3 per l'energia potenziale elastica. Usando di nuovo il teorema dell'equipartizione si ottiene immediatamente

$$c_V = 3R \tag{1.71}$$

perché $E = 6N(k_BT/2)$ e $c_V = 3Nk_B/n = 3Nk_B/(N/N_A) = 3k_BN_A = 3R$. Questa espressione per il calore molare a volume costante di un solido è conosciuta come legge di Dulong-Petit. Fu proposta nel 1819 da Pierre Louis Dulong e Alexis Therese Petit come semplice formula empirica di adattamento dei loro dati sperimentali a temperatura ambiente. Studi successivi a bassa temperatura hanno mostrato che la legge di Dulong-Petit fallisce sempre, purché la temperatura sia abbastanza bassa.

Abbiamo visto due esempi di sistemi fisici (gas monoatomico e solido cristallino) dove il calore specifico molare predetto dalla meccanica statistica classica è in disaccordo con gli esperimenti a bassa temperatura. Nei capitoli 4 e 10 vedremo che la meccanica statistica quantistica è la teoria appropriata per spiegare queste evidenze empiriche.

Ulteriori letture

Due eccellenti libri sulla meccanica statistica sono:

L.D. Landau e E.M. Lifshitz, Fisica teorica vol. 5/1: Fisica statistica (Editori Riuniti, 1986).

K. Huang, Meccanica Statistica (Zanichelli, 1997).

Articoli storici rilevanti sono:

J.C. Maxwell, Philosophical Transactions Royal Society of London **157**, 49 (1867).

L. Boltzmann, Sitzungsberichte der Kaiserlichen Akademie der Wissenschaften in Wien, Mathematisch-Naturwissenschaftliche Classe **66**, 275 (1872).

Gli insiemi statistici furono introdotti da Gibbs nel suo libro:

J.W. Gibbs, Elementary Principles in Statistical Mechanics (Charles Scribner's Sons, 1902; Cambridge Univ. Press, 2010).

Capitolo 2
Relatività speciale e generale

In questo capitolo trattiamo i principali risultati della teoria della relatività speciale, sviluppata da Einstein nel 1905. La relatività speciale ha una vasta gamma di conseguenze che sono state confermate dagli esperimenti. Tra queste, il limite universale della velocità, la contrazione della lunghezza, la dilatazione del tempo, l'equivalenza massa-energia, e le formule della dinamica relativistica. Per completezza, nell'ultima sezione discutiamo brevemente la teoria della relatività generale, cioè la teoria geometrica della gravitazione formulata da Einstein nel 1916.

2.1 Onde elettromagnetiche

Nel 1861 James Clerk Maxwell scrisse un sistema di 20 equazioni differenziali alle derivate parziali accoppiate che sono alla base dell'elettromagnetismo classico. Alcuni anni dopo Oliver Heaviside ristrutturò le equazioni originali di Maxwell riducendole alle 4 equazioni che ora riconosciamo come le equazioni di Maxwell. Nel vuoto queste equazioni sono

$$\nabla \cdot \mathbf{E} = \frac{\rho}{\varepsilon_0} , \tag{2.1}$$

$$\nabla \cdot \mathbf{B} = 0 , \tag{2.2}$$

$$\nabla \wedge \mathbf{E} = -\frac{\partial \mathbf{B}}{\partial t} , \tag{2.3}$$

$$\nabla \wedge \mathbf{B} = \mu_0 \mathbf{j} + \varepsilon_0 \mu_0 \frac{\partial \mathbf{E}}{\partial t} , \tag{2.4}$$

dove $\mathbf{E}(\mathbf{r}, t)$ è il campo elettrico, $\mathbf{B}(\mathbf{r}, t)$ è il campo magnetico, $\rho(\mathbf{r}, t)$ è la densità di carica elettrica, e $\mathbf{j}(\mathbf{r}, t)$ è la densità di corrente elettrica. ε_0 è la costante dielettrica del vuoto, data da $\varepsilon_0 = 8.85 \cdot 10^{-12}$ Coulomb^2/(Newton × metri^2). Invece, μ_0 è la costante magnetica del vuoto, data da $\mu_0 = 4\pi \cdot 10^{-7}$ Volt × secondi/(Ampere × metri).

L. Salasnich, F. Lorenzi, *Introduzione alla fisica moderna*,
https://doi.org/10.1007/978-3-032-17303-4_2

In assenza di sorgenti elettriche ($\rho = 0$, $\mathbf{j} = \mathbf{0}$) le equazioni di Maxwell sono molto più semplici e si leggono

$$\nabla \cdot \mathbf{E} = 0\,, \tag{2.5}$$

$$\nabla \cdot \mathbf{B} = 0\,, \tag{2.6}$$

$$\nabla \wedge \mathbf{E} = -\frac{\partial \mathbf{B}}{\partial t}\,, \tag{2.7}$$

$$\nabla \wedge \mathbf{B} = \varepsilon_0\,\mu_0\,\frac{\partial \mathbf{E}}{\partial t}\,. \tag{2.8}$$

Maxwell scoprì che i campi elettrico e magnetico delle Eq. (2.5)–(2.8) soddisfano le equazioni d'onda

$$\left(\frac{1}{c^2}\frac{\partial^2}{\partial t^2} - \nabla^2\right)\mathbf{E} = \mathbf{0}\,, \tag{2.9}$$

$$\left(\frac{1}{c^2}\frac{\partial^2}{\partial t^2} - \nabla^2\right)\mathbf{B} = \mathbf{0}\,, \tag{2.10}$$

dove

$$c = \frac{1}{\sqrt{\varepsilon_0\mu_0}} = 3 \cdot 10^8 \text{ metri/secondi} \tag{2.11}$$

è la velocità della luce nel vuoto. È importante sottolineare che, *stricto sensu*, dal 1983 il metro è definito nel Sistema Internazionale di Unità come la distanza che la luce percorre nel vuoto in $1/299792458$ di un secondo. Questa definizione fissa la velocità della luce nel vuoto esattamente a 299792458 metri/secondi. Dalle Eq. (2.9) e (2.10) Maxwell concluse che la luce è un campo elettromagnetico caratterizzato dalla presenza coesistente di un campo elettrico $\mathbf{E}(\mathbf{r}, t)$ e di un campo magnetico $\mathbf{B}(\mathbf{r}, t)$. Nota che le Eq. (2.9) e (2.10) sono solitamente chiamate equazioni d'Alembert delle onde elettromagnetiche.

Come esercizio, ora deriviamo l'Eq. (2.9) dalle equazioni di Maxwell. Inserendo il rotore nell'Eq. (2.7) otteniamo

$$\nabla \wedge (\nabla \wedge \mathbf{E}) = \nabla \wedge \left(-\frac{\partial \mathbf{B}}{\partial t}\right) = -\frac{\partial}{\partial t}(\nabla \wedge \mathbf{B})\,. \tag{2.12}$$

Per qualsiasi campo vettoriale $\mathbf{E}(\mathbf{r}, t)$, un'identità del calcolo differenziale dà

$$\nabla \wedge (\nabla \wedge \mathbf{E}) = -\nabla^2\mathbf{E} + \nabla(\nabla \cdot \mathbf{E})\,. \tag{2.13}$$

Quindi, utilizzando l'Eq. (2.5), per il campo elettrico otteniamo

$$\nabla \wedge (\nabla \wedge \mathbf{E}) = -\nabla^2\mathbf{E} \tag{2.14}$$

e l'Eq. (2.12) diventa

$$-\nabla^2 \mathbf{E} = -\frac{\partial}{\partial t}(\boldsymbol{\nabla} \wedge \mathbf{B}) \,. \tag{2.15}$$

Infine, tenendo conto dell'Eq. (2.8), possiamo scrivere

$$-\nabla^2 \mathbf{E} = -\varepsilon_0 \mu_0 \, \frac{\partial^2 \mathbf{E}}{\partial t^2} \,, \tag{2.16}$$

che è esattamente l'Eq. (2.9). In modo simile, si può facilmente derivare anche l'Eq. (2.10).

Le equazioni (2.9) e (2.10), che sono pienamente confermate dagli esperimenti, ammettono soluzioni di onde piane complesse monocromatiche

$$\mathbf{E}(\mathbf{r}, t) = \mathbf{E}_0 \, e^{i(\mathbf{k}\cdot\mathbf{r} - \omega t)} \,, \tag{2.17}$$

$$\mathbf{B}(\mathbf{r}, t) = \mathbf{B}_0 \, e^{i(\mathbf{k}\cdot\mathbf{r} - \omega t)} \,, \tag{2.18}$$

dove $\mathbf{k}$ è il vettore d'onda e ω la frequenza angolare, tale che

$$\omega = c\, k \,, \tag{2.19}$$

è la relazione di dispersione, con $k = |\mathbf{k}|$ è il numero d'onda. Dalle equazioni di Maxwell si scopre che i vettori $\mathbf{E}(\mathbf{r}, t)$ e $\mathbf{B}(\mathbf{r}, t)$ di queste onde elettromagnetiche sono mutuamente ortogonali. Inoltre, sono campi trasversali, cioè ortogonali al vettore d'onda $\mathbf{k}$, che dà la direzione di propagazione dell'onda. Per completezza, ricordiamo che la lunghezza d'onda λ è data da

$$\lambda = \frac{2\pi}{k} \,, \tag{2.20}$$

e che la frequenza lineare ν e la frequenza angolare $\omega = 2\pi\nu$ sono legate alla lunghezza d'onda λ e al numero d'onda k dalle formule

$$\lambda\, \nu = \frac{\omega}{k} = c \,. \tag{2.21}$$

Supponendo che le onde piane elettromagnetiche siano confinate in una regione cubica di volume $V = L^3$ e imponendo condizioni al contorno periodiche, cioè $\mathbf{E}(x+L, y+L, z+L, t) = \mathbf{E}(x, y, z, t)$ e $\mathbf{B}(x+L, y+L, z+L, t) = \mathbf{B}(x, y, z, t)$, troviamo immediatamente dalle Eq. (2.17) e (2.18) che il vettore d'onda $\mathbf{k}$ è quantizzato, cioè

$$\mathbf{k} = \frac{2\pi}{L}\mathbf{n} \,, \tag{2.22}$$

dove $\mathbf{n} = (n_1, n_2, n_3) \in \mathbb{Z}^3$. In questo caso, la somma rispetto a tutti i vettori d'onda è solitamente scritta come

$$\sum_{\mathbf{k}} = \sum_{\mathbf{n}} = \sum_{n_1=-\infty}^{+\infty} \sum_{n_2=-\infty}^{+\infty} \sum_{n_3=-\infty}^{+\infty} . \tag{2.23}$$

Ne consegue che nel limite continuo si ottiene

$$\sum_{\mathbf{k}} = \sum_{\mathbf{n}} \to \int d^3\mathbf{n} = L^3 \int \frac{d^3\mathbf{k}}{(2\pi)^3} = V \int \frac{d^3\mathbf{k}}{(2\pi)^3} . \tag{2.24}$$

2.1.1 Invarianza di Lorentz dell'operatore di d'Alembert

Nel 1887 Albert Michelson ed Edward Morley fecero un esperimento rivoluzionario di interferometria ottica mostrando che la velocità della luce nel vuoto è sempre data da Eq. (2.11) indipendentemente dal moto relativo dell'osservatore. Due anni dopo, Henry Poincaré suggerì che la velocità della luce è il valore massimo possibile per qualsiasi tipo di velocità. Sulla base delle idee precedenti di George Francis FitzGerald, nel 1904 Hendrik Lorentz trovò che le equazioni di Maxwell dell'elettromagnetismo, e di conseguenza anche le equazioni di d'Alembert (2.9) e (2.10), non sono invarianti rispetto alle familiari trasformazioni di Galilei

$$x' = x - vt , \tag{2.25}$$

$$y' = y , \tag{2.26}$$

$$z' = z , \tag{2.27}$$

$$t' = t . \tag{2.28}$$

Nelle trasformazioni di Galilei, si considera una particella P misurata da due sistemi di riferimento cartesiani ortogonali O e O'. In questo contesto, $OP = \mathbf{r} = (x, y, z)$ è il vettore di posizione e t è la coordinata temporale della particella osservata dal sistema di riferimento O. Invece, $O'P = \mathbf{r}' = (x', y', z')$ è il vettore di posizione e t' è la coordinata temporale di una particella osservata dal sistema di riferimento O'. Inoltre, abbiamo supposto che i due sistemi di riferimento si muovano con velocità relativa $\mathbf{v} = (v, 0, 0)$, tale che a $t = t' = 0$ i due sistemi di riferimento sono coincidenti e durante l'evoluzione temporale si traducono semplicemente l'uno rispetto all'altro lungo l'asse X.

Hendrik Lorentz considerò le trasformazioni più generali

$$x' = \gamma(x - vt) , \tag{2.29}$$

$$y' = y , \tag{2.30}$$

$$z' = z , \tag{2.31}$$

$$t' = \gamma\left(t - \beta\frac{x}{c}\right) , \tag{2.32}$$

dove γ e β sono parametri adimensionali sconosciuti. Seguendo Lorentz, possiamo chiederci quali sono i valori di γ e β per i quali l'operatore di d'Alembert

$$\frac{1}{c^2}\frac{\partial^2}{\partial t^2} - \nabla^2 , \tag{2.33}$$

che appare nelle Eq. (2.9) e (2.10), è invariante rispetto a (2.29), (2.30), (2.31), (2.32). Tenendo conto delle regole del calcolo differenziale troviamo

$$\frac{\partial}{\partial x} = \frac{\partial x'}{\partial x}\frac{\partial}{\partial x'} + \frac{\partial t'}{\partial x}\frac{\partial}{\partial t'} = \gamma\frac{\partial}{\partial x'} - \gamma\frac{\beta}{c}\frac{\partial}{\partial t'} , \tag{2.34}$$

$$\frac{\partial}{\partial y} = \frac{\partial}{\partial y'} , \tag{2.35}$$

$$\frac{\partial}{\partial z} = \frac{\partial}{\partial z'} , \tag{2.36}$$

$$\frac{\partial}{\partial t} = \frac{\partial x'}{\partial t}\frac{\partial}{\partial x'} + \frac{\partial t'}{\partial t}\frac{\partial}{\partial t'} = -\gamma v\frac{\partial}{\partial x'} + \gamma\frac{\partial}{\partial t'} . \tag{2.37}$$

Ne consegue che

$$\frac{\partial^2}{\partial x^2} = \gamma^2\frac{\partial^2}{\partial (x')^2} + \gamma^2\frac{\beta^2}{c^2}\frac{\partial^2}{\partial (t')^2} - 2\gamma^2\frac{\beta}{c}\frac{\partial^2}{\partial x'\partial t'} , \tag{2.38}$$

$$\frac{\partial^2}{\partial y^2} = \frac{\partial^2}{\partial (y')^2} , \tag{2.39}$$

$$\frac{\partial^2}{\partial z^2} = \frac{\partial^2}{\partial (z')^2} , \tag{2.40}$$

$$\frac{\partial^2}{\partial t^2} = \gamma^2 v^2\frac{\partial^2}{\partial (x')^2} + \gamma^2\frac{\partial^2}{\partial (t')^2} - 2\gamma^2 v\frac{\partial^2}{\partial x'\partial t'} . \tag{2.41}$$

Combinando le Eq. (2.38) e (2.41) otteniamo

$$\frac{1}{c^2}\frac{\partial^2}{\partial t^2} - \frac{\partial^2}{\partial x^2} = \frac{\gamma^2}{c^2}(1-\beta^2)\frac{\partial^2}{\partial (t')^2} - \gamma^2\left(1-\frac{v^2}{c^2}\right)\frac{\partial^2}{\partial (x')^2} - 2\gamma^2\left(\frac{v}{c^2}-\frac{\beta}{c}\right)\frac{\partial^2}{\partial x'\partial t'} \tag{2.42}$$

che dà

$$\frac{1}{c^2}\frac{\partial^2}{\partial t^2} - \frac{\partial^2}{\partial x^2} = \frac{1}{c^2}\frac{\partial^2}{\partial (t')^2} - \frac{\partial^2}{\partial (x')^2} \tag{2.43}$$

solo se $\beta = v/c$ e $\gamma^2 = (1-\beta^2)^{-1} = (1-v^2/c^2)^{-1}$. Questi sono i parametri delle cosiddette trasformazioni di Lorentz.

2.2 Trasformazioni di Lorentz

Abbiamo appena dimostrato che le equazioni d'Alembert delle onde elettromagnetiche (2.9) e (2.10) non sono invarianti rispetto alle trasformazioni di Galilei (2.25)–(2.28) ma sono invece invarianti rispetto alle trasformazioni di Lorentz

$$x' = \frac{x - v\,t}{\sqrt{1 - \frac{v^2}{c^2}}}\,, \tag{2.44}$$

$$y' = y\,, \tag{2.45}$$

$$z' = z\,, \tag{2.46}$$

$$t' = \frac{t - v\,x/c^2}{\sqrt{1 - \frac{v^2}{c^2}}}\,. \tag{2.47}$$

È possibile dimostrare che anche le equazioni di Maxwell (2.1), (2.2), (2.3), (2.4) sono invarianti rispetto a queste trasformazioni di Lorentz. Inoltre, è facile verificare che, sotto la condizione

$$\frac{v}{c} \ll 1\,, \tag{2.48}$$

le trasformazioni di Lorentz si riducono alle trasformazioni di Galilei. Quindi, se la velocità relativa v dei due sistemi di riferimento è molto minore della velocità della luce c, le trasformazioni di Lorentz e di Galilei sono praticamente equivalenti.

2.2.1 Esperimento mentale con lampadina

Nel 1905 Albert Einstein riconobbe la stretta connessione tra l'invarianza della velocità della luce e le trasformazioni di Lorentz. Analizziamo ora un *Gedankenexperiment* (esperimento mentale) che fu discusso nel 1916 da Einstein per spiegare in modo semplice questa connessione.

Consideriamo una piccola lampadina che al tempo zero viene accesa emettendo luce in tutte le direzioni. Supponiamo che l'emissione di luce sia uniforme. Consideriamo un sistema di riferimento stazionario O con origine nel centro della lampadina. Secondo questo sistema di riferimento un punto P sulla superficie della sfera di luce emessa dalla lampadina avrà coordinate $\mathbf{r} = (x, y, z)$ che soddisfano l'equazione

$$|\mathbf{r}| = c\,t\,, \tag{2.49}$$

dove c è la velocità della luce e t il tempo misurato dal sistema di riferimento O. Questa formula può essere riscritta come

$$\sqrt{x^2 + y^2 + z^2} = c\,t \tag{2.50}$$

Cioè, elevandola al quadrato otteniamo

$$x^2 + y^2 + z^2 = c^2 t^2\,. \tag{2.51}$$

Questa è l'equazione di una sfera di raggio r che cresce con il tempo con la legge $r = ct$.

Consideriamo ora un altro sistema di riferimento O' tale che le coordinate $\mathbf{r}' = (x', y', z')$ del punto P rispetto a questo sistema di riferimento sono legate a quelle del sistema di riferimento O dalle trasformazioni generiche (2.29), (2.30), (2.31), (2.32), dove t' è il tempo misurato dal sistema di riferimento O'. Ancora, in queste trasformazioni generiche, γ e β sono parametri adimensionali che devono essere determinati. Secondo il sistema di riferimento O', un punto P sulla superficie della sfera di luce emessa dalla lampadina avrà coordinate $\mathbf{r}' = (x', y', z')$ che soddisfano l'equazione

$$|\mathbf{r}'| = c' t' , \tag{2.52}$$

o

$$(x')^2 + (y')^2 + (z')^2 = (c')^2 (t')^2 . \tag{2.53}$$

L'assunzione cruciale di Einstein, basata sull'esperimento di Michelson-Morley e su lavori precedenti di Poincare e altri, è

$$c = c' . \tag{2.54}$$

Pertanto, abbiamo

$$0 = x^2 + y^2 + z^2 - c^2 t^2 = (x')^2 + (y')^2 + (z')^2 - c^2 (t')^2 . \tag{2.55}$$

Inserendo in questa espressione la trasformazione generica delle coordinate spazio-tempo data dalle equazioni (2.29), (2.30), (2.31) (2.32), dopo alcuni calcoli algebrici otteniamo

$$\gamma = \frac{1}{\sqrt{1 - \frac{v^2}{c^2}}} \qquad \text{e anche} \qquad \beta = \frac{v}{c} . \tag{2.56}$$

Quindi, concludendo, abbiamo scoperto che le corrette trasformazioni che assicurano l'invarianza della velocità della luce non sono altro che le trasformazioni di Lorentz.

2.3 Postulati di Einstein

Questa attività di ricerca sulle trasformazioni invarianti è stata riassunta da Albert Einstein, che ha proposto di adottare due postulati suggestivi:

P1: Le leggi della fisica sono le stesse per tutti i sistemi di riferimento inerziali.
P2: La velocità della luce nel vuoto è la stessa in tutti i sistemi di riferimento inerziali. sistemi.

È importante sottolineare che un sistema di riferimento è chiamato *inerziale* se il primo principio della dinamica è valido per esso: un punto materiale non soggetto a forze esterne misurato in questo sistema di riferimento è o a riposo o si muove a velocità costante. In altre parole, due sistemi di riferimento sono inerziali se la loro velocità relativa rimane costante.

Dai suoi due postulati Einstein dedusse che le leggi della fisica devono essere invarianti rispetto alle trasformazioni di Lorentz ma le leggi della meccanica newtoniana (che non lo sono) devono essere modificate.

2.4 Cinematica relativistica

Einstein sviluppò una nuova meccanica, la meccanica relativistica, che riporta alla meccanica newtoniana quando le velocità delle particelle massive sono molto più piccole della velocità della luce c. Come è noto, la meccanica può essere divisa in due parti: la cinematica e la dinamica. Iniziamo qui ad analizzare la cinematica relativistica.

2.4.1 *Contrazione delle lunghezze*

Uno dei risultati sorprendenti della cinematica relativistica è la contrazione delle lunghezze: la lunghezza L di una barra misurata da un osservatore (strumento di misura) che si muove alla velocità v rispetto alla barra è data da

$$L = L_0\sqrt{1 - \frac{v^2}{c^2}}, \tag{2.57}$$

dove L_0 è la lunghezza propria della barra, cioè la lunghezza misurata da un osservatore per il quale la barra è a riposo.

La contrazione delle lunghezze è facilmente verificata utilizzando la prima equazione delle trasformazioni di Lorentz:

$$x' = \frac{x - vt}{\sqrt{1 - \frac{v^2}{c^2}}}. \tag{2.58}$$

Una variazione finita delle coordinate spazio-temporali implica

$$\Delta x' = \frac{\Delta x - v\,\Delta t}{\sqrt{1 - \frac{v^2}{c^2}}}. \tag{2.59}$$

Nel nostro problema $\Delta x = L$ è la lunghezza della barra rispetto al sistema di riferimento O. La lunghezza è misurata da O istantaneamente, cioè con $\Delta t = 0$.

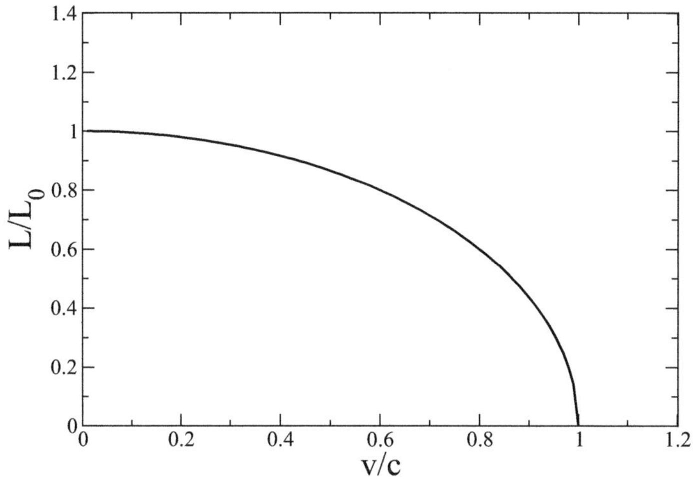

Figura 2.1 Lunghezza scalata L/L_0 della barra in funzione della velocità scalata v/c della barra

Chiaramente $\Delta x' = L_0$ è invece la lunghezza della barra misurata nel sistema di riferimento O' che si muove con la barra. Pertanto, abbiamo

$$L_0 = \frac{L}{\sqrt{1 - \frac{v^2}{c^2}}} \tag{2.60}$$

o, equivalentemente, Eq. (2.57). Nota che la contrazione della lunghezza appare solo nella direzione dell'osservatore in movimento.

2.4.2 *Dilatazione del tempo*

Un altro risultato sorprendente della cinematica relativistica è la dilatazione del tempo: l'intervallo di tempo T di un orologio misurato da un osservatore che si muove alla velocità v rispetto all'orologio è dato da

$$T = \frac{T_0}{\sqrt{1 - \frac{v^2}{c^2}}}, \tag{2.61}$$

dove T_0 è il tempo proprio dell'orologio, cioè il tempo misurato da un osservatore per il quale l'orologio è a riposo.

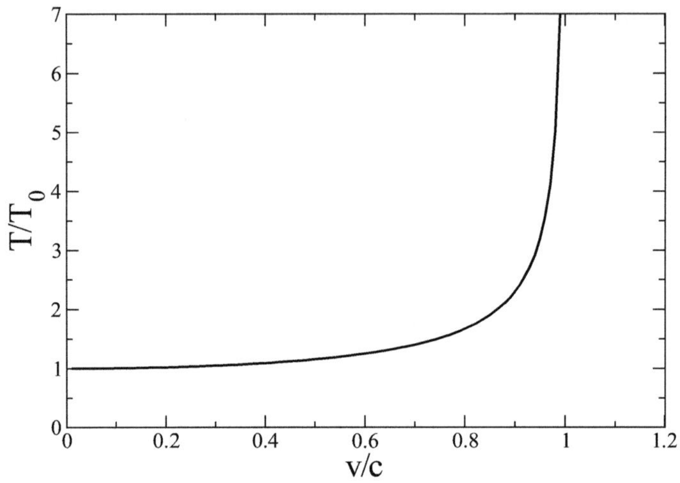

Figura 2.2 Intervallo di tempo scalato T/T_0 dell'orologio in funzione della velocità scalata v/c dell'orologio

La dilatazione del tempo è facilmente dimostrata utilizzando la quarta equazione delle trasformazioni di Lorentz:

$$t' = \frac{t - \frac{v}{c^2}\,x}{\sqrt{1 - \frac{v^2}{c^2}}}\,. \tag{2.62}$$

Una variazione finita delle coordinate spazio-temporali implica

$$\Delta t' = \frac{\Delta t - \frac{v}{c^2}\,\Delta x}{\sqrt{1 - \frac{v^2}{c^2}}}\,. \tag{2.63}$$

Nel nostro problema $\Delta t = T_0$ è l'intervallo di tempo di un orologio rispetto al sistema di riferimento O, che si muove con l'orologio, e misurato con l'orologio nella stessa posizione, cioè con $\Delta x = 0$. Chiaramente $\Delta t' = T$ è invece l'intervallo di tempo misurato dal sistema di riferimento O'. Pertanto, otteniamo precisamente Eq. (2.61).

2.4.3 Trasformazione delle velocità

Consideriamo le trasformazioni di Lorentz date da Eq. (2.44)–(2.47). Una variazione infinitesimale delle coordinate spazio-temporali implica

$$dx' = \frac{dx - v\,dt}{\sqrt{1 - \frac{v^2}{c^2}}}\,, \tag{2.64}$$

$$dy' = dy\,, \tag{2.65}$$

$$dz' = dz\,, \tag{2.66}$$

$$dt' = \frac{dt - v\,dx/c^2}{\sqrt{1 - \frac{v^2}{c^2}}}\,. \tag{2.67}$$

La velocità $\mathbf{V} = (V_x, V_y, V_z)$ della particella P, vista dal sistema di riferimento O, è definita come

$$V_x = \frac{dx}{dt}\,, \qquad V_y = \frac{dy}{dt}\,, \qquad V_z = \frac{dz}{dt}\,, \tag{2.68}$$

mentre la velocità $\mathbf{V}' = (V_x', V_y', V_z')$ della particella P, vista dal sistema di riferimento O', è invece definita come

$$V_x' = \frac{dx'}{dt'}\,, \qquad V_y' = \frac{dy'}{dt'}\,, \qquad V_z' = \frac{dz'}{dt'}\,. \tag{2.69}$$

Utilizzando le trasformazioni di Lorentz differenziali (2.64)–(2.67) si derivano le trasformazioni di Lorentz per le velocità

$$V_x' = \frac{V_x - v}{1 - \frac{v V_x}{c^2}}\,, \tag{2.70}$$

$$V_y' = \frac{V_y \sqrt{1 - \frac{v^2}{c^2}}}{1 - \frac{v V_x}{c^2}}\,, \tag{2.71}$$

$$V_z' = \frac{V_z \sqrt{1 - \frac{v^2}{c^2}}}{1 - \frac{v V_x}{c^2}}\,. \tag{2.72}$$

Queste trasformazioni relativistiche delle velocità sono molto più complicate delle trasformazioni relativistiche delle posizioni. Tuttavia, per $v \ll c$ e $V_x \ll c$ si ottiene

$$V_x' = V_x - v\,, \tag{2.73}$$

$$V_y' = V_y\,, \tag{2.74}$$

$$V_z' = V_z\,, \tag{2.75}$$

che sono le familiari trasformazioni di Galilei delle velocità. D'altra parte, impostando $\mathbf{V} = (c, 0, 0)$ nelle Eq. (2.70)–(2.72) segue che $\mathbf{V}' = (c, 0, 0)$, che è pienamente coerente con il postulato P2 di Einstein sull'invarianza della velocità della luce.

2.5 Dinamica relativistica

Il postulato P1 di Einstein afferma che le leggi della fisica sono invarianti rispetto alle trasformazioni di Lorentz. Tuttavia, le leggi della meccanica newtoniana, che sono invarianti rispetto alla trasformazione di Galilei, non sono invarianti rispetto alle trasformazioni di Lorentz. Per questo motivo, Einstein concluse che la legge di Newton

$$\mathbf{F} = m\,\mathbf{a}\,, \tag{2.76}$$

dove $\mathbf{F}$ è la forza che agisce su una particella di massa costante m che si muove con accelerazione $\mathbf{a}$, deve essere modificata. Einstein suggerì la seguente legge di Newton relativistica

$$\mathbf{F} = \frac{d\mathbf{p}}{dt}\,, \tag{2.77}$$

dove

$$\mathbf{p} = \frac{m\,\mathbf{v}}{\sqrt{1 - \frac{v^2}{c^2}}} \tag{2.78}$$

è la quantità di moto relativistica della particella di massa m che si muove con velocità $\mathbf{v}$. È possibile dimostrare che l'Eq. (2.77) con l'Eq. (2.78) è effettivamente un invariante di Lorentz. È importante sottolineare che la quantità di moto relativistica può anche essere scritta come

$$\mathbf{p} = m_R\,\mathbf{v} \tag{2.79}$$

dove

$$m_R = \frac{m}{\sqrt{1 - \frac{v^2}{c^2}}} \tag{2.80}$$

è la cosiddetta massa relativistica della particella. Tuttavia, i moderni libri e articoli scientifici non usano più il concetto di massa relativistica.

Si può vedere immediatamente che se $v \ll c$ la quantità di moto relativistica (2.78) si riduce alla familiare espressione non relativistica

$$\mathbf{p} = m\,\mathbf{v}\,, \tag{2.81}$$

e la legge di Newton relativistica si riduce a quella non relativistica, cioè l'Eq. (2.76). D'altra parte, se la particella si muove alla velocità della luce, cioè $v = c$, segue che

$$\mathbf{p} = \frac{m\,\mathbf{v}}{0}\,. \tag{2.82}$$

Questa espressione è matematicamente mal definita, a meno che non si assuma che la massa m sia zero. In questo caso

$$\mathbf{p} = \frac{\mathbf{0}}{0} \tag{2.83}$$

che è una forma indeterminata di tipo $0/0$. Questo risultato suggerisce in qualche modo che una particella che si muove alla velocità della luce deve avere massa zero. Vedremo che, infatti, la luce è composta da fotoni, che sono particelle con massa zero.

2.5.1 Lavoro meccanico ed energia relativistica

Anche in meccanica relativistica la definizione di lavoro meccanico W_{AB} svolto da una particella per passare dal punto A al punto B è data da

$$W_{AB} = \int_A^B \mathbf{F} \cdot d\mathbf{r}\,. \tag{2.84}$$

Mostriamo ora che il teorema che collega il lavoro meccanico alla differenza di energia cinetica è valido anche in meccanica relativistica, ma l' energia cinetica relativistica è diversa rispetto a quella non relativistica. Utilizzando le Eq. relativistiche (2.77) e (2.78) otteniamo

$$\begin{aligned} W_{AB} &= \int_A^B \frac{d\mathbf{p}}{dt} \cdot d\mathbf{r} = \int_A^B d\mathbf{p} \cdot \frac{d\mathbf{r}}{dt} = \int_A^B d\mathbf{p} \cdot \mathbf{v} \\ &= -\int_A^B \mathbf{p} \cdot d\mathbf{v} + [\mathbf{p} \cdot \mathbf{v}]_A^B = -\int_A^B \frac{m}{\sqrt{1-\frac{v^2}{c^2}}} v\,dv + \left[\frac{mv^2}{\sqrt{1-\frac{v^2}{c^2}}}\right]_A^B \\ &= E_K(v_B) - E_K(v_A) = \Delta E_K\,, \end{aligned} \tag{2.85}$$

dove

$$E_K(v) = \frac{mc^2}{\sqrt{1-\frac{v^2}{c^2}}} - mc^2 \tag{2.86}$$

è l'energia cinetica relativistica, tale che

$$E_K(v = 0) = 0\,. \tag{2.87}$$

La quantità

$$E_R = mc^2 \tag{2.88}$$

è chiamata energia di riposo della particella.

È importante osservare che l'energia cinetica relativistica $E_K(v)$, data dall'Eq. (2.86), può essere espansa in serie di Taylor intorno a $v = 0$ dando

$$E_K(v) = \frac{1}{2}mv^2 - \frac{mv^4}{8c^2} + \ldots\,, \tag{2.89}$$

che si riduce alla familiare energia cinetica non relativistica $mv^2/2$ se $v \ll c$.

L'energia di riposo $E_R = mc^2$ è estremamente importante perché mostra esplicitamente l'*equivalenza massa-energia*: tutte le particelle massive hanno un' energia intrinseca direttamente correlata alla loro massa. Si può quindi introdurre l'energia totale relativistica di una particella libera come

$$E = E_R + E_K = \frac{mc^2}{\sqrt{1 - \frac{v^2}{c^2}}}\,. \tag{2.90}$$

In generale, la conservazione dell'energia totale è un principio universale in Fisica.

2.5.2 *Energia relativistica e quantità di moto*

Fino ad ora abbiamo discusso due formule relativistiche rilevanti per la quantità di moto, Eq. (2.78), e per l' energia, Eq. (2.90). Calcolando il quadrato delle due espressioni otteniamo immediatamente

$$p^2 = \frac{m^2v^2}{1 - \frac{v^2}{c^2}}\,, \tag{2.91}$$

$$E^2 = \frac{m^2c^4}{1 - \frac{v^2}{c^2}}\,. \tag{2.92}$$

Quindi, dopo semplici manipolazioni, troviamo che

$$E^2 - p^2c^2 = m^2c^4\,, \tag{2.93}$$

ovvero

$$E = \sqrt{m^2c^4 + p^2c^2}\,. \tag{2.94}$$

Questo è un bellissimo risultato della dinamica relativistica di Einstein: l'energia E di una particella in termini della sua massa m e della sua quantità di moto $p = |\mathbf{p}|$.

Chiaramente, se la particella ha quantità di moto nulla, cioè $p = 0$, allora dall'Eq. (2.94) otteniamo

$$E = mc^2 = E_R \,, \tag{2.95}$$

che è l'energia di riposo precedentemente introdotta della particella. Se invece la particella ha massa nulla, cioè $m = 0$, dall'Eq. (2.94) otteniamo

$$E = c\, p \,, \tag{2.96}$$

che è l'energia di una particella con massa nulla. Abbiamo visto precedentemente che la quantità di moto $\mathbf{p}$ di una particella di massa nulla (che deve avere velocità uguale alla velocità della luce) è indeterminata. Ne consegue che anche la sua energia E è indeterminata. Nonostante ciò, le due quantità indeterminate sono correlate tra loro dall'Eq. (2.96). È ormai stabilito che le particelle elementari che costituiscono la luce, i cosiddetti fotoni, sono particelle con massa nulla.

2.5.3 *Limite non-relativistico dell'energia*

In generale, per una particella con $p \neq 0$ e $m \neq 0$, l'Eq. (2.94) può essere riscritta come

$$E = mc^2 \sqrt{1 + \frac{p^2}{m^2c^2}} \,. \tag{2.97}$$

Possiamo espandere in serie di Taylor la radice quadrata dell'Eq. (2.97) ottenendo

$$E = mc^2 + \frac{p^2}{2m} - \frac{p^4}{8m^3c^2} + \ldots \tag{2.98}$$

Questo mostra, un'altra volta, che l'energia E è data dalla somma di due contributi: l'energia di riposo mc^2 e l' energia cinetica relativistica

$$E_K = \frac{p^2}{2m} - \frac{p^4}{8m^3c^2} + \ldots \tag{2.99}$$

che si riduce all'energia cinetica non relativistica $p^2/(2m)$ se $p \ll mc$.

Come precedentemente sottolineato, le formule della dinamica relativistica sono state confermate da molti esperimenti con particelle relativistiche interagenti. Tra questi ci sono gli esperimenti di fisica delle particelle eseguiti regolarmente nei collider dell' Organizzazione Europea per la Ricerca Nucleare (CERN) e del Fermi National Accelerator Laboratory (Fermilab). Nei prossimi capitoli vedremo che la teoria relativistica svolge un ruolo cruciale anche nella fisica atomica, molecolare e ottica.

2.6 Concetti di base della relatività generale

La teoria della relatività generale, formulata da Albert Einstein nel 1915, è la descrizione moderna dei fenomeni gravitazionali. Questa teoria è un resoconto coerente della gravità come caratteristica geometrica dello spaziotempo quadridimensionale, che generalizza la relatività speciale e affina la legge di gravitazione universale di Newton.

2.6.1 Intervallo spaziotemporale

Abbiamo visto che nella relatività speciale spazio e tempo sono strettamente correlati. È quindi abbastanza naturale introdurre un punto spaziotemporale quadridimensionale $x = (x^0, x^1, x^2, x^3)$ per rappresentare le coordinate spaziotemporali di una particella vista da un sistema di riferimento. La quadriposizione x è chiamata anche evento spaziotemporale. La componente temporale x^0 è definita come $x^0 = ct$ con c la velocità della luce nel vuoto e t la coordinata temporale. Le componenti spaziali x^1, x^2, x^3 non sono altro che le familiari coordinate del vettore di posizione tridimensionale $\mathbf{r} = (x^1, x^2, x^3)$. Una componente generica del punto spaziotemporale x è denotata da x^μ con $\mu = 0, 1, 2, 3$. Questo x^μ è chiamato componente controvariante del quadri-vettore x. Formalmente, si può scrivere

$$x^\mu = \begin{pmatrix} x^0 \\ x^1 \\ x^2 \\ x^3 \end{pmatrix} \tag{2.100}$$

Utilizzando queste notazioni, le trasformazioni di Lorentz (2.44)–(2.47) diventano

$$x^{0'} = \frac{x^0 - \beta\, x^1}{\sqrt{1-\beta^2}}\,, \tag{2.101}$$

$$x^{1'} = \frac{x_1 - \beta\, x^0}{\sqrt{1-\beta^2}}\,, \tag{2.102}$$

$$x^{2'} = x^2\,, \tag{2.103}$$

$$x^{3'} = x^3\,, \tag{2.104}$$

con $\beta = v/c$. Si può quindi introdurre l'intervallo spaziotemporale infinitesimale ds tale che

$$ds^2 = (dx^0)^2 - (dx^1)^2 - (dx^2)^2 - (dx^3)^2 = c^2dt^2 - d\mathbf{r}^2 = c^2dt^2\left(1 - \frac{v^2}{c^2}\right)\,, \tag{2.105}$$

dove v è qui definita come $v = |\mathbf{v}| = |d\mathbf{r}/dt|$. Piuttosto notevolmente questo intervallo spaziotemporale è invariante per i sistemi inerziali. Infatti, utilizzando le trasformazioni di Lorentz (2.101)–(2.104) abbiamo

$$\begin{aligned}
(ds')^2 &= (dx^{0'})^2 - (dx^{1'})^2 - (dx^{2'})^2 - (dx^{3'})^2 \\
&= \frac{(dx^0 - \beta\, dx^1)^2}{(1-\beta^2)} - \frac{(dx^1 - \beta\, dx^0)^2}{(1-\beta^2)} - (dx^2)^2 - (dx^3)^2 \\
&= \frac{(1-\beta^2)\big((dx^0)^2 - (dx^1)^2\big)}{(1-\beta^2)} - (dx^2)^2 - (dx^3)^2 \\
&= ds^2 \,.
\end{aligned} \tag{2.106}$$

L'intervallo di spazio-tempo infinitesimale (2.105) può essere scritto in modo più formale come

$$ds^2 = \eta_{\mu\nu}\, dx^\mu\, dx^\nu \,, \tag{2.107}$$

dove $\eta_{\mu\nu}$ è il *tensore metrico di Minkowski*, dx^μ è una variazione infinitesimale di x^μ e gli indici ripetuti indicano la sommatoria su di essi. Il tensore metrico $\eta_{\mu\nu}$ è l'elemento di una matrice 4×4. Formalmente, possiamo scrivere

$$\eta_{\mu\nu} = \begin{pmatrix} 1 & 0 & 0 & 0 \\ 0 & -1 & 0 & 0 \\ 0 & 0 & -1 & 0 \\ 0 & 0 & 0 & -1 \end{pmatrix} . \tag{2.108}$$

È importante sottolineare che l'intervallo di spazio-tempo non è invariante per i sistemi di riferimento non inerziali, ad esempio se un sistema di riferimento è in accelerazione. Quindi, in piena generalità, per un sistema di riferimento non inerziale l'intervallo di spazio-tempo infinitesimale ds è

$$ds^2 = g_{\mu\nu}(x)\, dx^\mu\, dx^\nu \,, \tag{2.109}$$

dove $g_{\mu\nu}(x)$ è il locale *tensore metrico di spazio-tempo*. Il tensore metrico $g_{\mu\nu}(x)$ è l'elemento di una matrice 4×4. Formalmente, possiamo scrivere

$$g_{\mu\nu}(x) = \begin{pmatrix} g_{00}(x) & g_{01}(x) & g_{02}(x) & g_{03}(x) \\ g_{10}(x) & g_{11}(x) & g_{12}(x) & g_{13}(x) \\ g_{20}(x) & g_{21}(x) & g_{22}(x) & g_{23}(x) \\ g_{30}(x) & g_{31}(x) & g_{32}(x) & g_{33}(x) \end{pmatrix} . \tag{2.110}$$

Tuttavia, il problema è un po' più semplice perché $g_{\mu\nu}(x)$ è un tensore simmetrico, cioè $g_{\mu\nu}(x) = g_{\nu\mu}(x)$. Questo implica che $g_{\mu\nu}(x)$ ha 10 componenti indipendenti.

Dato l'intervallo di spazio-tempo infinitesimale ds si può introdurre il tempo proprio infinitesimale $d\tau = c\, ds$, che è una quantità invariante nel caso di sistemi di riferimento inerziali. Un intervallo di tempo proprio finito $\Delta\tau$ è quindi dato da

$$\Delta\tau = \int_{\mathcal{P}} d\tau = \int_{\mathcal{P}} \frac{ds}{c} = \int_{\mathcal{P}} \frac{1}{c}\sqrt{g_{\mu\nu}(x)\, dx^{\mu}\, dx^{\nu}} \tag{2.111}$$

dove $\mathcal{P}$ è una linea di universo, cioè un percorso di spazio-tempo. Questo $\Delta\tau$ è l'intervallo di tempo misurato da un orologio che è fermo rispetto alla linea di universo.

2.6.2 *Varietà curve*

È importante osservare che l'Eq. (2.109) non è altro che l'estensione della nozione di intervallo spaziale infinitesimale introdotto da Bernhard Riemann per le varietà curve. In altre parole, lo spazio-tempo è trattato come una varietà quattro-dimensionale caratterizzata dal tensore metrico locale $g_{\mu\nu}(x)$. Alla fine del XIX secolo, il movimento sulle varietà curve fu analizzato in profondità da Elwin Bruno Christoffel, Gregorio Ricci-Curbastro e Tullio Levi-Civita sviluppando il cosiddetto calcolo tensoriale. Nell'ambito del calcolo tensoriale, la componente covariante x_{μ} del quadri-vettore x è definita come

$$x_{\mu} = g_{\mu\nu}(x)\, x^{\nu} , \tag{2.112}$$

dove ancora una volta gli indici ripetuti indicano la sommatoria su di essi. Inoltre, $g^{\mu\nu}(x)$ rappresenta un elemento generico della matrice inversa 4×4 ottenuta dalla matrice di $g_{\mu\nu}(x)$.

Uno dei principali risultati della geometria differenziale e del calcolo tensoriale è il seguente. In assenza di forze esterne, per una particella di coordinate locali $x(\tau) = (x^0(\tau), x^1(\tau), x^2(\tau), x^3(\tau))$ e un certo tempo τ (che può essere il tempo proprio nel caso della relatività generale), che si muove sulla varietà curva caratterizzata dal tensore metrico locale $g_{\mu\nu}(x)$, l'accelerazione è data da

$$\frac{d^2x^{\alpha}}{d\tau^2} = -\Gamma^{\alpha}_{\mu\nu}\frac{dx^{\mu}}{d\tau}\frac{dx^{\nu}}{d\tau} , \tag{2.113}$$

dove

$$\Gamma^{\alpha}_{\mu\nu}(x) = \frac{1}{2}g^{\alpha\beta}(x)\left(\frac{\partial}{\partial x^{\nu}}g_{\beta\mu}(x) + \frac{\partial}{\partial x^{\mu}}g_{\beta\nu}(x) - \frac{\partial}{\partial x^{\beta}}g_{\mu\nu}(x)\right) \tag{2.114}$$

è il simbolo di Christoffel. Quindi, la familiare accelerazione $d^2x^{\alpha}/d\tau^2$ della particella non è zero perché la particella è costretta a muoversi sulla varietà curva, e il simbolo di Christoffel $\Gamma^{\alpha}_{\mu\nu}$ tiene conto della presenza della varietà vincolante. Nel caso di un tensore metrico indipendente da x i simboli di Christoffel sono zero e l'accelerazione della particella è zero.

2.6.3 *Principio di equivalenza e equazioni di Einstein*

Einstein notò che una persona in un ascensore in caduta libera non sperimenterebbe alcun peso apparente; cioè, la massa inerziale m_I di una particella di prova è uguale alla sua massa gravitazionale m_G. Infatti, la legge di Newton della dinamica non relativistica di questa particella di prova sotto l'effetto della forza gravitazionale dovuta a un'altra particella di massa gravitazionale M_G è data da

$$m_I \frac{d^2\mathbf{r}}{dt^2} = -G \frac{m_G M_G}{|\mathbf{r}|^3} \mathbf{r} , \tag{2.115}$$

dove $G = 6.7 \times 10^{-11}$ metri^3 kg^{-1} secondi^{-2} è la costante gravitazionale e $\mathbf{r}(t)$ è il vettore posizione della particella di prova misurato rispetto all'altra particella. Tuttavia, sperimentalmente (Galileo Galilei, 1590; Lorand Eötvös, 1922) si scopre che $m_G = m_I$, e anche $M_G = M_I$. Di conseguenza, possiamo scrivere

$$\frac{d^2\mathbf{r}}{dt^2} = -G \frac{M}{|\mathbf{r}|^3} \mathbf{r} , \tag{2.116}$$

dove abbiamo posto $M = M_G = M_I$ e $m = m_G = m_I$ per le due masse. Per queste ragioni, Einstein ha formulato nuovi postulati, oltre a quelli della relatività speciale:

P3: Le leggi della fisica in un campo gravitazionale sono identiche a quelle di un sistema di riferimento locale in accelerazione.

P4: Le leggi della fisica devono essere espresse da equazioni identiche rispetto a tutti gli altri sistemi, indipendentemente dal modo in cui si muovono.

Il postulato P3 è chiamato principio di equivalenza, mentre il postulato P4 è chiamato principio di covarianza generale. In altre parole, Einstein supponeva che gli effetti gravitazionali dovessero essere tutti codificati nel tensore metrico dello spaziotempo $g_{\mu\nu}(x)$. Secondo il postulato P3, in assenza di qualsiasi energia o quantità di moto al punto dello spaziotempo x, per un sistema di riferimento inerziale l'intervallo dello spaziotempo (2.109) è tale che $g_{\mu\nu}(x) = \eta_{\mu\nu}$, come nell'Eq. (2.107). Invece, se c'è qualche tipo di energia o quantità di moto al punto dello spaziotempo x, il tensore metrico $g_{\mu\nu}(x)$ è molto più complicato.

Einstein, dopo vari tentativi ed errori, e tenendo conto dei postulati P3 e P4, ha scoperto che $g_{\mu\nu}(x)$ deve soddisfare le seguenti equazioni

$$R_{\mu\nu}(x) - \frac{1}{2} R(x)\, g_{\mu\nu}(x) = \frac{8\pi G}{c^4}\, T_{\mu\nu}(x) . \tag{2.117}$$

Non deriviamo queste equazioni, che sono state ottenute da Einstein nel 1915 con l'aiuto tecnico fondamentale di David Hilbert. In queste equazioni G è la costante gravitazionale e c è la velocità della luce nel vuoto. La quantità

$$R_{\mu\nu}(x) = \frac{\partial}{\partial x^\alpha} \Gamma^\alpha_{\nu\mu}(x) - \frac{\partial}{\partial x^\mu} \Gamma^\alpha_{\alpha\mu}(x) + \Gamma^\alpha_{\alpha\beta}(x)\, \Gamma^\beta_{\nu\mu}(x) - \Gamma^\alpha_{\nu\beta}\, \Gamma^\beta_{\alpha\mu}(x) \tag{2.118}$$

è il tensore di Ricci, che è un tensore simmetrico. Invece,

$$R(x) = g^{\mu\nu}(x)\, R_{\mu\nu}(x) \tag{2.119}$$

è lo scalare di Ricci, e $T_{\mu\nu}(x)$ è il tensore energia-impulso, che è anche un tensore simmetrico, cioè $T_{\mu\nu}(x) = T_{\nu\mu}(x)$. Sia il tensore di Ricci $R_{\mu\nu}(x)$ che lo scalare di Ricci $R(x)$ dipendono dal tensore metrico $g_{\mu\nu}(x)$ in modo altamente non lineare e differenziale attraverso il simbolo di Christoffel $\Gamma^{\alpha}_{\mu\nu}(x)$, Eq. (2.114), che è infatti una quantità cruciale della geometria differenziale. Ricci è l'abbreviazione di Ricci-Curbastro. Il tensore energia-impulso $T_{\mu\nu}(x)$ è l'elemento di una matrice 4×4, e contiene tutte le informazioni su l'energia-impulso che risiede a x a causa della presenza di qualche sorgente. Ad esempio, per un fluido relativistico molto semplice con densità di massa locale $\rho(x)$, e velocità quadridimensionale relativistica locale $u(x) = (u^0(x), u^1(x), u^2(x), u^3(x))$ con componente generica $u^{\mu}(x) = dx^{\mu}/ds$, il tensore energia-impulso è

$$T_{\mu\nu}(x) = \rho(x)c^2 u_{\mu}(x)\, u_{\nu}(x) \, , \tag{2.120}$$

dove $u_{\mu}(x) = g_{\mu\nu}(x)\, u^{\nu}(x)$ sono le cosiddette componenti covarianti della velocità quadridimensionale relativistica $u(x)$, che è una quantità quadrivettoriale adimensionale. Nel caso di uno spaziotempo di Minkoswki, secondo l'Eq. (2.105) abbiamo $ds = c\,dt\sqrt{1 - v^2/c^2}$ e la componente tempo-tempo $T_{00}(x)$ del tensore energia-impulso diventa $T_{00}(x) = \rho(x)c^2/(1 - v^2/c^2)$, che è la densità di energia di questo fluido relativistico molto semplice.

2.6.4 Limite non-relativistico della relatività generale

Le equazioni differenziali alle derivate parziali (2.117) collegano il tensore metrico dello spaziotempo locale $g_{\mu\nu}(x)$ con il tensore energia-impulso locale $T_{\mu\nu}(x)$. In generale, il problema di risolvere le Eq. (2.117), è un compito piuttosto difficile. Tuttavia, le equazioni di Einstein sono state formulate in modo tale da ridursi alla familiare teoria gravitazionale di Newton nel regime non relativistico, cioè quando la velocità tridimensionale $\mathbf{v} = d\mathbf{r}/dt$ è piccola rispetto alla velocità della luce c. In questo limite il tensore energia-impulso del nostro fluido molto semplice diventa

$$T_{\mu\nu}(x) = \begin{pmatrix} \rho(\mathbf{r})c^2 & 0 & 0 & 0 \\ 0 & 0 & 0 & 0 \\ 0 & 0 & 0 & 0 \\ 0 & 0 & 0 & 0 \end{pmatrix} , \tag{2.121}$$

dove $\rho(\mathbf{r}) = \rho(x_0 = 0, x^1, x^2, x^3)$. Inoltre, nello stesso limite newtoniano, dalle Eq. (2.117) dopo alcuni calcoli si trova

$$g_{\mu\nu}(x) = \begin{pmatrix} 1 + 2\phi(\mathbf{r})/c^2 & 0 & 0 & 0 \\ 0 & -1 & 0 & 0 \\ 0 & 0 & -1 & 0 \\ 0 & 0 & 0 & -1 \end{pmatrix} \tag{2.122}$$

per il tensore metrico dello spaziotempo locale, dove il campo scalare $\phi(\mathbf{r})$ soddisfa l'equazione

$$\nabla^2 \phi(\mathbf{r}) = -4\pi G\, \rho(\mathbf{r}) \,, \tag{2.123}$$

che è l'equazione di Poisson per il potenziale gravitazionale $\phi(\mathbf{r})$ generato da una distribuzione di densità di massa $\rho(\mathbf{r})$. Questa equazione può essere risolta e fornisce

$$\phi(\mathbf{r}) = -4\pi G \int \frac{\rho(\mathbf{r}')}{|\mathbf{r} - \mathbf{r}'|}\, d^3\mathbf{r}' \,. \tag{2.124}$$

Considerando una densità uniforme $\rho = M/V$ con massa totale M all'interno di una sfera di volume V, al di fuori della sfera otteniamo

$$\phi(\mathbf{r}) = -G\frac{M}{|\mathbf{r}|} \,, \tag{2.125}$$

che è l'espressione newtoniana familiare del campo gravitazionale generato da una massa M. Nel limite non relativistico, la formula (2.113) per l' accelerazione di una particella costretta a muoversi nello spaziotempo curvo con tensore metrico dato dall'Eq. (2.122) è

$$\frac{d^2\mathbf{r}}{dt^2} = -\nabla\phi(\mathbf{r}) \,, \tag{2.126}$$

che è esattamente la legge di Newton per la dinamica non relativistica di una particella sotto l'azione del potenziale gravitazionale $\phi(\mathbf{r})$, cioè Eq. (2.116).

2.6.5 Previsioni della relatività generale

Per concludere questa sezione, sottolineiamo che molte importanti previsioni basate sulle equazioni di Einstein della relatività generale sono state confermate sperimentalmente. La più famosa è la spiegazione della precessione del perielio di Mercurio. Ci sono, tuttavia, risultati molto recenti di grande rilevanza. Tra questi:

i) l'espansione accelerata dell'Universo (Premio Nobel per la Fisica 2011);
ii) l'esistenza delle onde gravitazionali (Premio Nobel per la Fisica 2017);
iii) l'esistenza dei buchi neri (Premio Nobel per la Fisica 2020).

La meccanica quantistica e la teoria quantistica dei campi sono utilizzate per spiegare tre forze (elettromagnetica, nucleare debole e nucleare forte) delle quattro forze fondamentali della Natura. La teoria generale della relatività di Albert Einstein, che è formulata all'interno del quadro completamente distinto della fisica classica, forma la base per la nostra attuale comprensione della gravità, la quarta forza. Oggi, un campo di ricerca molto attivo è la gravità quantistica. La gravità quantistica mira a descrivere la gravità utilizzando i principi della meccanica quantistica in situazioni in cui gli effetti quantistici sono importanti, come nelle vicinanze di buchi neri o altri oggetti astrofisici compatti con forti effetti gravitazionali (ad es. stelle di neutroni).

Ulteriori Letture

Ottimi libri sulla relatività speciale sono:

L.D. Landau e E.M. Lifshitz, Fisica teorica vol. 2: Teoria dei campi (Editori riuniti, 1985).

W. Rindler, Introduction to Special Relativity (Oxford Univ. Press, 1991).

Articoli storici rilevanti sulla relatività speciale sono:

A.A. Michelson e E. W. Morley, American Journal of Science **34**, 333 (1887).

A. A. Michelson e E. W. Morley, American Journal of Science **34**, 427 (1887).

H. Poincaré, Revue de Metaphysique et de Morale **6**, 1 (1898).

G.F. Fitzgerald, Science **13**, 390, (1889).

H.A. Lorentz, Proceedings Royal Netherlands Academy of Arts and Sciences **6**, 809 (1904).

A. Einstein, Annalen der Physik **17**, 891 (1905).

Un libro introduttivo sulla relatività generale è:

L. Ryder, Introduction to General Relativity (Cambridge Univ. Press, 2009).

Articoli storici rilevanti sulla relatività generale sono:

D. Hilbert, Nachrichten von der Gesellschaft der Wissenschaften zu Göttingen, Mathematisch-Physikalische Klasse **3**, 395 (1915).

A. Einstein, Sitzungsberichte der Preussischen Akademie der Wissenschaften zu Berlin, Part 2, 844 (1915).

Capitolo 3
Proprietà quantistiche della luce

In questo capitolo discutiamo i tre principali fenomeni empirici che, per la prima volta, hanno evidenziato la natura quantistica della luce. Questi fenomeni sono la radiazione del corpo nero, l'effetto fotoelettrico e l'effetto Compton. L'idea principale è che la luce è composta da particelle elementari senza massa chiamate fotoni. Questa idea, dovuta a Planck, Einstein e Compton, è ora ben consolidata sperimentalmente, ed è il cuore del fiorente campo dell'ottica quantistica.

3.1 Radiazione del corpo nero

Storicamente l'inizio della meccanica quantistica è posto nel 1900 quando Max Planck scoprì che i risultati sperimentali dello spettro elettromagnetico emesso da un corpo nero sono spiegati assumendo che l'energia della radiazione sia quantizzata.

Un corpo nero è un corpo fisico ipotetico che assorbe completamente tutta la radiazione elettromagnetica in arrivo, indipendentemente dalla frequenza o dall'angolo di incidenza. La parola nero è dovuta al fatto che questo corpo assorbe tutti i colori della luce. Tuttavia, come qualsiasi corpo caldo, il corpo nero emette la propria radiazione elettromagnetica per raggiungere l'equilibrio termico con l'ambiente esterno. Un piccolo foro in un grande contenitore isolato (cavità), con pareti interne che sono opache alla radiazione, è una buona approssimazione del corpo nero ideale. Qualsiasi luce che entra nel foro viene riflessa o assorbita dalle superfici interne del corpo e ha poche probabilità di riemergere, rendendolo un assorbitore quasi perfetto. Invece, la radiazione elettromagnetica che esce dal foro, che è in equilibrio termico con le pareti della cavità, è la radiazione del corpo nero.

Nel 1898 Otto Lummer e Ferdinand Kurlbaum analizzarono sperimentalmente la radiazione elettromagnetica proveniente dal piccolo foro della cavità. Per definizione, $\rho(\nu)$ è tale che

$$\frac{E}{V} = \int_0^{+\infty} \rho(\nu)\, d\nu \,, \tag{3.1}$$

L. Salasnich, F. Lorenzi, *Introduzione alla fisica moderna*,
https://doi.org/10.1007/978-3-032-17303-4_3

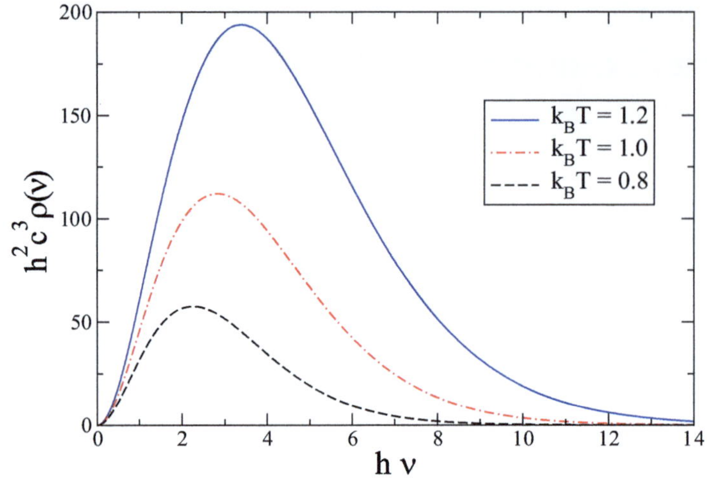

Figura 3.1 Radiazione del corpo nero: legge di Planck sulla densità di energia per unità di frequenza, $\rho(\nu)$, per tre valori della temperatura T

dove E è l'energia totale della radiazione elettromagnetica all'interno di un volume V. Sperimentalmente si trova che la funzione $\rho(\nu)$ è tale che

$$\int_0^{+\infty} \rho(\nu)\, d\nu = a\, T^4 \,, \tag{3.2}$$

che è la legge di Stefan-Boltzmann con

$$a = 7.56 \cdot 10^{-16} \quad \text{Joule}/(\text{metri}^3 \times \text{Kelvin}^4) \tag{3.3}$$

la cosiddetta costante di radiazione. Inoltre, si trova che la frequenza ν_{max} del massimo della curva cresce aumentando la temperatura (legge di Wien).

Come vedremo in dettaglio, Planck ha derivato l'espressione

$$\rho(\nu) = \frac{8\pi}{c^3} \nu^2 \frac{h\nu}{e^{\frac{h\nu}{k_B T}} - 1} \tag{3.4}$$

per la densità di energia elettromagnetica per unità di frequenza $\rho(\nu)$ emessa dal corpo a temperatura T, con k_B la costante di Boltzmann e c la velocità della luce nel vuoto. Questa formula, nota come legge di Planck della radiazione del corpo nero, è in ottimo accordo con i dati sperimentali. La costante h, derivata dall'interpolazione dei dati sperimentali, risulta essere

$$h = 6.63 \cdot 10^{-34} \,\text{Joule} \times \text{secondi} \,. \tag{3.5}$$

Questo parametro è chiamato costante di Planck. Nota che spesso usiamo anche la costante di Planck ridotta

$$\hbar = \frac{h}{2\pi} = 1.06 \cdot 10^{-34}\,\text{Joule} \times \text{secondi} \tag{3.6}$$

che è comunemente chiamata "hbar". Come previsto, tenendo conto dell'Eq. (3.4) otteniamo la legge di Stefan-Boltzmann

$$\int_0^{+\infty} \rho(\nu)\, d\nu = \frac{8\pi^5 k_B^4}{15c^3h^3} T^4 \,, \tag{3.7}$$

e questo significa che la costante di radiazione a di Eq. (3.3) deve essere

$$a = \frac{8\pi^5 k_B^4}{15c^3h^3} = \frac{\pi^2 k_B^4}{15c^3\hbar^3} \,. \tag{3.8}$$

Anche la legge di Wien è perfettamente riprodotta dalla formula di Planck per la radiazione del corpo nero.

3.1.1 Derivazione della legge di Planck

L'assunzione cruciale fatta da Max Planck per derivare la corretta funzione $\rho(\nu)$ della radiazione del corpo nero è che l'energia $E(\nu, n)$ emessa dalle pareti della cavità del corpo nero sia quantizzata come segue

$$E(\nu, n) = h\nu\, n \,, \tag{3.9}$$

dove h è la costante di Planck, ν è la frequenza della radiazione, e $n \in \mathbb{N}$ è un numero naturale chiamato *numero quantico*. Secondo Planck, l'energia elettromagnetica media $\bar{E}(\nu)$ emessa con frequenza ν dalla cavità a temperatura T è data da

$$\bar{E}(\nu) = \langle E(\nu, n) \rangle = \frac{\sum_{n=0}^{+\infty} E(\nu, n)\, e^{-\beta E(\nu,n)}}{\sum_{n=0}^{+\infty} e^{-\beta E(\nu,n)}} \,, \tag{3.10}$$

dove $e^{-\beta E(\nu,n)}$ è il fattore statistico di Boltzmann con $\beta = 1/(k_B T)$. Sorprendentemente, l'Eq. (3.10) può essere calcolata esplicitamente. Infatti, $\bar{E}(\nu)$ può essere riscritta come

$$\bar{E}(\nu) = -\frac{\partial}{\partial\beta} \ln \mathcal{Z}_1 \tag{3.11}$$

dove

$$\mathcal{Z}_1 = \sum_{n=0}^{+\infty} e^{-\beta h\nu\, n} \tag{3.12}$$

è la funzione di partizione a singolo modo (singola frequenza). Utilizzando i risultati della serie geometrica, cioè $\sum_{n=0}^{+\infty} x^n = 1/(1-x)$ per $|x| < 1$, otteniamo immediatamente

$$\mathcal{Z}_1 = \frac{1}{1 - e^{-\beta h\nu}} . \tag{3.13}$$

Inserendo questa espressione nell'Eq. (3.11) otteniamo

$$\bar{E}(\nu) = \frac{h\nu}{e^{\frac{h\nu}{k_B T}} - 1} = h\nu\, \bar{n}(\nu) , \tag{3.14}$$

dove

$$\bar{n}(\nu) = \frac{1}{e^{\frac{h\nu}{k_B T}} - 1} \tag{3.15}$$

è il numero medio termico di quanti con frequenza ν.

Consideriamo ora la relazione di dispersione

$$\nu = \frac{c}{\lambda} = \frac{ck}{2\pi} \tag{3.16}$$

e il fatto che vettori d'onda infiniti $\mathbf{k}$ corrispondono allo stesso numero d'onda $k = |\mathbf{k}|$ e, di conseguenza, alla stessa frequenza ν. L'energia totale della radiazione elettromagnetica è quindi data da

$$E = 2 \sum_{\mathbf{k}} \bar{E}\Big(\nu = \frac{ck}{2\pi}\Big) , \tag{3.17}$$

dove il fattore 2 tiene conto delle due possibili polarizzazioni della luce. Nel limite del continuo, dove $\sum_{\mathbf{k}} \to V \int d^3\mathbf{k}/(2\pi)^3$, otteniamo

$$\frac{E}{V} = 2 \int \frac{d^3\mathbf{k}}{(2\pi)^3} \bar{E}\Big(\nu = \frac{ck}{2\pi}\Big) = \int_0^{+\infty} D_1(\nu)\, \bar{E}(\nu)\, d\nu = \int_0^{+\infty} \rho(\nu)\, d\nu , \tag{3.18}$$

dove

$$D_1(\nu) = 2 \int \frac{d^3\mathbf{k}}{(2\pi)^3} \delta\Big(\nu - \frac{ck}{2\pi}\Big) = \frac{1}{\pi^2} \int_0^{+\infty} dk k^2 \delta\Big(\nu - \frac{ck}{2\pi}\Big) = \frac{8\pi}{c^3} \nu^2 \tag{3.19}$$

è la densità di stati monomodale per volume. Quindi, la densità di energia $\rho(\nu)$ per unità di frequenza può essere espressa come

$$\rho(\nu) = D_1(\nu)\, \bar{E}(\nu) , \tag{3.20}$$

dove $D_1(\nu)$ è la densità di stati monoparticellari che hanno frequenza ν mentre $\bar{E}(\nu)$ è dato dall'Eq. (3.14). Esplicitamente, abbiamo

$$\rho(\nu) = \frac{8\pi}{c^3}\nu^2 \frac{h\nu}{e^{\frac{h\nu}{k_B T}} - 1} , \tag{3.21}$$

che è esattamente la formula di Planck. Nel regime $h\nu \ll k_B T$ di alte temperature abbiamo

$$e^{\frac{h\nu}{k_B T}} \approx 1 + \frac{h\nu}{k_B T} \tag{3.22}$$

e di conseguenza

$$\rho(\nu) \approx \frac{8\pi}{c^3}\nu^2 k_B T , \tag{3.23}$$

che è la legge di Rayleigh-Jeans: molto buona a basse frequenze ma inaffidabile ad alte frequenze (*catastrofe ultravioletta*). La legge di Rayleigh-Jeans fu derivata nello stesso anno della legge di Planck da John William Strutt (Rayleigh) e James Jeans sulla base della meccanica statistica classica, cioè usando l'Eq. (3.20) con $D_1(\nu)$ dato da l'Eq. (3.19) e $\bar{E}(\nu)$ dato dai risultati classici $\bar{E}(\nu) = k_B T$ invece di quello quantistico, Eq. (3.14). Sottolineiamo che il risultato classico può essere ottenuto supponendo che il numero n dell'Eq. (3.10) sia reale, cioè

$$\begin{aligned} \bar{E}(\nu) = \langle E(\nu, n) \rangle &= \frac{\int_0^{+\infty} E(\nu, n)\, e^{-\beta E(\nu,n)}\, dn}{\int_0^{+\infty} e^{-\beta E(\nu,n)}\, dn} \\ &= \frac{\int_0^{+\infty} h\nu\, n\, e^{-\beta h\nu\, n}\, dn}{\int_0^{+\infty} e^{-\beta h\nu\, n}\, dn} = \frac{1}{\beta} = k_B T . \end{aligned} \tag{3.24}$$

Quindi, è davvero cruciale imporre che n sia un numero naturale per ottenere la legge di Planck.

A questo punto è utile svolgere un semplice esercizio. Vogliamo determinare la corrispondente densità di energia per unità di lunghezza d'onda, $\rho(\lambda)$, della radiazione del corpo nero. La frequenza lineare ν è legata alla lunghezza d'onda λ dall'espressione

$$\lambda\nu = c . \tag{3.25}$$

In pratica, $\nu = c\lambda^{-1}$, da cui

$$d\nu = -c\lambda^{-2} d\lambda . \tag{3.26}$$

Cambiando variabile nell'integrale dell'Eq. (3.1) la densità di energia diventa

$$\frac{E}{V} = \int_0^{\infty} \frac{8\pi^2}{\lambda^5} \frac{hc}{e^{\beta hc/\lambda} - 1}\, d\lambda , \tag{3.27}$$

e di conseguenza la densità di energia per unità di lunghezza d'onda diventa

$$\rho(\lambda) = \frac{8\pi^2}{\lambda^5} \frac{hc}{e^{\beta hc/\lambda} - 1} , \tag{3.28}$$

tale che

$$\frac{E}{V} = \int_0^\infty \rho(\lambda)\, d\lambda . \tag{3.29}$$

3.2 Effetto fotoelettrico

Alcuni anni dopo la formulazione della legge di Planck per il corpo nero, nel 1905, Albert Einstein suggerì che la radiazione elettromagnetica è composta da quanti di luce, chiamati fotoni, dove l'energia E di un singolo fotone è data da

$$E = h\nu = \hbar\omega , \tag{3.30}$$

con h la costante di Planck, $\hbar = h/(2\pi)$ la costante di Planck ridotta, ν la frequenza, e $\omega = 2\pi\nu$ la frequenza angolare. Einstein usò il concetto di fotone per spiegare l'effetto fotoelettrico, cioè l'emissione di elettroni da una superficie metallica quando questa superficie è colpita da una radiazione elettromagnetica.

L'effetto fotoelettrico fu osservato per la prima volta alla fine del diciannovesimo secolo da Heinrich Hertz e Philipp von Lenard. Nell'esperimento fotoelettrico due piastre metalliche sono posizionate a una distanza finita l'una dall'altra all'interno di una camera a vuoto. Le due piastre sono collegate da un filo conduttore, dove c'è un amperometro, che misura la corrente elettrica, e una batteria (generatore di tensione) che può essere spenta. Una luce monocromatica di frequenza ν viene inviata a una delle due piastre metalliche. Se il generatore di tensione è spento, il passaggio di una corrente elettrica viene osservato solo se la frequenza della luce monocromatica supera un valore critico, cioè solo se

$$\nu > \nu_0 , \tag{3.31}$$

dove sperimentalmente ν_0 risulta dipendere dalle proprietà del materiale della piastra metallica colpita dalla luce, come mostrato nella Tabella 3.1. Sorprendentemente, se $\nu < \nu_0$ non si osserva corrente elettrica anche se l'intensità della luce incidente è molto grande.

Tabella 3.1 Frequenza critica ν_c dell'effetto fotoelettrico per alcuni metalli

Materiale	frequenza critica ν_c	colore della luce
Potassio (K)	5.43×10^{14} Hz	verde
Sodio (Na)	5.51×10^{14} Hz	verde
Calcio (Ca)	7.74×10^{14} Hz	viola
Rame (Cu)	1.08×10^{15} Hz	ultravioletto
Ferro (Fe)	1.12×10^{15} Hz	ultravioletto
Argento (Ag)	1.14×10^{15} Hz	ultravioletto

Se il generatore di tensione è acceso con polarità invertita, la frequenza critica necessaria per misurare il flusso di corrente è maggiore. Infatti, gli elettroni negativi estratti dal materiale sono respinti dall'eccesso di cariche negative presenti sull'altra piastra. In questa configurazione con polarità invertita, esiste una differenza di potenziale critica, chiamata potenziale di arresto V_0, sopra la quale non c'è corrente elettrica.

3.2.1 Spiegazione teorica

Einstein ha utilizzato il concetto di fotone per spiegare l'effetto fotoelettrico:

i) la luce è composta da fotoni di energia $h\nu$;
ii) l'interazione radiazione-materia è, con buona approssimazione, un'interazione tra singolo fotone e singolo elettrone;
iii) i singoli elettroni nei metalli sono legati al metallo da una energia di legame W;
iv) l'effetto fotoelettrico si verifica solo se l'energia $h\nu$ del singolo fotone che interagisce con il singolo elettrone è maggiore dell'energia di legame W.

Einstein suggerì che l'energia cinetica E_K di un elettrone emesso dalla superficie di un metallo dopo essere stato irradiato è data da

$$E_K = h\nu - W \, , \tag{3.32}$$

dove W è la funzione lavoro del metallo (cioè, l'energia minima per estrarre l'elettrone dalla superficie del metallo). Nel caso di un generatore di tensione spento, la formula di Einstein implica chiaramente che la frequenza critica ν_0 della radiazione incidente necessaria per estrarre elettroni da un metallo è

$$\nu_0 = \frac{W}{h} \, . \tag{3.33}$$

Quindi ν_0 è il rapporto tra l'energia di estrazione W e la costante di Planck h.

Inoltre, secondo Einstein, il potenziale di arresto V_0 necessario per impedire al singolo elettrone di raggiungere l'altra piastra deve essere uguale all'energia cinetica E_K dell'elettrone, cioè

$$eV_0 = E_K \, , \tag{3.34}$$

dove $q = -e$ è la carica elettrica dell'elettrone con $e = 1.6 \cdot 10^{19}$ Coulomb. Dalle equazioni (3.32) e (3.34) troviamo immediatamente

$$V_0 = \frac{h}{e}\nu - \frac{W}{e} \, . \tag{3.35}$$

Quindi, V_0 cresce linearmente con la frequenza ν e la pendenza di questa retta è il rapporto h/e di due costanti universali. Questi risultati sono in ottimo accordo con i dati sperimentali. Einstein ricevette il Premio Nobel per la Fisica nel 1921 con questa motivazione: "per i suoi servizi alla fisica teorica, e in particolare per la sua scoperta della legge dell'effetto fotoelettrico".

3.3 Energia e quantità di moto di un fotone

Se la luce è composta da particelle elementari chiamate fotoni, ovviamente questi fotoni si muovono alla velocità c della luce. Basandosi sulla dinamica relativistica di Einstein, una particella che si muove alla velocità della luce, cioè con $v = c$, deve avere massa zero, cioè $m = 0$. Inoltre, in questo caso l'energia E della particella è legata alla sua quantità di moto $\mathbf{p}$ dalla relazione

$$E = c\, p\,, \tag{3.36}$$

dove $p = |\mathbf{p}|$. D'altra parte, abbiamo visto che per il fotone

$$E = h\, \nu\,, \tag{3.37}$$

dove h è la costante di Planck e ν è la frequenza della luce. Ne consegue che

$$p = \frac{E}{c} = \frac{h\,\nu}{c}\,. \tag{3.38}$$

Ricordando che

$$\lambda\, \nu = c\,, \tag{3.39}$$

dove λ è la lunghezza d'onda della luce, otteniamo

$$p = \frac{h}{\lambda}\,. \tag{3.40}$$

Questa formula mette in relazione una proprietà corpuscolare della luce, la quantità di moto p, con una proprietà ondulatoria della luce, la lunghezza d'onda λ.

Per concludere questa sezione, eseguiamo due semplici esercizi. Nel primo esercizio vogliamo calcolare il numero di fotoni emessi in 4 secondi da una lampada di 10 Watt che irradia l'1% della sua energia come luce monocromatica con lunghezza d'onda $6000 \cdot 10^{-10}$ metri (luce arancione). L'energia di un fotone di lunghezza d'onda λ e frequenza lineare ν è data da

$$\epsilon = h\nu = h\frac{c}{\lambda}\,, \tag{3.41}$$

dove è la costante di Planck. Nel nostro problema si ottiene

$$\begin{aligned}\epsilon = h\frac{c}{\lambda} &= 6.62 \cdot 10^{-34}\ \text{Joule} \times \text{secondi} \times \frac{3 \cdot 10^{8}\ \text{metri/secondo}}{6 \cdot 10^{3} \cdot 10^{-10}\ \text{metri}} \\ &= 3.3 \cdot 10^{-19}\ \text{Joule}\,. \end{aligned} \tag{3.42}$$

Durante il periodo $\Delta t = 4$ secondi l'energia della lampada con potenza $P = 10$ Watt è

$$E = P\ \Delta t = 10 \text{ Joule/secondi} \cdot 4 \text{ secondi} = 40 \text{ Joule} . \tag{3.43}$$

L'energia della radiazione è invece

$$E_{rad} = E \cdot 1\% = E \cdot \frac{1}{100} = \frac{40}{100} \text{ Joule} = 0.4 \text{ Joule} . \tag{3.44}$$

Il numero di fotoni emessi è quindi

$$N = \frac{E_{rad}}{\epsilon} = \frac{0.4 \text{ Joule}}{3.3 \cdot 10^{-19} \text{ Joule}} = 1.2 \cdot 10^{18} . \tag{3.45}$$

Il secondo esercizio è un po' più complicato. Su una cella fotoelettrica arriva un fascio di luce con lunghezza d'onda $6500 \cdot 10^{-10}$ metri e energia 10^6 erg al secondo [1 erg = 10^{-7} Joule]. Questa energia è interamente utilizzata per produrre fotoelettroni. Vogliamo calcolare l'intensità della corrente elettrica che scorre nel circuito elettrico collegato alla cella fotoelettrica. La lunghezza d'onda può essere scritta come

$$\lambda = 6.5 \cdot 10^3 \cdot 10^{-10} \text{ metri} = 6.5 \cdot 10^{-7} \text{ metri} . \tag{3.46}$$

L'energia del fascio di luce può essere scritta come

$$E = 10^6 \text{ erg} = 10^6 \cdot 10^{-7} \text{ Joule} = 10^{-1} \text{ Joule} . \tag{3.47}$$

L'intervallo di tempo è

$$\Delta t = 1 \text{ secondi} . \tag{3.48}$$

L'energia di un singolo fotone è

$$\epsilon = h\frac{c}{\lambda} = 6.6 \cdot 10^{-34} \frac{3 \cdot 10^8}{6.5 \cdot 10^{-7}} \text{ Joule} = 3 \cdot 10^{-19} \text{ Joule} . \tag{3.49}$$

Il numero di fotoni è quindi dato da

$$N = \frac{E}{\epsilon} = \frac{10^{-1} \text{ Joule}}{3 \cdot 10^{-19} \text{ Joule}} = 3.3 \cdot 10^{17} . \tag{3.50}$$

Se un fotone produce un elettrone con carica elettrica $e = -1.6 \cdot 10^{-19}$ Coulomb, l'intensità della corrente elettrica si ottiene facilmente:

$$I = \frac{|e|N}{\Delta t} = \frac{1.6 \cdot 10^{-19} \text{ Coulomb} \cdot 3.3 \cdot 10^{17}}{1 \text{ secondi}} = 5.5. \cdot 10^{-2} \text{ Ampere} . \tag{3.51}$$

Per concludere osserviamo che con lunghezza d'onda $6500 \cdot 10^{-10}$ metri l'effetto fotoelettrico è possibile solo se la funzione di lavoro del campione è ridotta, ad esempio utilizzando un campo elettrico esterno.

3.4 Effetto Compton

Nel 1923 Arthur Compton studiò la diffusione di un fascio di raggi X che passa attraverso un piccolo bersaglio di grafite. I dati sperimentali di questo esperimento mostrano che dopo la collisione (diffusione) ad un certo angolo di diffusione θ la luce diventa bicromatica con due lunghezze d'onda:

$$\lambda_1 \approx \lambda\,, \tag{3.52}$$

$$\lambda_2 = \lambda + \lambda_c(1 - \cos(\theta))\,, \tag{3.53}$$

dove λ è la lunghezza d'onda della luce prima della diffusione. La costante empirica $\lambda_c = 2.42 \cdot 10^{-12}$ metri è ora conosciuta come lunghezza d'onda di Compton. Chiaramente, nel caso $\theta = 0$ abbiamo

$$\lambda_2 = \lambda\,, \tag{3.54}$$

per $\theta = \pi/2 = 90°$ otteniamo invece

$$\lambda_2 = \lambda + \lambda_c\,, \tag{3.55}$$

mentre la massima separazione si verifica nel caso $\theta = \pi = 180°$ dove

$$\lambda_2 = \lambda + 2\lambda_c\,. \tag{3.56}$$

3.4.1 *Spiegazione teorica*

Lo stesso Compton ha fornito una ragionevole spiegazione teorica del suo esperimento. Le ipotesi di Compton sono:

i) la luce è composta da fotoni, particelle con massa zero;
ii) la grafite è composta da atomi ed elettroni liberi, in entrambi i casi sono particelle con massa m diversa da zero;
iii) nel processo di diffusione ogni singolo fotone interagisce con una singola particella di grafite;
iv) questo processo di diffusione è una collisione elastica e quindi l'energia totale e l'impulso totale sono conservati.

Prima della diffusione, l'energia E_X e l'impulso lineare $\mathbf{p}_X$ del fotone sono

$$E_X = h\,\frac{c}{\lambda}\,, \tag{3.57}$$

$$\mathbf{p}_X = \left(\frac{h}{\lambda}, 0, 0\right). \tag{3.58}$$

L'energia E_g e l'impulso lineare $\mathbf{p}_g$ di una particella di massa m di grafite sono invece

$$E_g = mc^2\,, \tag{3.59}$$

$$\mathbf{p}_g = (0, 0, 0)\,, \tag{3.60}$$

in un sistema di riferimento dove inizialmente la particella è ferma.

Dopo la collisione l'energia E'_X e l'impulso lineare $\mathbf{p}'_X$ del fotone sono

$$E'_X = h\,\frac{c}{\lambda'}\,, \tag{3.61}$$

$$\mathbf{p}'_X = \left(\frac{h}{\lambda'}\cos(\theta), \frac{h}{\lambda'}\sin(\theta), 0\right). \tag{3.62}$$

L'energia E'_g e l'impulso lineare $\mathbf{p}'_g$ della particella di massa m di grafite sono invece

$$E'_g = \sqrt{m^2c^4 + (p'_g c)^2}\,, \tag{3.63}$$

$$\mathbf{p}'_g = (p'_g \cos(\phi), p'_g \sin(\phi), 0)\,, \tag{3.64}$$

dove θ è l'angolo di diffusione del fotone mentre ϕ è l'angolo di diffusione della particella.

Imponendo la conservazione dell'energia totale

$$E_X + E_g = E'_X + E'_g \tag{3.65}$$

e anche dell'impulso lineare totale

$$\mathbf{p}_X + \mathbf{p}_g = \mathbf{p}'_X + \mathbf{p}'_g\,, \tag{3.66}$$

dopo alcuni calcoli algebrici si trova

$$\lambda' = \lambda + \frac{h}{mc}(1 - cos(\theta))\,. \tag{3.67}$$

Nel caso di collisione fotone-elettrone $m = m_e = 9.11 \cdot 10^{-31}$ kg e $h/(m_e c)$ risulta essere la lunghezza d'onda Compton (dell'elettrone). E quindi $\lambda' = \lambda_2 = \lambda + \lambda_c(1 - cos(\theta))$. Invece, nel caso di collisione fotone-atomo $m = m_C = 19.94 \cdot 10^{-27}$ kg e $h/(m_C c)$ risulta essere estremamente piccolo tale che $\lambda' = \lambda_1 \approx \lambda$.

3.5 Produzione di coppie

Un fotone che genera una coppia elettrone-positrone vicino a un nucleo è spesso riferito come creazione di coppia. Il positrone è una particella con la stessa massa m_e dell'elettrone ma con carica opposta $+e$. Il processo è spesso scritto come

$$\gamma \to e^- + e^+\,, \tag{3.68}$$

dove γ è il simbolo di un fotone (con frequenza ν nella regione dei raggi gamma), e^- è il simbolo dell'elettrone, e e^+ è il simbolo del positrone. Poiché l'energia deve essere conservata, l'energia del fotone $h\nu$ deve essere maggiore dell'energia di massa a riposo totale $2m_e c^2$ delle due particelle generate perché la creazione di coppia avvenga, cioè

$$h\nu > 2m_e c^2 = 2 \times 0.511 \text{ MeV} = 1.022 \text{ MeV}\,, \tag{3.69}$$

con $\nu_{min} = 2m_e c^2/h = 2.5 \times 10^{20}$ Hertz la frequenza minima del fotone gamma. Letteralmente, il fotone scompare e la coppia elettrone-positrone appare al suo posto. Il processo è vincolato dalla conservazione dell'energia e dell'impulso lineare.

Per soddisfare la conservazione dell'impulso lineare, il fotone deve essere vicino a un nucleo, poiché una coppia elettrone-positrone creata nello spazio libero non può soddisfare sia la conservazione dell'energia che dell'impulso. Tutti gli altri numeri quantici conservati delle particelle prodotte devono sommare a zero, risultando in valori opposti per le particelle create. Ad esempio, se una particella ha una carica elettrica positiva $+e$, l'altra deve avere la carica elettrica $-e$. Il fenomeno della produzione di coppie è stato osservato per la prima volta da Patrick Blackett e Giovanni Occhialini nel 1933 con una camera a nebbia controllata da un contatore. Gli esperimenti mostrano che la probabilità di creazione di coppie aumenta con l'energia del fotone e anche con il quadrato del numero atomico (numero di protoni) dell'atomo vicino.

È importante sottolineare che anche l'inverso della produzione di coppie è possibile. Questo è noto come annichilazione elettrone-positrone:

$$e^- + e^+ \to \gamma + \gamma \; . \tag{3.70}$$

In questo caso la coppia elettrone-positrone scompare e due fotoni appaiono al suo posto. La conservazione dell'energia e dell'impulso lineare vieta la creazione di un solo fotone nello spazio libero. Nel caso più comune, i due fotoni hanno un'energia pari all'energia di riposo $m_e c^2$ dell'elettrone.

Ulteriori Letture

Ci sono molti libri che discutono gli argomenti di questo capitolo. Due dei più venduti sono:

R.A. Serway, C.J. Moses, C.A. Moyer, Modern Physics (Brooks/Cole Publishing Company, 2004).

B.H. Bransden e C.J. Joachain, Physics of Atoms and Molecules (Prentice Hall, 2003).

Documenti storici rilevanti sulla natura quantistica della luce sono:

M. Planck, Verhandlungen der Deutschen Physikalischen Gesellschaft **2**, 202 (1900).

M. Planck, Verhandlungen der Deutschen Physikalischen Gesellschaft **2**, 237 (1900).

A. Einstein, Annalen der Physik **17**, 132 (1905).

A.H. Compton, Physical Review **21**, 483 (1923).

P.M.S. Blackett e G. P. S. Occhialini, Proceedings Royal Society of London A **139**, 699 (1933).

Capitolo 4
Proprietà quantistiche della materia

In questo capitolo analizziamo fenomeni empirici che vengono spiegati prendendo in considerazione la natura quantistica della materia. Studiamo il comportamento peculiare mostrato dalla capacità termica nei solidi a bassa temperatura, introducendo il concetto di fononi vibrazionali. Seguendo l'approccio di Einstein e Debye, il solido può essere visto come un gas di fononi caratterizzato da una specifica distribuzione termica quantistica, simile a quella dei fotoni della radiazione del corpo nero. Consideriamo anche la quantizzazione dei livelli energetici proposta nel 1913 da Bohr per l'atomo di idrogeno e i tre principali meccanismi di transizioni elettromagnetiche per atomi e molecole: assorbimento, emissione spontanea ed emissione stimolata.

4.1 Capacità termica dei solidi: Einstein vs Debye

Nel 1907 Albert Einstein osservò che la quantizzazione adottata da Max Planck per la radiazione del corpo nero dei fotoni può essere utilizzata anche per le vibrazioni armoniche degli atomi nei solidi, che vengono chiamate *fononi*. Einstein invocò una sorta di generalizzazione del principio di equipartizione dell'oscillatore armonico: per ogni modo di oscillazione armonica con frequenza ν, l'energia termica media è data da

$$\bar{E}(\nu) = \frac{h\nu}{e^{\beta h\nu} - 1} , \tag{4.1}$$

che è esattamente l'Eq. (3.14) del capitolo precedente impostando $\beta = 1/(k_B T)$ con k_B la costante di Boltzmann e T la temperatura assoluta. Come visto nel capitolo precedente, per $h\nu \ll k_B T$ si ottiene

$$\bar{E}(\nu) = \frac{1}{\beta} = k_B T , \tag{4.2}$$

L. Salasnich, F. Lorenzi, *Introduzione alla fisica moderna*,
https://doi.org/10.1007/978-3-032-17303-4_4

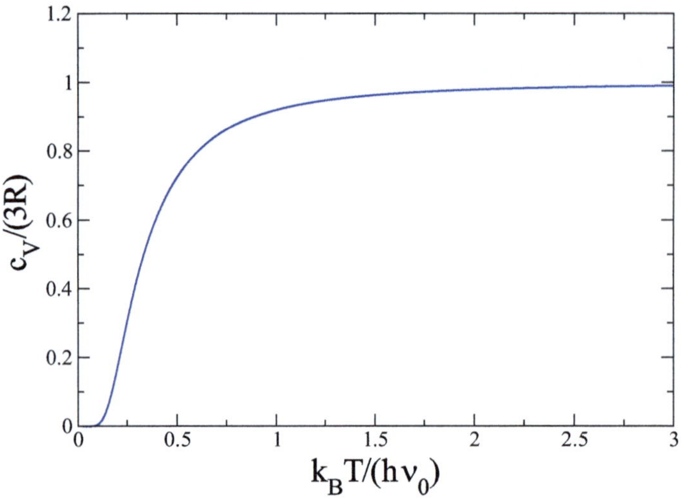

Figura 4.1 Capacità termica molare c_V in funzione della temperatura T secondo la teoria di Einstein dei fononi nei solidi

che è il principio classico di equipartizione per l'oscillatore armonico. Einstein supponeva che la frequenza fosse la stessa per tutte le $3N$ modalità di un solido specifico, cioè dove N è il numero di atomi nel solido e il fattore 3 è dovuto al fatto che ci sono tre possibili direzioni di oscillazione. Denotiamo con ν_0 la frequenza di Einstein di oscillazione dei fononi. Sotto queste ipotesi l'energia interna E risulta

$$E = 3N\bar{E}(\nu_0) = \frac{3Nh\nu_0}{e^{\beta h\nu_0} - 1} \tag{4.3}$$

e la capacità termica molare a volume costante è

$$c_V = \frac{1}{n}\left(\frac{\partial E}{\partial T}\right)_{V,N} = 3R\left(\frac{h\nu_0}{k_B T}\right)^2 \frac{e^{\frac{h\nu_0}{k_B T}}}{\left(e^{\frac{h\nu_0}{k_B T}} - 1\right)^2}, \tag{4.4}$$

dove $n = N/N_A$ è il numero di moli, N_A è il numero di Avogadro, e $R = k_B N_A$ è la costante dei gas. Ad alte temperature da questa formula di Einstein, si recupera la legge di Dulong-Petit $c_V = 3R$. Le misurazioni della capacità termica molare effettuate da Walther Nernst in molti solidi a bassa temperatura erano in ragionevole accordo con la formula di Einstein, Eq. (4.4), utilizzando ν_0 come parametro di adattamento per ogni solido.

Nel 1912 Peter Debye scoprì che un approccio leggermente diverso è più efficace nel riprodurre i dati sperimentali. Debye suggerì che, come nel caso della radiazione del corpo nero, gli atomi in un reticolo cristallino possono avere molte frequenze ν di oscillazioni. Il numero totale di modi armonici di vibrazioni in un solido è dato da $3N$, con N il numero di atomi nel solido. Di conseguenza, deve essere

$$3N = \int_0^{\nu_D} \mathcal{D}_1(\nu) d\nu\,, \tag{4.5}$$

dove ν_D è la frequenza massima ammessa di oscillazione, che ora viene chiamata frequenza di Debye, e $\mathcal{D}_1(\nu)$ è la densità di stati a singolo modo, cioè la densità di stati fononici (vibrazionali). In analogia con la radiazione del corpo nero, Debye supponeva che

$$\mathcal{D}_1(\nu) = A\,\nu^2\,, \tag{4.6}$$

dove la costante A è fissata dall'Eq. (4.5). Si trova immediatamente

$$A = \frac{9N}{\nu_D^3}\,. \tag{4.7}$$

L'energia interna totale di Debye è quindi data da

$$E = \int_0^{\nu_D} \mathcal{D}_1(\nu)\,\bar{E}(\nu)\,d\nu = \frac{9N}{\nu_D^3}\int_0^{\nu_D} \nu^2 \frac{h\nu}{e^{\frac{h\nu}{k_B T}} - 1} \tag{4.8}$$

e la capacità termica molare a volume costante di Debye può essere scritta come

$$c_V = 9R\left(\frac{T}{T_D}\right)^3 \int_0^{T_D/T} \frac{x^4\,e^x}{(e^x - 1)^2}\,dx\,, \tag{4.9}$$

dove $T_D = h\nu_D/k_B$ è la temperatura di Debye, che dipende dal materiale solido specifico. Diversi solidi cristallini mostrano un accordo estremamente buono dell'equazione di Debye (4.9) con i dati sperimentali. Dall'Eq. (4.9) si trova che $c_V = 3R$ per $T/T_D \gg 1$, cioè la legge di Dulong-Petit, mentre $c_V = (12R\pi^4/5)(T/T_D)^3$ per $T/T_D \ll 1$. Per completezza, è importante sottolineare che, a temperature molto basse (sotto 1 Kelvin), si deve anche tenere conto della capacità termica elettronica per riprodurre correttamente i risultati sperimentali dei solidi.

4.2 Spettri energetici degli atomi

Tutti i dati sperimentali ottenuti con gas atomici mostrano che gli atomi individuali emettono luce solo per certe lunghezze d'onda caratteristiche λ. Inoltre, nel caso degli atomi, le lunghezze d'onda di emissione coincidono con le lunghezze d'onda di assorbimento. Queste lunghezze d'onda λ (o equivalentemente le corrispondenti frequenze $\nu = c/\lambda$), specifiche per ogni atomo, sono chiamate *spettro elettromagnetico* di quell'atomo. Storicamente, gli esperimenti sistematici per determinare lo spettro elettromagnetico degli atomi iniziarono a metà del 1800. La tecnica utilizzata era di confinare un gas atomico all'interno di un'ampolla (lampada), e di riscaldare il gas con metodi elettrici per produrre luce. Ad esempio, nella lampada a scarica le estremità della lampada ci sono due elettrodi carichi.

4.2.1 *Spettro energetico dell'atomo di idrogeno*

Nel caso dello spettro elettromagnetico dell'atomo di idrogeno, i numerosi dati sperimentali sono ben riassunti dalla formula empirica di Rydberg

$$\frac{1}{\lambda} = R_H \left(\frac{1}{n_1^2} - \frac{1}{n_2^2} \right) \tag{4.10}$$

dove λ è una delle lunghezze d'onda dello spettro,

$$R_H = 1.1 \cdot 10^7 \text{ m}^{-1} \tag{4.11}$$

è la costante di Rydberg, mentre n_1 e n_2 sono due numeri naturali tali che $n_2 > n_1$. Nel 1888 l'Eq. (4.10) fu ottenuta da Johannes Rydberg come una generalizzazione empirica della serie di Balmer, precedentemente trovata per l'atomo di idrogeno. Le serie spettrali più studiate sperimentalmente dell'atomo di idrogeno sono: la serie di Lyman, con $n_1 = 1$ e $n_2 > 1$; la serie di Balmer, con $n_1 = 2$ e $n_2 > 2$; la serie di Paschen, con $n_1 = 3$ e $n_2 > 3$; e la serie di Brackett, con $n_1 = 4$ e $n_2 > 4$.

Poiché la relazione

$$\lambda \, \nu = c \tag{4.12}$$

è sempre valida, la formula di Rydberg può anche essere scritta come segue

$$\nu = c \, R_H \left(\frac{1}{n_1^2} - \frac{1}{n_2^2} \right) \tag{4.13}$$

dove ν è una delle frequenze dello spettro elettromagnetico dell'atomo di idrogeno. Come vedremo, Bohr spiegò la formula empirica di Rydberg con un modello microscopico planetario dell'atomo di idrogeno. Per fare ciò, Bohr introdusse un'ipotesi rivoluzionaria: la quantizzazione del moto dell'elettrone.

4.3 Modello di Bohr dell'atomo di idrogeno

Nel 1913 Niels Bohr fu in grado di spiegare le frequenze discrete dell'emissione elettromagnetica dell'atomo di idrogeno sotto l'ipotesi che l'energia dell'elettrone in orbita attorno al nucleo sia quantizzata secondo la formula

$$E_n = -\frac{m_e e^4}{8\varepsilon_0^2 h^2} \frac{1}{n^2} = -13.6 \text{ eV} \, \frac{1}{n^2} \, , \tag{4.14}$$

dove $n = 1, 2, 3, \ldots$ è chiamato *numero quantico principale*, m_e è la massa dell'elettrone, $-e$ è la carica elettrica dell'elettrone, e ε_0 è la costante dielettrica nel vuoto. Ricordiamo che

$$1 \text{ eV} = 1 \text{ Volt elettrone} = 1.6 \cdot 10^{-19} \text{ Joule}.$$

L'Eq. (4.14) mostra che i *stati quantici* del sistema sono caratterizzati dal numero quantico n e lo *stato fondamentale* ($n = 1$) ha un'energia pari a -13.6 eV, che è l'energia di ionizzazione dell'atomo di idrogeno. Adottando una notazione introdotta da Paul Dirac nel 1939, denotiamo con il simbolo $|n\rangle$, in parole "ket n", lo stato quantico dell'elettrone caratterizzato dal numero quantico principale n. Secondo il modello di Bohr, la radiazione elettromagnetica viene emessa o assorbita solo quando un elettrone ha una transizione da un livello energetico E_{n_1} a un altro E_{n_2}. Inoltre, la frequenza ν della radiazione è legata alle energie dei due stati quantici $|n_1\rangle$ e $|n_2\rangle$ coinvolti nella transizione secondo

$$h\nu = E_{n_1} - E_{n_2} \, . \tag{4.15}$$

Quindi, qualsiasi transizione elettromagnetica tra due stati quantici coinvolge l'emissione o l'assorbimento di un fotone con un'energia $h\nu$ pari alla differenza di energia dei due stati quantici.

4.3.1 Derivazione della formula di Bohr

L'energia dell'elettrone con massa m_e e carica elettrica $q = -e$ (con $e > 0$) che orbita con moto circolare uniforme attorno al protone è data da

$$E = \frac{1}{2} m_e v^2 - \frac{e^2}{4\pi\epsilon_0 r} \, , \tag{4.16}$$

dove il primo termine rappresenta l'energia cinetica non relativistica dell'elettrone e il secondo termine è l'energia potenziale dovuta alla forza elettrica di Coulomb tra l'elettrone e il protone. Come è noto, l'intensità della forza elettrica **F** di Coulomb è data da

$$F = \frac{e^2}{4\pi\epsilon_0 r^2} \, . \tag{4.17}$$

Secondo la seconda legge della dinamica deve essere

$$F = m_e \, a = m_e \frac{v^2}{r} \, , \tag{4.18}$$

dove l'ultima uguaglianza si ottiene tenendo conto che nel moto circolare l'accelerazione a è legata alla velocità v e al raggio dell'orbita r da $a = v^2/r$. Mettendo insieme le Eq. (4.17) e (4.18) otteniamo immediatamente

$$\frac{1}{2} m_e v^2 = \frac{1}{2} \frac{e^2}{4\pi\epsilon_0 r} \, . \tag{4.19}$$

Pertanto, l'energia cinetica dell'elettrone è uguale alla metà della sua energia potenziale cambiata di segno. Dall'Eq. (4.16) segue che l'energia dell'elettrone può essere scritta come

$$E = -\frac{1}{2}\frac{e^2}{4\pi\epsilon_0 r}\,. \tag{4.20}$$

Il fatto che ci sia un segno meno assicura che l'elettrone sia in uno stato legato. Questo è corretto poiché si assume che l'elettrone sia legato su un'orbita circolare. Tuttavia, questo modello planetario completamente classico per l'elettrone (proposto da Hantaro Nagaoka nel 1904) non tiene conto del fatto che l' elettrone, essendo una particella carica in accelerazione, emette radiazione elettromagnetica: perdendo energia l'elettrone spiraleggia nel protone in una frazione di secondo.

Bohr osservò che in questo modello planetario oltre all'energia E c'è un'altra quantità conservata: il momento angolare totale **L** dell'elettrone. Il modulo di **L** è dato da

$$L = |\mathbf{r} \wedge \mathbf{p}| = r\, m_e\, v\, \sin(\theta) = r\, m_e\, v \tag{4.21}$$

L'ipotesi fondamentale di Bohr è che questo momento angolare orbitale **L** sia quantizzato. Poiché il momento angolare ha le unità Joule×secondo, che sono le stesse della costante di Planck h, Bohr nel suo articolo scientifico fondamentale scrisse

$$L = \frac{h}{2\pi} n \tag{4.22}$$

dove n è un numero naturale, cioè $n = 1, 2, 3, 4, \ldots$. Dalla quantizzazione del momento angolare, esplicitamente

$$r\, m_e\, v = \frac{h}{2\pi} n\,, \tag{4.23}$$

segue un vincolo tra la velocità v e il raggio r. D'altra parte, l'Eq. (4.19) dà anche un vincolo tra queste due quantità. Dopo un semplice algebra con le Eq. (4.19) e (4.23) deriviamo le formule

$$r = \frac{\epsilon_0 h^2}{\pi m_e e^2}\, n^2 = r_B\, n^2 \tag{4.24}$$

$$v = \frac{e^2}{2\epsilon_0 h}\frac{1}{n} = v_B \frac{1}{n} \tag{4.25}$$

dove $r_B = 0.53 \cdot 10^{-10}$ metri è chiamato raggio di Bohr e $v_B = 2 \cdot 10^6$ metri/secondo è la velocità di Bohr. Pertanto, la quantizzazione del momento angolare implica la quantizzazione del raggio dell'orbita e anche la quantizzazione della velocità dell'elettrone in quell'orbita. L'altra ipotesi rilevante del modello di Bohr è che l'elettrone non emetta radiazioni finché si muove in un'orbita quantizzata. Invece, la radiazione viene emessa o assorbita quando l'elettrone salta da un'orbita quantizzata all'altra. Questo processo è rappresentato nella Fig. 4.2

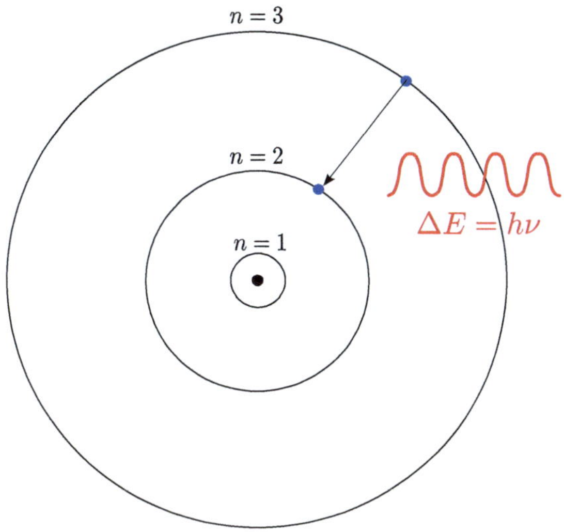

Figura 4.2 Il modello atomico di Bohr, con raggi orbitali quantizzati. Una transizione dal livello energetico 3 al livello energetico 2 è associata all'emissione di un fotone con una frequenza fissa

4.4 Livelli energetici e fotoni

Inserendo l'Eq. (4.24) nell'Eq. (4.20) otteniamo esattamente l'Eq. (4.14), che può anche essere scritta come

$$E_n = -\frac{E_B}{n^2}, \tag{4.26}$$

dove $E_B = (m_e e^4)/(8\varepsilon_0^2 h^2) = 13.6$ eV è l'energia di Bohr. Come già sottolineato, un singolo fotone viene emesso o assorbito quando un elettrone ha una transizione da un livello energetico E_{n_1} a un altro E_{n_2}. Inoltre, l'energia $h\nu$ di questo fotone è

$$h\nu = E_{n_2} - E_{n_1} = \frac{m_e e^4}{8\varepsilon_0^2 h^2}\left(\frac{1}{n_1^2} - \frac{1}{n_2^2}\right). \tag{4.27}$$

Ricordando che

$$\nu = \frac{c}{\lambda} \tag{4.28}$$

troviamo

$$h\frac{c}{\lambda} = \frac{m_e e^4}{8\varepsilon_0^2 h^2}\left(\frac{1}{n_1^2} - \frac{1}{n_2^2}\right) \tag{4.29}$$

ovvero

$$\frac{1}{\lambda} = \frac{m_e e^4}{8c\varepsilon_0^2 h^3}\left(\frac{1}{n_1^2} - \frac{1}{n_2^2}\right). \tag{4.30}$$

Questa è esattamente la formula di Rydberg, Eq. (4.10), dove

$$R_H = \frac{m_e e^4}{8c\varepsilon_0^2 h^3} \tag{4.31}$$

risulta essere la costante di Rydberg, e chiaramente $E_B = hcR_H$.

4.5 Transizioni elettromagnetiche

I tre principali meccanismi di transizioni elettromagnetiche negli atomi, nelle molecole e nei solidi sono: assorbimento, emissione spontanea ed emissione stimolata. Nell'assorbimento, l'elettrone si muove da uno stato quantico $|a\rangle$ di energia inferiore E_a allo stato quantico $|b\rangle$ di energia superiore E_b con l'assorbimento di un fotone di frequenza lineare $\nu = \nu_{ba} = (E_b - E_a)/h$ o, equivalentemente di frequenza angolare $\omega = \omega_{ba} = (E_b - E_a)/\hbar$. Nell'emissione spontanea, l'elettrone salta spontaneamente da uno stato quantico $|b\rangle$ di energia superiore E_b allo stato quantico $|a\rangle$ di energia inferiore E_a con l'emissione di un fotone di frequenza lineare $\nu = \nu_{ba} = (E_b - E_a)/h$ o, equivalentemente di frequenza angolare $\omega = \omega_{ba} = (E_b - E_a)/\hbar$. Nell'emissione stimolata, l'elettrone è stimolato a saltare da uno stato quantico $|b\rangle$ di energia superiore E_b allo stato quantico $|a\rangle$ di energia inferiore E_a dalla presenza di un fotone di frequenza lineare $\nu = \nu_{ba} = (E_b - E_a)/h$ o, equivalentemente di frequenza angolare $\omega = \omega_{ba} = (E_b - E_a)/\hbar$. Durante l'emissione stimolata viene emesso un fotone con la stessa frequenza, la stessa direzione e la stessa fase di quello stimolante. Una rappresentazione della transizione elettromagnetica è data nella Fig. 4.3.

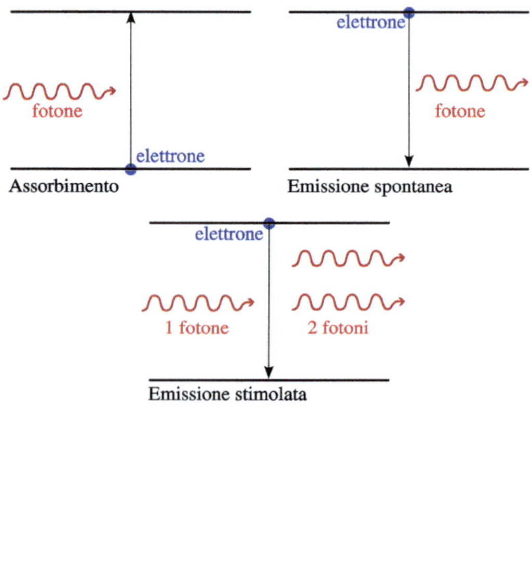

Figura 4.3 Transizioni elettromagnetiche tra due livelli

4.6 Coefficienti di Einstein

Nel 1916 Albert Einstein osservò che, dato un insieme di N atomi in due possibili stati atomici $|a\rangle$ e $|b\rangle$, con $N_a(t)$ il numero di atomi nello stato $|a\rangle$ al tempo t e $N_b(t)$ il numero di atomi nello stato $|b\rangle$ al tempo t, deve essere

$$N = N_a(t) + N_b(t) \tag{4.32}$$

e di conseguenza

$$\frac{dN_a}{dt} = -\frac{dN_b}{dt} \,. \tag{4.33}$$

Notate che, nell'approccio semiclassico di Bohr per l'atomo di idrogeno, $|a\rangle$ significa l'elettrone con numero quantico n_a e $|b\rangle$ significa l'elettrone con numero quantico n_b. Einstein suggerì che, se gli atomi sono esposti a una radiazione elettromagnetica di densità di energia per unità di frequenza angolare, $\rho(\omega)$, il tasso di variazione del numero di atomi nello stato $|a\rangle$ deve essere

$$\frac{dN_a}{dt} = A_{ba}\, N_b + B_{ba}\, \rho(\omega_{ba})\, N_b - B_{ab}\, \rho(\omega_{ba})\, N_a \,, \tag{4.34}$$

dove i parametri A_{ba}, B_{ba}, e B_{ab} sono noti come coefficienti di Einstein. Qui $\omega_{ba} = (E_b - E_a)/\hbar$ è la cosiddetta frequenza angolare di Bohr della transizione elettromagnetica dallo stato quantico con energie E_b e E_a. I primi due termini nell'Eq. (4.34) descrivono l'aumento del numero di atomi in $|a\rangle$ dovuto a transizioni spontanee e stimolate da $|b\rangle$, mentre il terzo termine tiene conto della diminuzione del numero di atomi in $|a\rangle$ dovuta all'assorbimento con conseguente transizione a $|b\rangle$.

Einstein fu in grado di determinare i coefficienti A_{ba}, B_{ba} e B_{ab} supponendo che i due tassi nelle Eq. (4.33) e (4.34) devono essere uguali a zero all'equilibrio termico, cioè

$$\frac{dN_a}{dt} = -\frac{dN_b}{dt} = 0 \,, \tag{4.35}$$

In questo modo Einstein trovò

$$A_{ba}\frac{N_b}{N_a} = \rho(\omega_{ba})\left(B_{ab} - B_{ba}\frac{N_b}{N_a}\right). \tag{4.36}$$

Poiché la popolazione relativa degli stati atomici $|a\rangle$ e $|b\rangle$ è data da un fattore di Boltzmann

$$\frac{N_b}{N_a} = \frac{e^{-\beta E_b}}{e^{-\beta E_a}} = e^{-\beta(E_b - E_a)} = e^{-\beta\hbar\omega_{ba}} \,, \tag{4.37}$$

Einstein ottenne

$$\rho(\omega_{ba}) = \frac{A_{ba}}{B_{ab}e^{\beta\hbar\omega_{ba}} - B_{ba}} \,. \tag{4.38}$$

All'equilibrio termico sappiamo che

$$\rho(\omega_{ba}) = \frac{\hbar\omega_{ba}^3}{\pi^2 c^3}\frac{1}{e^{\beta\hbar\omega_{ba}} - 1} . \tag{4.39}$$

Ne consegue che

$$A_{ba} = B_{ba}\frac{\hbar\omega_{ba}^3}{\pi^2 c^3} , \qquad B_{ab} = B_{ba} . \tag{4.40}$$

Notate che in questo modo Einstein ottenne il coefficiente A_{ba} del decadimento spontaneo calcolando il coefficiente del decadimento stimolato B_{ba}. Non mostriamo il calcolo, ma riportiamo il risultato finale per l'atomo di idrogeno:

$$B_{ba} = \frac{\pi^2 c^3}{\hbar\omega_{ba}^3}\frac{\omega_{ba}^3}{3\pi\epsilon_0\hbar c^3}|\mathbf{d}_{ba}|^2 , \tag{4.41}$$

dove $\mathbf{d}_{ba} = e\mathbf{r}_{ba}$ è il cosiddetto elemento di dipolo elettrico con e la carica del protone e $\mathbf{r}_{ba}$ il vettore posizione associato alla distanza tra gli stati quantici $|a\rangle$ e $|b\rangle$. Nel caso del modello semiclassico di Bohr abbiamo $|\mathbf{r}_{ba}| = |r_{n_b} - r_{n_a}|$, dove r_n è il raggio dell'orbita stazionaria di Bohr dell'elettrone con numero quantico n.

È importante sottolineare che il dispositivo laser, inventato nel 1957 da Charles Townes e Arthur Schawlow ai Bell Labs, si basa su una generalizzazione delle Eq. (4.33) e (4.34) che descrivono l'amplificazione della luce per emissione stimolata di radiazione.

4.7 Tempo di vita di uno stato atomico

Abbiamo visto che il coefficiente di Einstein A_{ba} fornisce la probabilità di transizione per unità di tempo dallo stato atomico $|b\rangle$ allo stato atomico $|a\rangle$. Questo significa che, secondo Einstein, in assenza di una radiazione elettromagnetica esterna segue

$$\frac{dN_b}{dt} = -A_{ba}\, N_b \tag{4.42}$$

con l'unica soluzione

$$N_b(t) = N_b(0)\, e^{-A_{ba}t} . \tag{4.43}$$

È quindi abbastanza naturale considerare $1/A_{ba}$ come il tempo caratteristico di questa transizione spontanea. Più in generale, il tempo di vita τ_b di uno stato atomico $|b\rangle$ è definito come il reciproco della probabilità totale di transizione spontanea per unità di tempo a tutti i possibili stati atomici finali $|a\rangle$, cioè

$$\tau_b = \frac{1}{\sum_a A_{ba}} . \tag{4.44}$$

Chiaramente, se $|b\rangle$ è lo stato fondamentale allora $A_{ba} = 0$ e $\tau_b = \infty$.

Facciamo un esercizio istruttivo. 10^8 atomi di sodio sono eccitati al primo stato eccitato del sodio per assorbimento di luce. Sapendo che l'energia di eccitazione è di 2.125 eV e il tempo di vita è di 16 nanosecondi, vogliamo calcolare il massimo della potenza di emissione. L'energia totale assorbita è data da

$$E = N\epsilon \ , \tag{4.45}$$

dove N è il numero di atomi (e anche il numero di fotoni assorbiti) mentre ϵ è l'energia di transizione

$$\epsilon = 2.125 \text{ eV} = 2.125 \cdot 1.6 \cdot 10^{-19} \text{ Joule} = 3.4 \cdot 10^{-19} \text{ Joule} \ . \tag{4.46}$$

L'energia assorbita è quindi

$$E = 10^8 \cdot 3.4 \cdot 10^{-19} \text{ Joule} = 3.4 \cdot 10^{-11} \text{ Joule} \ . \tag{4.47}$$

L'energia assorbita è uguale all'energia emessa da de-eccitazione spontanea. La potenza di emissione $P(t)$ decresce esponenzialmente con il tempo t come

$$P(t) = P_0 e^{-t/\tau} \ , \tag{4.48}$$

dove P_0 è il massimo della potenza di emissione e $\tau = 16$ nanosecondi è la durata dello stato eccitato. Deve essere

$$E = \int_0^\infty P(t)\, dt = P_0\, \tau \ , \tag{4.49}$$

da cui otteniamo

$$P_0 = \frac{E}{\tau} = \frac{3.4 \cdot 10^{-11} \text{ Joule}}{16 \cdot 10^{-9} \text{ secondi}} = 2.1 \cdot 10^{-3} \text{ Joule/secondi} = 2.1 \cdot 10^{-3} \text{ Watt} \ . \tag{4.50}$$

4.8 Larghezza naturale della linea

Molti risultati sperimentali mostrano che, nello spettro energetico della radiazione, la larghezza naturale della linea Γ_N dovuta alla transizione dallo stato $|b\rangle$ allo stato $|a\rangle$ è accuratamente descritta dalla formula

$$\Gamma_N = \hbar \left(\frac{1}{\tau_b} + \frac{1}{\tau_a} \right) . \tag{4.51}$$

Inoltre, in questa transizione l'intensità della radiazione elettromagnetica emessa segue il picco di Lorentz

$$I(\epsilon) = \frac{I_0 \Gamma_N^2/4}{(\epsilon - E_{ba})^2 + \Gamma_N^2/4} \ , \tag{4.52}$$

dove $\epsilon = \hbar\omega$ è l'energia del fotone emesso e $E_{ba} = E_b - E_a$ è la differenza di energia dei due stati atomici. Il picco di Lorentz è centrato su $\epsilon = E_{ba}$ e Γ_N è la sua larghezza a metà altezza massima. Questi risultati empirici non sono spiegati dalla vecchia meccanica quantistica semiclassica di Bohr, ma sono invece abbastanza bene spiegati dalla meccanica quantistica moderna che descriveremo nei prossimi capitoli.

Ad esempio, vogliamo calcolare la larghezza di frequenza naturale della linea α-Lymann in un gas di idrogeno alla temperatura di 1000 Kelvin, sapendo che la durata dello stato eccitato è $0.16 \cdot 10^{-8}$ secondi e la lunghezza d'onda della transizione è $1214 \cdot 10^{-10}$ metri. La larghezza naturale tra gli stati $|i\rangle$ e $|j\rangle$ è data da

$$\Delta\nu_N = \frac{1}{2\pi}\left(\frac{1}{\tau_i} + \frac{1}{\tau_j}\right) \tag{4.53}$$

dove τ_i è la durata dello stato $|i\rangle$ e τ_j è la durata dello stato $|j\rangle$. Nel nostro problema $\tau_{1s} = \infty$, perché $|1s\rangle$ è lo stato fondamentale, mentre $\tau_{2p} = 0.16 \cdot 10^{-8}$ secondi per lo stato eccitato $|2p\rangle$. Ne segue che

$$\Delta\nu_N = \frac{1}{2\pi}\left(\frac{1}{\tau_{1s}} + \frac{1}{\tau_{1p}}\right) = \frac{1}{6.28}\left(0 + \frac{1}{0.16 \cdot 10^{-8}}\right) \text{secondi}^{-1} = 9.9 \cdot 10^7 \text{ Hertz} . \tag{4.54}$$

4.8.1 Allargamento collisionale

È importante osservare che la larghezza della linea effettiva Γ misurata negli esperimenti è solitamente maggiore di Γ_N perché gli atomi radianti si muovono e collidono. Infatti, si può scrivere

$$\Gamma = \Gamma_N + \Gamma_C + \Gamma_D , \tag{4.55}$$

dove oltre alla larghezza naturale Γ_N ci sono la cosiddetta larghezza di allargamento collisionale Γ_C e la larghezza di allargamento Doppler Γ_D.

L'allargamento collisionale è dovuto alle collisioni tra gli atomi identici di un gas. La collisione riduce la durata effettiva di uno stato atomico e la larghezza collisionale può quindi essere scritta come

$$\Gamma_C = \frac{\hbar}{\tau_{col}} , \tag{4.56}$$

dove τ_{col} è il tempo collisionale, cioè il tempo medio tra due collisioni di atomi nel gas. Secondo i risultati della meccanica statistica, τ_{col} è dato da

$$\tau_{col} = \frac{1}{n\sigma v_{mp}} , \tag{4.57}$$

dove n è la densità numerica di atomi, σ è la sezione d'urto, e v_{mp} è la velocità più probabile delle particelle nel gas. La sezione d'urto σ, che può essere interpretata come l'area effettiva vista da una particella che collide con un'altra particella, dipende chiaramente dall'energia potenziale inter-atomica tra due atomi. Inoltre, considerando la distribuzione di Maxwell-Boltzmann delle velocità in un gas ideale, la velocità più probabile v_{mp} è data da

$$v_{mp} = \sqrt{\frac{2k_B T}{m}}\,, \tag{4.58}$$

dove T è la temperatura assoluta, k_B è la costante di Boltzmann e m è la massa di ciascuna particella.

Ad esempio, calcoliamo la larghezza di frequenza collisionale della linea α-Lyman per un gas di atomi di idrogeno con densità 10^{12} atomi/(metri^3) e sezione d'urto collisionale 10^{-19} metri^2 alla temperatura di 10^3 Kelvin. La linea α-Lyman è associata alla transizione $1s \to 2p$ dell'atomo di idrogeno. La larghezza di frequenza collisionale è data da

$$\Delta\nu_C = \frac{1}{2\pi\tau_{col}}\,, \tag{4.59}$$

dove τ_{col} è il tempo di collisione. Questo tempo dipende dalla sezione d'urto $\sigma = 10^{-19}$ metri^2 e dalla densità del gas $n = 10^{12}$ metri^{-3} secondo la formula

$$\tau_{col} = \frac{1}{n\,\sigma\,v_{mp}}\,, \tag{4.60}$$

dove $v_{mp} = \sqrt{2k_B T/m_H}$ è la velocità corrispondente al massimo della distribuzione di Maxwell-Boltzmann. Abbiamo quindi

$$\Delta\nu_C = \frac{n\,\sigma}{2\pi}\sqrt{\frac{2k_B T}{m_H}}\,. \tag{4.61}$$

Poiché $T = 10^3$ Kelvin, $k_B = 1.3 \cdot 10^{-23}$ Joule/Kelvin e $m_H = 1.6 \cdot 10^{-27}$ kg, otteniamo infine

$$\Delta\nu_C = 6.4 \cdot 10^{-5}\ \text{Hertz}\,. \tag{4.62}$$

4.8.2 Allargamento Doppler

L'allargamento Doppler è dovuto all'effetto Doppler causato dalla distribuzione delle velocità degli atomi. Per velocità non relativistiche ($v_x \ll c$) lo spostamento Doppler in frequenza è

$$\omega = \omega_0\left(1 - \frac{v_x}{c}\right), \tag{4.63}$$

dove ω è la frequenza angolare osservata, ω_0 è la frequenza angolare a riposo, v_x è la componente della velocità dell'atomo lungo l'asse tra l'osservatore e l'atomo e c è la velocità della luce. La distribuzione di Maxwell-Boltzmann $f(v_x)$ delle velocità $v_x = -c(\omega - \omega_0)/\omega_0$ a temperatura T, data da

$$f(v_x)\, dv_x = \left(\frac{m}{2\pi k_B T}\right)^{1/2} e^{-mv_x^2/(2k_B T)}\, dv_x \,, \tag{4.64}$$

diventa

$$f(\omega)\, d\omega = \left(\frac{m}{2\pi k_B T}\right)^{1/2} e^{-mc^2(\omega-\omega_0)^2/(2\omega_0^2 k_B T)}\, \frac{c}{\omega_0}\, d\omega \tag{4.65}$$

in termini della frequenza angolare ω. Questa è la distribuzione delle frequenze viste dall'osservatore, e la larghezza a metà altezza della Gaussiana è presa come larghezza Doppler, ovvero

$$\Gamma_D = \sqrt{\frac{8\ln(2) k_B T}{mc^2}}\, \hbar\omega_0 \,. \tag{4.66}$$

Anche in questo caso eseguiamo un semplice esercizio. Vogliamo calcolare la larghezza di frequenza Doppler della linea α-Lyman in un gas di idrogeno alla temperatura di 1000 Kelvin, sapendo che la vita media dello stato eccitato è di $0.16 \cdot 10^{-8}$ secondi e la lunghezza d'onda della transizione è di $1214 \cdot 10^{-10}$ metri. La larghezza Doppler dipende dalla temperatura T e dalla frequenza ν della transizione secondo la formula

$$\Delta\nu_D = \nu\sqrt{8\, ln(2)}\sqrt{\frac{k_B T}{m_H c^2}} = \frac{\nu}{c}\sqrt{8\, ln(2)}\sqrt{\frac{k_B T}{m_H}} \,, \tag{4.67}$$

dove $k_B = 1.3 \cdot 10^{-23}$ Joule/Kelvin è la costante di Boltzmann, $m_H = 1.6 \cdot 10^{-27}$ kg è la massa di un atomo di idrogeno, mentre $c = 3 \cdot 10^8$ metri/secondi è la velocità della luce nel vuoto. Sappiamo che

$$\frac{\nu}{c} = \frac{1}{\lambda} = \frac{1}{1.216 \cdot 10^{-7}\,\text{m}} = 8.22 \cdot 10^6 \text{ metri}^{-1} \,, \tag{4.68}$$

e quindi otteniamo

$$\Delta\nu_D = 8.22 \cdot 10^6 \cdot 2.35 \cdot \sqrt{\frac{1.3 \cdot 10^{-23} \cdot 10^3}{1.6 \cdot 10^{-27}}} \text{ Hertz} = 5.6 \cdot 10^{10} \text{ Hertz} \,. \tag{4.69}$$

4.9 Vecchia meccanica quantistica di Bohr, Wilson e Sommerfeld

I primi risultati quantistici di Planck, Einstein, Bohr e altri sono sostanzialmente caratterizzati da prescrizioni euristiche. Tali risultati, lontani dall'essere considerati completi, hanno avuto il merito di anticipare, almeno nello spirito, la moderna meccanica quantistica. Nel caso di materia con massa diversa da zero una estensione abbastanza generale dei risultati di Bohr del 1913 per l'atomo di idrogeno fu proposta nel 1915-1916 da William Wilson e Arnold Sommerfeld. Questa teoria di Bohr-Wilson-Sommerfeld, nota come "vecchia meccanica quantistica" consente che le orbite dell'elettrone nell'atomo di idrogeno possano essere ellittiche e non solo circolari, come assunto da Niels Bohr.

La premessa della vecchia teoria quantistica è che l' Hamiltoniana classica $H(\mathbf{r}, \mathbf{p})$ di una particella sia separabile, cioè $H(\mathbf{q}, \mathbf{p}) = H_1(x_1, p_1) + H_2(x_2, p_2) + H_3(x_3, p_3)$, dove x_i sono le tre coordinate, cioè $\mathbf{r} = (x_1, x_2, x_3)$ e p_i sono i corrispondenti tre momenti lineari, cioè $\mathbf{p} = (p_1, p_2, p_3)$, della particella. Allora, non tutti i movimenti sono permessi, ma solo quelli che rispettano la condizione di quantizzazione

$$\oint_{H(\mathbf{r},\mathbf{p})=E} p_i \, dx_i = n_i \, h \,, \tag{4.70}$$

dove n_i sono i numeri quantici, e l'integrale è preso su un periodo del moto classico a energia costante E.

Sfortunatamente, questa vecchia teoria quantistica funziona ragionevolmente bene solo quando il sistema è separabile o, più in generale, quando il sistema è integrabile, cioè se esiste una trasformazione canonica di coordinate che rende l'Hamiltoniana separabile. Inoltre, questa vecchia teoria quantistica non tiene conto della doppia natura onda-particella dell'elettrone.

Ulteriori Letture

L'approccio quantistico meccanico di Einstein e Debye alla capacità termica dei solidi è molto ben descritto nel libro:

J.D. McGervey, Introduction to Modern Physics (Academic Press, 1983).

Articoli storici rilevanti sulla formula di Rydberg, il modello di Bohr per l'atomo di idrogeno, e i coefficienti di Einstein delle transizioni elettromagnetiche sono:

J.R. Rydberg, Proceedings of the Royal Swedish Academy of Science **23**, 1 (1889).

N. Bohr, Philosophical Magazine **26**, 1 (1913).

A. Einstein, Verhandlungen der Deutschen Physikalischen Gesellschaft **18**, 318 (1916).

Per una discussione abbastanza completa delle larghezze di linea negli spettri elettromagnetici:

B.H. Bransden e C.J. Joachain, Physics of Atoms and Molecules (Prentice Hall, 2003).

La derivazione della vecchia meccanica quantistica di Bohr-Wilson-Sommerfeld dalla più moderna equazione di Schrödinger è discussa in diversi articoli. Vedi, per esempio,

M. Robnik e L. Salasnich, Journal of Physics A **30**, 1719 (1997).

Un calcolo dettagliato del coefficiente di Einstein per l'emissione spontanea può essere trovato nel libro:

L. Salasnich, Quantum Physics of Light and Matter. Photons, Atoms, and Strongly Correlated Systems (Springer, 2019).

Capitolo 5
L'equazione di Schrödinger

In questo capitolo introduciamo l'equazione di Schrödinger dipendente dal tempo, ottenuta nel 1926 da Erwin Schrödinger dall'idea rivoluzionaria di De Broglie di associare a ogni particella, e in particolare all'elettrone, un'onda quantistica. Discutiamo anche l'interpretazione probabilistica di Born della funzione d'onda di Schrödinger, che è l'interpretazione comunemente accettata ancora oggi perché è stata confermata da diversi esperimenti.

5.1 Lunghezza d'onda di De Broglie

Ispirato dal comportamento della luce, che mostra sia proprietà ondulatorie che corpuscolari, nel periodo 1922-1924 Louis de Broglie suggerì che anche l'elettrone ha proprietà ondulatorie. De Broglie postulò che la relazione

$$\lambda = \frac{h}{p} \tag{5.1}$$

si applica non solo ai fotoni ma anche alle particelle di materia. Quindi, questa equazione si applica anche all'elettrone e, più in generale, a particelle con massa m diversa da zero. Ricordiamo che p è la grandezza della quantità di moto (proprietà corpuscolare) e λ è la lunghezza d'onda (proprietà ondulatoria) della "particella quantistica". La particella quantistica è quindi caratterizzata sia da proprietà ondulatorie che corpuscolari. Questa è la cosiddetta *dualità onda-particella* introdotta da De Broglie, e poi fortemente sostenuta da Niels Bohr, Werner Heisenberg e altri (interpretazione di Copenaghen della meccanica quantistica).

L. Salasnich, F. Lorenzi, *Introduzione alla fisica moderna*,
https://doi.org/10.1007/978-3-032-17303-4_5

5.1.1 Spiegazione della quantizzazione di Bohr

Sulla base della sua ipotesi, De Broglie fu in grado di spiegare la quantizzazione proposta da Bohr per il momento angolare orbitale dell'elettrone nell'atomo di idrogeno. Il ragionamento di De Broglie è il seguente:

i) l'elettrone di massa m_e, velocità v e quantità di moto $p = m_e v$ è anche un'onda;
ii) questa onda di materia elettronica è caratterizzata dalla lunghezza d'onda $\lambda = h/p = h/(m_e v)$;
iii) in una traiettoria chiusa di lunghezza l l'onda dell'elettrone è stabile solo se

$$l = \lambda\, n\,, \tag{5.2}$$

dove n è un numero naturale. L'eq. (5.2) è ben nota nella teoria del moto ondulatorio e garantisce che non ci siano effetti di interferenza distruttiva in un'onda. Un'onda che soddisfa questa equazione è chiamata onda stazionaria. Nel caso di moto circolare di raggio r avremo

$$l = 2\pi\, r \tag{5.3}$$

e inoltre per l'elettrone è

$$\lambda = \frac{h}{m_e v}\,. \tag{5.4}$$

Quindi la formula (5.2) diventa

$$2\pi\, r = \frac{h}{m_e v}\, n \tag{5.5}$$

cioè

$$r\, m_e v = \frac{h}{2\pi}\, n\,. \tag{5.6}$$

Questa è precisamente la formula di quantizzazione del momento angolare $L = r m_e v$ di Bohr:

$$L = \hbar\, n \tag{5.7}$$

con $\hbar = h/(2\pi)$.

5.2 Meccanica ondulatoria di Schrödinger

Nel 1926 Erwin Schrödinger introdusse l'equazione che porta il suo nome. Secondo Schrödinger, una particella di massa m sotto l'azione di una forza esterna conservativa $\mathbf{F}$, cioè tale che

$$\mathbf{F} = -\nabla U(\mathbf{r}) , \tag{5.8}$$

dove $U(\mathbf{r})$ è l'energia potenziale della particella nella posizione $\mathbf{r} = (x, y, z)$, è caratterizzata da una funzione d'onda $\psi(\mathbf{r}, t)$, che dipende dalla posizione spaziale $\mathbf{r}$ e dal tempo t. Questa funzione d'onda $\psi(\mathbf{r}, t)$ soddisfa l'equazione

$$i\hbar \frac{\partial}{\partial t}\psi(\mathbf{r}, t) = -\frac{\hbar^2}{2m}\nabla^2\psi(\mathbf{r}, t) + U(\mathbf{r})\psi(\mathbf{r}, t) \tag{5.9}$$

nota come *equazione di Schrödinger dipendente dal tempo.* In questa equazione $i = \sqrt{-1}$ è l'unità immaginaria dei numeri complessi mentre $\hbar$ è la costante di Planck ridotta.

È importante sottolineare che, inizialmente, Schrödinger pensava che la funzione d'onda complessa $\psi(\mathbf{r}, t)$ fosse un'onda di materia, tale che $|\psi(\mathbf{r}, t)|^2$ rappresenta la densità locale di elettroni che si trovano in posizione $\mathbf{r}$ e tempo t. Fu Max Born nel 1926 a suggerire un interpretazione probabilistica della funzione d'onda, che è comunemente accettata ancora oggi: la funzione d'onda $\psi(\mathbf{r}, t)$ dovrebbe essere intesa come l'ampiezza di probabilità complessa, dove $|\psi(\mathbf{r}, t)|^2$ dà la densità di probabilità locale di trovare un elettrone in posizione $\mathbf{r}$ e tempo t, con la condizione di normalizzazione

$$\int_{\mathbb{R}^3} |\psi(\mathbf{r}, t)|^2 \, d^3\mathbf{r} = 1 \tag{5.10}$$

in qualsiasi istante t.

Nel caso di N particelle l'interpretazione probabilistica di Born diventa cruciale: $\Psi(\mathbf{r}_1, \mathbf{r}_2, \ldots, \mathbf{r}_N, t)$ è la funzione d'onda complessa a molti corpi del sistema, tale che $|\Psi(\mathbf{r}_1, \mathbf{r}_2, \ldots, \mathbf{r}_N, t)|^2$ è la densità di probabilità di trovare, al tempo t, una particella in posizione $\mathbf{r}_1$, un'altra particella in posizione $\mathbf{r}_2$, e così via.

Niels Bohr (nel 1922), Werner Heisenberg (nel 1932), Erwin Schrödinger (nel 1933) e Max Born (nel 1954) hanno ricevuto il Premio Nobel per la Fisica per i loro contributi alla formulazione della meccanica quantistica. In particolare, Max Born ha ricevuto il Premio Nobel "per le sue ricerche fondamentali in meccanica quantistica, in particolare per la sua interpretazione statistica della funzione d'onda".

5.2.1 Derivazione dell'equazione di Schrödinger

Abbiamo visto diverse volte la relazione di dispersione per la luce monocromatica:

$$\omega = c\,k\,, \tag{5.11}$$

dove ω è la frequenza angolare, $\mathbf{k}$ è il vettore d'onda, mentre $k = |\mathbf{k}|$ il numero d'onda. Moltiplicando questa relazione per la costante di Planck ridotta $\hbar$ otteniamo

$$\hbar\omega = c\,\hbar k\,, \tag{5.12}$$

ossia

$$E = c\,p\,, \tag{5.13}$$

dove $E = \hbar\omega = h\nu$ è l'energia di una particella di luce (il fotone) e $p = \hbar k = h/\lambda$ è il modulo della sua quantità di moto $\mathbf{p}$, con h la costante di Planck non ridotta, $\nu = \omega/(2\pi)$ la frequenza lineare, e $\lambda = 2\pi/k$ la lunghezza d'onda.

L'energia E di una particella non relativistica di massa m non soggetta a forze esterne è data da

$$E = \frac{p^2}{2m}\,, \tag{5.14}$$

dove $\mathbf{p}$ è il momento della particella e $p = |\mathbf{p}|$ è il suo modulo. Seguendo l'idea di Louis de Broglie, assumiamo che possiamo scrivere

$$E = \hbar\omega \tag{5.15}$$

$$\mathbf{p} = \hbar\mathbf{k} \tag{5.16}$$

dove ω e $\mathbf{k}$ sono rispettivamente la frequenza angolare e il vettore d'onda della onda quantica monocromatica associata alla particella. Ne segue immediatamente che la relazione di dispersione è

$$\omega = \frac{\hbar k^2}{2m}\,. \tag{5.17}$$

È importante notare che, a differenza del caso dell'onda luminosa, nella onda di materia quantica la relazione di dispersione contiene esplicitamente la costante di Planck ridotta $\hbar$.

In precedenza abbiamo mostrato che la relazione di dispersione (5.11) della luce monocromatica si ottiene facilmente partendo dall'equazione d'Alembert del campo elettrico

$$\left(\frac{1}{c^2}\frac{\partial^2}{\partial t^2} - \nabla^2\right)\mathbf{E}(\mathbf{r},t) = 0\,, \tag{5.18}$$

sotto l'ipotesi che il campo elettrico sia un'onda piana

$$\mathbf{E}(\mathbf{r},t) = \mathbf{E}_0\,e^{i(\mathbf{k}\cdot\mathbf{r}-\omega t)}\,. \tag{5.19}$$

La domanda che Erwin Schrödinger si pose fu: Data la relazione di dispersione (5.17) dell'onda quantica di materia di de Broglie, assumendo che questa onda sia descrivibile come un'onda monocromatica del tipo

$$\psi(\mathbf{r}, t) = \psi_0 \, e^{i(\mathbf{k}\cdot\mathbf{r}-\omega t)}, \tag{5.20}$$

qual è l'equazione differenziale che mi permette di ottenere la relazione di dispersione sopra? Nel 1926 Schrödinger trovò una risposta a questa domanda. L'equazione differenziale che cercava è

$$i\hbar\frac{\partial}{\partial t}\psi(\mathbf{r}, t) = -\frac{\hbar^2}{2m}\nabla^2\psi(\mathbf{r}, t). \tag{5.21}$$

È infatti facile verificare che sostituendo l'Eq. (5.20) nell'Eq. (5.21) troviamo l'Eq. (5.17).

5.3 Esperimento della doppia fenditura con elettroni

Storicamente, l'esperimento che ha dimostrato la natura ondulatoria della luce è stato eseguito da Thomas Young nel 1801, ed è noto come l'esperimento della doppia fenditura di Young. Una singola sorgente di luce monocromatica di lunghezza d'onda λ illumina uno schermo opaco con due piccoli fori posti a distanza d. Le fenditure diventano due sorgenti di luce coerente che generano su uno schermo posto a distanza L un modello di interferenza costituito da bande scure e luminose alternate. A una distanza molto grande dalle fenditure ($L \gg d$), le linee che uniscono le fenditure con un certo punto P sullo schermo sono approssimativamente parallele, e formano un angolo θ con la normale della linea che unisce le fenditure. Sperimentalmente, i massimi di luce sul pannello lontano si ottengono quando l'angolo θ soddisfa la relazione

$$n\lambda = d\,\sin(\theta), \tag{5.22}$$

dove $n = 0, 1, 2, 3, \ldots$ è un numero naturale. Questo risultato è spiegato sulla base dell'interferenza costruttiva tra i fasci di luce, che hanno una differenza di percorso ottico $\Delta = d\,\sin(\theta)$, come rappresentato in Fig. 5.1. È importante sottolineare che il rapporto λ/d è un parametro cruciale nell'esperimento della doppia fenditura. La distanza tra le frange di interferenza consecutive sarà minima se $\lambda/d \ll 1$ e gli effetti di interferenza potrebbero non essere visti.

L'esperimento della doppia fenditura è stato eseguito per la prima volta con elettroni nel 1961 da Claus Jonsson. I risultati sperimentali hanno pienamente confermato che il fascio di elettroni produce un modello di interferenza che soddisfa la formula (5.22) con la lunghezza d'onda λ tale che

$$\lambda = \frac{h}{m_e v}, \tag{5.23}$$

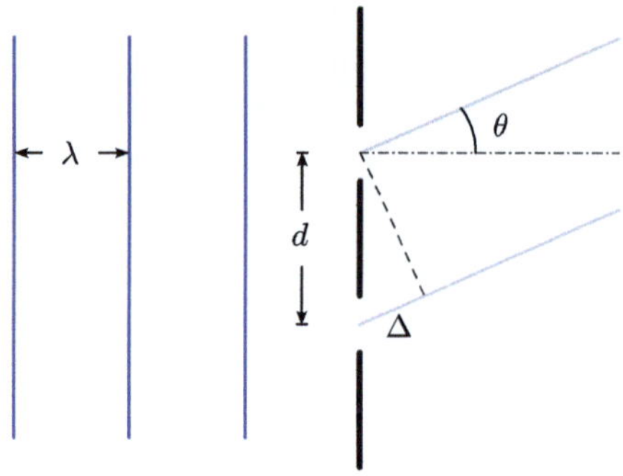

Figura 5.1 L'esperimento della doppia fenditura di Young: dettaglio della geometria dei percorsi ottici. I fronti d'onda in arrivo sono in blu

dove h è la costante di Planck, m_e è la massa dell'elettrone e v è la velocità dell'elettrone del fascio incidente. L'esperimento è stato ripetuto nel 1974 a Bologna da Pier Giorgio Merli, Gianfranco Missiroli e Giulio Pozzi, che però hanno inviato un elettrone alla volta sulla lastra fotografica. Il risultato dell'esperimento di Bologna del 1974 è sorprendente:

a) sebbene gli elettroni siano inviati uno alla volta si formano zone precise di luce e oscurità sulla lastra fotografica;
b) il singolo elettrone colpisce un punto sulla lastra fotografica;
c) i modelli di interferenza si ottengono come la somma di singoli eventi di elettroni.

L'esperimento della doppia fenditura con elettroni è stato eseguito anche nel 1989 da Akira Tonomura e collaboratori al laboratorio Hitachi utilizzando una risoluzione migliore. I loro risultati confermano i risultati di Merli, Missiroli e Pozzi. Il singolo elettrone è quindi sia una particella che un'onda, come trovato per i fotoni di luce. Va notato che oggi è possibile eseguire l'esperimento della doppia fenditura di Young anche con singoli fotoni: i risultati sono in perfetto accordo con quanto osservato con singoli elettroni.

5.4 Regole di quantizzazione formale

Partendo dall'onda piana monocromatica, sia per l'equazione d'Alembert che per l'equazione di Schrödinger, la relazione di dispersione si ottiene tenendo conto che

$$\frac{\partial}{\partial t} \longleftrightarrow -i\omega \,, \tag{5.24}$$

$$\nabla \longleftrightarrow i\mathbf{k} \,, \tag{5.25}$$

cioè: applicando la derivata prima rispetto al tempo alla funzione d'onda piana si ottiene la stessa funzione moltiplicata per $-i\omega$, mentre applicando la derivata prima spaziale alla funzione d'onda piana si ottiene la stessa funzione moltiplicata per $i\mathbf{k}$. Ricordiamo che $i = \sqrt{-1}$. Queste espressioni possono anche essere scritte come

$$\omega \longleftrightarrow i\frac{\partial}{\partial t}, \tag{5.26}$$

$$\mathbf{k} \longleftrightarrow -i\nabla, \tag{5.27}$$

moltiplicando per i e tenendo conto che $i^2 = -1$. Moltiplicando anche per $\hbar$ otteniamo quindi

$$\hbar\omega \longleftrightarrow i\hbar\frac{\partial}{\partial t}, \tag{5.28}$$

$$\hbar\mathbf{k} \longleftrightarrow -i\hbar\nabla. \tag{5.29}$$

Ricordando che $E = \hbar\omega$ e che $\mathbf{p} = \hbar\mathbf{k}$ alla fine otteniamo

$$E \longleftrightarrow i\hbar\frac{\partial}{\partial t}, \tag{5.30}$$

$$\mathbf{p} \longleftrightarrow -i\hbar\nabla. \tag{5.31}$$

Queste espressioni sono note come regole di quantizzazione: dalla formula che collega l'energia E all'impulso $\mathbf{p}$ di una particella con queste regole otteniamo l'equazione differenziale che descrive l'onda associata alla particella.

5.4.1 Equazione di Schrödinger per una particella libera

L'energia E di una particella libera non relativistica di massa m è

$$E = \frac{p^2}{2m}, \tag{5.32}$$

dove $\mathbf{p}$ è l'impulso lineare della particella. Utilizzando le regole di quantizzazione (5.30) e (5.31) otteniamo l'equazione di Schrödinger di una particella quantistica libera

$$i\hbar\frac{\partial}{\partial t}\psi(\mathbf{r},t) = -\frac{\hbar^2}{2m}\nabla^2\psi(\mathbf{r},t), \tag{5.33}$$

dove $\psi(\mathbf{r},t)$ è la funzione d'onda di materia associata alla particella, di solito semplicemente chiamata funzione d'onda.

5.4.2 *Equazione di Schrödinger per una particella in un potenziale esterno*

L'energia E di una particella non relativistica di massa m sottoposta a una forza esterna di energia potenziale $U(\mathbf{r})$ è data da

$$E = \frac{p^2}{2m} + U(\mathbf{r})\,. \tag{5.34}$$

Utilizzando anche in questo caso le regole di quantizzazione (5.30) e (5.31) otteniamo l'equazione di Schrödinger di una particella quantistica in presenza di un potenziale esterno

$$i\hbar\frac{\partial}{\partial t}\psi(\mathbf{r},t) = -\frac{\hbar^2}{2m}\nabla^2\psi(\mathbf{r},t) + U(\mathbf{r})\psi(\mathbf{r},t)\,, \tag{5.35}$$

dove $\psi(\mathbf{r},t)$ è la funzione d'onda associata alla particella. Chiaramente, questa equazione può essere riscritta come

$$i\hbar\frac{\partial}{\partial t}\psi(\mathbf{r},t) = \left(-\frac{\hbar^2}{2m}\nabla^2 + U(\mathbf{r})\right)\psi(\mathbf{r},t)\,, \tag{5.36}$$

o, equivalentemente, come

$$\left(i\hbar\frac{\partial}{\partial t} + \frac{\hbar^2}{2m}\nabla^2 - U(\mathbf{r})\right)\psi(\mathbf{r},t) = 0\,. \tag{5.37}$$

Ricorda l'interpretazione probabilistica della funzione d'onda (Max Born, 1927): $\psi(\mathbf{r},t)$, che è anche chiamata ampiezza di probabilità complessa, è tale che il suo modulo quadrato $|\psi(\mathbf{r},t)|^2$ rappresenta la densità di probabilità reale di trovare la particella in posizione $\mathbf{r}$ e tempo t. La densità di probabilità è a volte scritta come

$$\rho(\mathbf{r},t) = |\psi(\mathbf{r},t)|^2\,. \tag{5.38}$$

La sua integrale su tutto lo spazio tridimensionale $\mathbb{R}^3$ deve dare 1, cioè

$$\int_{\mathbb{R}^3} \rho(\mathbf{r},t)\,d^3\mathbf{r} = 1 \tag{5.39}$$

in qualsiasi istante t. Invece, l'integrale su una regione finita dello spazio V rappresenta la probabilità $P_V(t)$ di trovare la particella all'interno di quella regione V al tempo t. In simboli

$$\int_V \rho(\mathbf{r},t)\,d^3\mathbf{r} = P_V(t)\,, \tag{5.40}$$

dove, ovviamente, $0 \leq P_V(t) \leq 1$ per qualsiasi tempo t. In generale, $P_V(t)$ è una funzione del tempo t.

5.5 Trasformazione di Madelung

Nel 1926 Erwin Madelung scoprì che la appena scoperta equazione di Schrödinger dipendente dal tempo può essere riscritta come le equazioni di Eulero dell'idrodinamica irrotazionale e inviscida, con una equazione di stato molto particolare, che è il cosiddetto potenziale quantico. Infatti, ponendo

$$\psi(\mathbf{r},t) = \rho(\mathbf{r},t)^{1/2}\, e^{i\theta(\mathbf{r},t)} \,, \tag{5.41}$$

e inserendo questa formula nell'Eq. (5.35) si trova

$$\frac{\partial}{\partial t}\rho + \nabla \cdot (\rho\, \mathbf{v}) = 0 \,, \tag{5.42}$$

$$m\frac{\partial}{\partial t}\mathbf{v} + \nabla\left[\frac{1}{2}mv^2 + U(\mathbf{r}) - \frac{\hbar^2}{2m}\frac{\nabla^2\sqrt{\rho}}{\sqrt{\rho}}\right] = \mathbf{0} \,, \tag{5.43}$$

dove $\rho(\mathbf{r},t)$ è la densità di probabilità locale e

$$\mathbf{v}(\mathbf{r},t) = \frac{\hbar}{m}\nabla\theta(\mathbf{r},t) \tag{5.44}$$

è una velocità locale, che è (per definizione) irrotazionale, cioè

$$\nabla \wedge \mathbf{v}(\mathbf{r},t) = \mathbf{0} \,. \tag{5.45}$$

L'Eq. (5.42) è l'equazione di continuità, con

$$\mathbf{j}(\mathbf{r},t) = \rho(\mathbf{r},t)\,\mathbf{v}(\mathbf{r},t) = \frac{\hbar}{2mi}[\psi^*(\mathbf{r},t)\nabla\psi(\mathbf{r},t) - \psi(\mathbf{r},t)\nabla\psi^*(\mathbf{r},t)] \tag{5.46}$$

la densità di corrente. Integrando l'Eq. (5.42) su un volume V si trova

$$\frac{d}{dt}\int_V \rho\, d^3\mathbf{r} = -\int_V \nabla\cdot\mathbf{j}(\mathbf{r},t) = -\oint_S \mathbf{j}(\mathbf{r},t)\cdot\mathbf{n}(\mathbf{r}) \,, \tag{5.47}$$

tenendo conto del teorema della divergenza con S la superficie chiusa del volume V. In molte applicazioni, con un volume V sufficientemente grande, cioè quando $V = \mathbb{R}^3$, sulla superficie S la densità di corrente $\mathbf{j}(\mathbf{r},t)$ è zero. In queste condizioni otteniamo

$$\int_{\mathbb{R}^3} \rho(\mathbf{r},t)\, d^3\mathbf{r} = \text{costante} \,, \tag{5.48}$$

che garantisce la conservazione della probabilità, e possiamo impostare costante $= 1$.

L'Eq. (5.43) ricorda la seconda legge della dinamica di Newton. Contiene un termine che dipende esplicitamente dalla costante di Planck ridotta $\hbar$, cioè il potenziale quantico

$$U_Q(\mathbf{r},t) = -\frac{\hbar^2}{2m}\frac{\nabla^2\sqrt{\rho(\mathbf{r},t)}}{\sqrt{\rho(\mathbf{r},t)}} . \tag{5.49}$$

Chiaramente, questo non è un potenziale esterno, perché dipende dalla densità di probabilità locale $\rho(\mathbf{r},t)$ del fluido quantico.

Nell'idrodinamica di Euler dell'equazione di Schrödinger, gli effetti quantici sono codificati non solo nel potenziale quantico, ma anche nelle proprietà del campo locale $\mathbf{v}(\mathbf{r},t)$. Questo campo di velocità è proporzionale al gradiente di un campo scalare, $\theta(\mathbf{r},t)$, che è l'angolo della fase della funzione d'onda complessa $\psi(\mathbf{r},t)$. Di conseguenza, $\mathbf{v}(\mathbf{r},t)$ soddisfa l'equazione

$$\oint_C \mathbf{v}\cdot d\mathbf{r} = \frac{\hbar}{m}\oint_C \nabla\theta\cdot d\mathbf{r} = \frac{\hbar}{m}\oint_C d\theta = \frac{\hbar}{m}2\pi\, n = \frac{h}{m}n \tag{5.50}$$

per ogni contorno chiuso C, con n un numero intero. In altre parole, la circolazione è quantizzata in unità di h/m.

5.6 Equazione di Schrödinger stazionaria

È importante sottolineare che l'equazione di Schrödinger dipendente dal tempo può essere scritta in una forma più compatta come

$$i\hbar\frac{\partial}{\partial t}\psi(\mathbf{r},t) = \hat{H}\,\psi(\mathbf{r},t)\,, \tag{5.51}$$

dove

$$\hat{H} = -\frac{\hbar^2}{2m}\nabla^2 + U(\mathbf{r}) \tag{5.52}$$

è il cosiddetto *operatore Hamiltoniano* quantico, cioè l'operatore energetico quantico, associato all'energia totale classica $E = p^2/(2m) + U(\mathbf{r})$.

Data l'equazione di Schrödinger dipendente dal tempo (5.35), impostando

$$\psi(\mathbf{r},t) = \phi(\mathbf{r})\, e^{-iEt/\hbar} \tag{5.53}$$

si trova immediatamente

$$E\,\phi(\mathbf{r}) = \left(-\frac{\hbar^2}{2m}\nabla^2 + U(\mathbf{r})\right)\phi(\mathbf{r})\,, \tag{5.54}$$

nota come equazione di Schrödinger indipendente dal tempo o *equazione di Schrödinger stazionaria*. Ovviamente questa equazione può essere formalmente riscritta come

$$\hat{H}\phi(\mathbf{r}) = E\,\phi(\mathbf{r})\,, \tag{5.55}$$

cioè come un'equazione agli autovalori. In generale ci sono molti valori reali di E, chiamati *autovalori* (o livelli energetici) che soddisfano questa equazione e le corrispondenti funzioni $\phi(\mathbf{r})$, chiamate *autofunzioni*. Per questo motivo, l'equazione precedente è solitamente riscritta come

$$\hat{H}\,\phi_{\mathbf{n}}(\mathbf{r}) = E_{\mathbf{n}}\,\phi_{\mathbf{n}}(\mathbf{r})\,, \tag{5.56}$$

dove $E_{\mathbf{n}}$ è un elemento dell'insieme dei possibili autovalori etichettati dall'indice $\mathbf{n} = (n_1, n_2, n_3)$, che rappresenta i possibili numeri quantici. Inoltre, $\phi_{\mathbf{n}}(\mathbf{r})$ è un elemento del corrispondente insieme di autofunzioni.

Ricordiamo che per ottenere l'equazione di Schrödinger stazionaria abbiamo fatto l'ipotesi che

$$\psi(\mathbf{r}, t) = \phi(\mathbf{r})\,e^{-iEt/\hbar} \tag{5.57}$$

da cui segue immediatamente che

$$|\psi(\mathbf{r}, t)|^2 = |\phi(\mathbf{r})|^2 \tag{5.58}$$

a condizione che E sia un numero reale. Quindi, le funzioni d'onda che soddisfano l'Eq. (5.57) sono una classe molto particolare di soluzioni dell'equazione di Schrödinger dipendente dal tempo: sono quelle per cui la densità di probabilità non dipende dal tempo. Per questo motivo sono chiamate funzioni d'onda stazionarie.

5.7 Spazio di Lebesgue delle funzioni d'onda quadrato-integrabili

Una generica funzione d'onda $\phi(\mathbf{r})$ che è quadrato integrabile può essere considerata come l'elemento di uno specifico spazio di Hilbert $\mathcal{H}$ che è solitamente denotato come $L^2(\mathbb{R}^3, \mathbb{C})$. Questo è lo spazio di Lebesgue di tutte le funzioni $\phi(\mathbf{r}) : \mathbb{R}^3 \to \mathbb{C}$ il cui modulo quadrato $|\phi(\mathbf{r})|^2$ è integrabile secondo Lebesgue.

Per definizione, la norma $\|\phi\|$ di $\phi(\mathbf{r}) \in L^2(\mathbb{R}^3, \mathbb{C})$ è tale che

$$\|\psi\|^2 = \int_{\mathbb{R}^3} |\psi(\mathbf{r})|^2\, d^3\mathbf{r}\,. \tag{5.59}$$

Inoltre, il prodotto scalare di $\langle\chi|\phi\rangle$ di due funzioni d'onda $\chi(\mathbf{r})$ e $\phi(\mathbf{r})$ appartenenti a $L^2(\mathbb{R}^3, \mathbb{C})$ è definito come

$$\langle\chi|\phi\rangle = \int_{\mathbb{R}^3} \chi^*(\mathbf{r})\phi(\mathbf{r})\, d^3\mathbf{r} \,. \tag{5.60}$$

Una conseguenza immediata di questa definizione è che

$$\langle\chi|\phi\rangle^* = \langle\phi|\chi\rangle \,. \tag{5.61}$$

Una proprietà importante dello spazio di Lebesgue $L^2(\mathbb{R}^3, \mathbb{C})$ è che qualsiasi funzione d'onda $\phi(\mathbf{r})$ appartenente a questo spazio può essere decomposta come segue

$$\phi(\mathbf{r}) = \sum_{i=1}^{\infty} \phi_i \, u_i(\mathbf{r}) \,, \tag{5.62}$$

dove ϕ_i con $i = 1, 2, 3, \ldots$ è un insieme infinito di coefficienti mentre l'insieme infinito di funzioni $u_i(\mathbf{r}) : \mathbb{R}^3 \to \mathbb{C}$ è una base ortonormale, cioè

$$\int d^3\mathbf{r}\, u_i^*(\mathbf{r})\, u_j(\mathbf{r}) = \delta_{i,j} \,. \tag{5.63}$$

Di conseguenza il prodotto scalare può essere riscritto come

$$\langle\chi|\phi\rangle = \sum_{i=1}^{\infty} \chi_i^* \phi_i \,. \tag{5.64}$$

Questi risultati sono estensioni $N \to \infty$ della teoria dei vettori con N componenti. Allo stesso modo, l' estensione $N \to \infty$ della teoria delle matrici $N \times N$ si ottiene introducendo un operatore differenziale generico $\hat{A} : L^2(\mathbb{R}^3, \mathbb{C}) \to L^2(\mathbb{R}^3, \mathbb{C})$ e il suo elemento di matrice A_{ij}, definito come

$$A_{ij} = \langle u_i|\hat{A}u_j\rangle = \langle u_i|\hat{A}|u_j\rangle = \int d^3\mathbf{r}\, u_i^*(\mathbf{r})\, \hat{A}\, u_j(\mathbf{r}) \,. \tag{5.65}$$

Dato un operatore $\hat{A}$, il suo aggiunto $\hat{A}^+$ è tale che

$$\langle\chi|\hat{A}\phi\rangle = \langle\hat{A}^+\chi|\phi\rangle \,. \tag{5.66}$$

L'operatore $\hat{A}$ è chiamato hermitiano se $\hat{A} = \hat{A}^+$, cioè

$$\langle\chi|\hat{A}\phi\rangle = \langle\hat{A}\chi|\phi\rangle \,. \tag{5.67}$$

Matematicamente parlando, l'operatore $\hat{A}$ è chiamato autoaggiunto se è hermitiano ma con la proprietà aggiuntiva che i domini di $\hat{A}$ e $\hat{A}^*$ coincidono. È possibile dimostrare che l'operatore Hamiltoniano $\hat{H} = -\frac{\hbar^2}{2m}\nabla^2 + U(\mathbf{r})$ e l'operatore della quantità di moto $\hat{\mathbf{p}} = -\hbar\nabla$ sono autoaggiunti.

5.8 Proprietà dell'operatore hamiltoniano

Dimostriamo che $\hat{H}^+ = \hat{H}$. Prima di tutto abbiamo

$$\begin{aligned}\langle\chi|\hat{H}\phi\rangle - \langle\hat{H}\chi|\phi\rangle &= \int_{\mathbb{R}^3} d^3\mathbf{r}\left[\chi^*(\mathbf{r})\hat{H}\phi(\mathbf{r}) - (\hat{H}^*\chi^*(\mathbf{r}))\phi(\mathbf{r})\right] \\ &= \int_{\mathbb{R}^3} d^3\mathbf{r}\left[\chi^*(\mathbf{r})\hat{H}\phi(\mathbf{r}) - (\hat{H}\chi^*(\mathbf{r}))\phi(\mathbf{r})\right] \\ &= -\frac{\hbar^2}{2m}\int_{\mathbb{R}^3} d^3\mathbf{r}\left[\chi^*(\mathbf{r})\nabla^2\phi(\mathbf{r}) - (\nabla^2\chi^*(\mathbf{r}))\phi(\mathbf{r})\right]\end{aligned} \tag{5.68}$$

tenendo conto che $\hat{H}^* = \hat{H}$. Poi, usando l'integrazione per parti e assumendo che le funzioni d'onda tendono a zero all'infinito, troviamo

$$\langle\chi|\hat{H}\phi\rangle - \langle\hat{H}\chi|\phi\rangle = \frac{\hbar^2}{2m}\int_{\mathbb{R}^3} d^3\mathbf{r}\left[\nabla\chi^*(\mathbf{r})\cdot\nabla\phi(\mathbf{r}) - \nabla\chi^*(\mathbf{r})\cdot\nabla\phi(\mathbf{r})\right] = 0\,. \tag{5.69}$$

5.8.1 *I livelli di energia sono numeri reali*

Non è difficile dimostrare che i livelli di energia $E_\mathbf{n}$, cioè gli autovalori dell'operatore Hamiltoniano $\hat{H}$, sono numeri reali.

Dimostriamo che $E_\mathbf{n}^* = E_\mathbf{n}$. Da

$$\hat{H}\phi_\mathbf{n}(\mathbf{r}) = E_\mathbf{n}\,\phi_\mathbf{n}(\mathbf{r}) \tag{5.70}$$

otteniamo immediatamente la sua equazione coniugata complessa

$$\hat{H}^*\phi_\mathbf{n}^*(\mathbf{r}) = E_\mathbf{n}^*\,\phi_\mathbf{n}^*(\mathbf{r})\,. \tag{5.71}$$

Tuttavia, $\hat{H}^* = \hat{H}$ e di conseguenza

$$\hat{H}\phi_\mathbf{n}^*(\mathbf{r}) = E_\mathbf{n}^*\,\phi_\mathbf{n}^*(\mathbf{r})\,. \tag{5.72}$$

Inserendo sulla sinistra dell'Eq. (5.70) la funzione $\phi_\mathbf{n}^*(\mathbf{r})$ otteniamo

$$\phi_\mathbf{n}^*(\mathbf{r})\hat{H}\phi_\mathbf{n}(\mathbf{r}) = E_\mathbf{n}\,|\phi_\mathbf{n}(\mathbf{r})|^2\,. \tag{5.73}$$

Inserendo alla sinistra dell'Eq. (5.72) la funzione $\phi_\mathbf{n}(\mathbf{r})$ troviamo invece

$$\phi_\mathbf{n}(\mathbf{r})\hat{H}\phi_\mathbf{n}^*(\mathbf{r}) = E_\mathbf{n}^*\,|\phi_\mathbf{n}(\mathbf{r})|^2\,. \tag{5.74}$$

Integrando nello spazio entrambe le Eq. (5.73) e (5.74) e sottraendo le due formule otteniamo

$$\int \left[\phi_{\mathbf{n}}^*(\mathbf{r}) \hat{H} \phi_{\mathbf{n}}(\mathbf{r}) - \phi_{\mathbf{n}}(\mathbf{r}) \hat{H} \phi_{\mathbf{n}}^*(\mathbf{r}) \right] d^3\mathbf{r} = E_{\mathbf{n}} - E_{\mathbf{n}}^* \,. \tag{5.75}$$

Abbiamo visto che $\hat{H}$ è autoaggiunto, e di conseguenza il lato sinistro di questa uguaglianza è zero. Ne segue che, infatti, $E_{\mathbf{n}} = E_{\mathbf{n}}^*$.

5.8.2 *Ortogonalità delle autofunzioni*

Consideriamo due autofunzioni $\phi_{\mathbf{n}}(\mathbf{r})$ e $\phi_{\mathbf{n}'}(\mathbf{r})$ che corrispondono a due diversi autovalori $E_{\mathbf{n}} \neq E_{\mathbf{n}'}$ dell'hamiltoniano quantistico $\hat{H}$. Non è difficile dimostrare che $\phi_{\mathbf{n}}(\mathbf{r})$ e $\phi_{\mathbf{n}'}(\mathbf{r})$ sono *ortogonali*, cioè

$$\int_{\mathbb{R}^3} \phi_{\mathbf{n}'}^*(\mathbf{r}) \phi_{\mathbf{n}}(\mathbf{r}) \, d^3\mathbf{r} = 0 \tag{5.76}$$

se $\mathbf{n} \neq \mathbf{n}'$.

Partendo da

$$\hat{H} \phi_{\mathbf{n}}(\mathbf{r}) = E_{\mathbf{n}} \, \phi_{\mathbf{n}}(\mathbf{r}) \,, \tag{5.77}$$

$$\hat{H} \phi_{\mathbf{n}'}^*(\mathbf{r}) = E_{\mathbf{n}'} \, \phi_{\mathbf{n}'}^*(\mathbf{r}) \,, \tag{5.78}$$

possiamo scrivere

$$\phi_{\mathbf{n}'}^*(\mathbf{r}) \hat{H} \phi_{\mathbf{n}}(\mathbf{r}) = E_{\mathbf{n}} \, \phi_{\mathbf{n}'}^*(\mathbf{r}) \, \phi_{\mathbf{n}}(\mathbf{r}) \,, \tag{5.79}$$

$$\phi_{\mathbf{n}}(\mathbf{r}) \hat{H} \phi_{\mathbf{n}'}^*(\mathbf{r}) = E_{\mathbf{n}'} \, \phi_{\mathbf{n}}(\mathbf{r}) \, \phi_{\mathbf{n}'}^*(\mathbf{r}) \,. \tag{5.80}$$

Sottraendo le ultime due equazioni e integrando nello spazio otteniamo

$$\int_{\mathbb{R}^3} \phi_{\mathbf{n}'}^*(\mathbf{r}) \hat{H} \phi_{\mathbf{n}}(\mathbf{r}) \, d^3\mathbf{r} - \int_{\mathbb{R}^3} \phi_{\mathbf{n}}(\mathbf{r}) \hat{H} \phi_{\mathbf{n}'}^*(\mathbf{r}) \, d^3\mathbf{r} = (E_{\mathbf{n}'} - E_{\mathbf{n}}) \int_{\mathbb{R}^3} \phi_{\mathbf{n}'}^*(\mathbf{r}) \phi_{\mathbf{n}}(\mathbf{r}) \, d^3\mathbf{r} \,. \tag{5.81}$$

Il lato sinistro di questa uguaglianza è zero perché $\hat{H}$ è simmetrico, e di conseguenza

$$0 = (E_{\mathbf{n}'} - E_{\mathbf{n}}) \int_{\mathbb{R}^3} \phi_{\mathbf{n}'}^*(\mathbf{r}) \phi_{\mathbf{n}}(\mathbf{r}) \, d^3\mathbf{r} \,. \tag{5.82}$$

Infine, poiché abbiamo supposto che $E_{\mathbf{n}'} \neq E_{\mathbf{n}}$, otteniamo l'Eq. (5.76).

Di solito le autofunzioni sono normalizzate a uno, e possiamo quindi dire che sono *ortonormali*, cioè

$$\int_{\mathbb{R}^3} \phi^*_{\mathbf{n}'}(\mathbf{r})\phi_{\mathbf{n}}(\mathbf{r})\, d^3\mathbf{r} = \delta_{\mathbf{n}',\mathbf{n}} \tag{5.83}$$

con $\delta_{\mathbf{n}',\mathbf{n}}$ il delta di Kronecher, tale che $\delta_{\mathbf{n}',\mathbf{n}} = 1$ se $\mathbf{n} = \mathbf{n}'$ e $\delta_{\mathbf{n}',\mathbf{n}} = 0$ se $\mathbf{n} \neq \mathbf{n}'$.

5.9 Proprietà dell'operatore quantità di moto

Dimostriamo ora che anche l'operatore quantità di moto $\hat{\mathbf{p}}$ è autoaggiunto, cioè $\hat{\mathbf{p}}^+ = \hat{\mathbf{p}}$. Abbiamo

$$\begin{aligned}\langle \chi|\hat{\mathbf{p}}\,\phi\rangle - \langle \hat{\mathbf{p}}\,\chi|\phi\rangle &= \int_{\mathbb{R}^3} d^3\mathbf{r}\,[\chi^*(\mathbf{r})\hat{\mathbf{p}}\,\phi(\mathbf{r}) - (\hat{\mathbf{p}}^*\,\chi^*(\mathbf{r}))\phi(\mathbf{r})] \\ &= -i\hbar \int_{\mathbb{R}^3} d^3\mathbf{r}\,[\chi^*(\mathbf{r})\nabla\phi(\mathbf{r}) + \nabla\chi^*(\mathbf{r}))\phi(\mathbf{r})]\end{aligned}$$

tenendo conto che $\hat{\mathbf{p}} = -i\hbar\nabla$. Poi, utilizzando ancora l'integrazione per parti e assumendo che le funzioni d'onda tendano a zero all'infinito, troviamo

$$\langle \chi|\hat{\mathbf{p}}\,\phi\rangle - \langle \hat{\mathbf{p}}\,\chi|\phi\rangle = -i\hbar \int_{\mathbb{R}^3} d^3\mathbf{r}\,[\chi^*(\mathbf{r})\nabla\phi(\mathbf{r}) - \chi^*(\nabla\phi(\mathbf{r})] = 0\,. \tag{5.84}$$

Una proprietà molto importante dell'operatore della quantità di moto $\hat{\mathbf{p}}$ è che i suoi autovalori sono dati da

$$\mathbf{p} = \hbar\,\mathbf{k}\,, \tag{5.85}$$

dove $\mathbf{k}$ è il vettore d'onda dell'onda piana stazionaria

$$\phi_{\mathbf{k}}(\mathbf{r}) = A\,e^{i\mathbf{k}\cdot\mathbf{r}} \tag{5.86}$$

con A una costante di normalizzazione, data da $A = 1/L^{3/2}$ se il volume del sistema è una scatola cubica di dimensione L. Infatti, le onde piane stazionarie sono le autofunzioni dell'operatore della quantità di moto $\hat{\mathbf{p}}$, cioè

$$\hat{\mathbf{p}}\,\phi_{\mathbf{k}}(\mathbf{r}) = \mathbf{p}\,\phi_{\mathbf{k}}(\mathbf{r})\,. \tag{5.87}$$

Questo risultato si ottiene facilmente come conseguenza della definizione $\hat{\mathbf{p}} = -i\hbar\nabla$.

Ulteriori Letture

Gli articoli storici pertinenti sulla lunghezza d'onda di De Broglie, l'equazione di Schrödinger e la sua interpretazione probabilistica sono:

L. De Broglie, Annales de Physique **10**, 22 (1925).

E. Schrödinger, Physical Review **28**, 1049 (1926).

M. Born, Zeitschrift für Physik **37**, 863 (1926).

M. Born, Zeitschrift für Physik **38**, 803 (1926).

E. Madelung, Naturwissenschaften **14**, 1004 (1926).

Le opere citate sulla verifica sperimentale della dualità onda-particella dell'elettrone sono:

C.J. Davisson e L.H. Germer, Proceedings National Academy of Sciences **14**, 317 (1928).

P.G. Merli, G.F. Missiroli, e G. Pozzi, American Journal of Physics **44**, 306 (1976).

A. Tonomura, J. Endo, T. Matsuda, T. Kawasaki, e H Ezawa, American Journal of Physics **57** 117 (1989).

Un libro pedagogico molto bello sulla meccanica quantistica e la funzione d'onda di Schrödinger è:

R.W. Robinett, Quantum Mechanics: Classical Results, Modern Systems, and Visualized Examples (Oxford Univ. Press, 2006).

Capitolo 6
Problemi quantistici risolvibili

In questo capitolo consideriamo applicazioni rilevanti della meccanica quantistica in una dimensione spaziale. Tra queste, la particella quantistica in una scatola, in un potenziale armonico e in un potenziale a doppia buca. Discutiamo anche il metodo WKB e l'equazione di Schrödinger tridimensionale con un potenziale separabile.

6.1 Potenziale a buca quadrata unidimensionale

L'equazione di Schrödinger stazionaria per una particella che si muove solo lungo l'asse x è data da

$$\hat{H}\,\phi(x) = E\,\phi(x)\,, \tag{6.1}$$

dove

$$\hat{H} = -\frac{\hbar^2}{2m}\frac{d^2}{dx^2} + U(x) \tag{6.2}$$

è l'operatore hamiltoniano di questo problema unidimensionale (1D).

Assumiamo che il potenziale esterno $U(x)$ sia una buca quadrata infinita, cioè

$$U(x) = \begin{cases} 0 & \text{se} \quad 0 \le x \le L \\ +\infty & \text{altrove} \end{cases} \tag{6.3}$$

Pertanto, la particella è libera di muoversi nella regione di x tra 0 e L, mentre non può entrare nelle regioni esterne a questo intervallo $[0, L]$ poiché lì la barriera potenziale diventa infinitamente repulsiva. Essenzialmente il problema in esame si riduce a quello descritto dall'equazione di Schrödinger stazionaria

$$-\frac{\hbar^2}{2m}\frac{d^2}{dx^2}\phi(x) = E\,\phi(x) \tag{6.4}$$

con condizioni al contorno $\phi(0) = 0$ e $\phi(L) = 0$.

L. Salasnich, F. Lorenzi, *Introduzione alla fisica moderna*,
https://doi.org/10.1007/978-3-032-17303-4_6

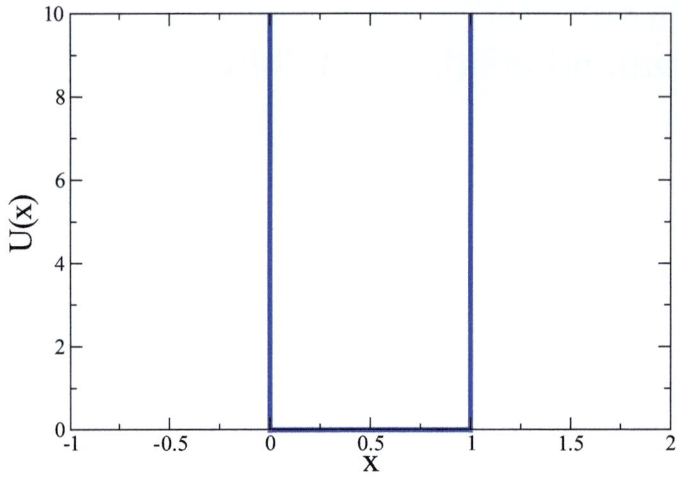

Figura 6.1 Potenziale a buca quadrata infinito $U(x)$ con $L = 1$

L'equazione può essere riscritta come segue

$$\phi''(x) + k^2\phi(x) = 0\,, \tag{6.5}$$

dove la costante k è data da

$$k = \sqrt{\frac{2mE}{\hbar^2}}\,. \tag{6.6}$$

Questa è un'equazione differenziale del secondo ordine con coefficienti costanti. La soluzione generale è

$$\phi(x) = A\, e^{\kappa_1 x} + B\, e^{\kappa_2 x}\,, \tag{6.7}$$

dove κ_1 e κ_2 sono le radici dell'equazione algebrica

$$\kappa^2 + k^2 = 0\,, \tag{6.8}$$

ovvero

$$\kappa_1 = i\,k \qquad \kappa_2 = -i\,k\,. \tag{6.9}$$

La soluzione diventa quindi

$$\phi(x) = A\, e^{ikx} + B\, e^{-ikx}\,, \tag{6.10}$$

dove le costanti arbitrarie A e B sono determinate tramite le condizioni al contorno e dalla normalizzazione. Dalle condizioni al contorno abbiamo

$$0 = \phi(0) = A + B\,, \tag{6.11}$$

da cui $A = -B$, ma anche

$$0 = \phi(L) = A\,e^{ikL} + B\,e^{-ikL} = A\,e^{ikL} - A\,e^{-ikL} = 2i\,A\,\sin(kL)\,. \quad (6.12)$$

Ne segue che

$$k\,L = \pi\,n \quad (6.13)$$

dove n è un intero diverso da zero. Possiamo quindi scrivere

$$k = \frac{\pi}{L}n\,. \quad (6.14)$$

Ricordando la definizione della costante k, che è precisamente il numero d'onda, otteniamo

$$E_n = \frac{\hbar^2\pi^2}{2mL^2}n^2\,, \quad (6.15)$$

che è la formula di quantizzazione per i livelli energetici del problema. Per riassumere, abbiamo ottenuto le autofunzioni

$$\phi_n(x) = \tilde{A}\,\sin\left(\frac{\pi}{L}nx\right)\,, \quad (6.16)$$

dove $\tilde{A} = 2iA$, e i corrispondenti autovalori dati dall'Eq. (6.15). Rimane da determinare la costante arbitraria $\tilde{A}$. Imponendo la condizione di normalizzazione

$$\int_0^L |\phi_n(x)|^2\,dx = 1 \quad (6.17)$$

dopo alcuni calcoli si trova

$$\tilde{A} = \sqrt{\frac{2}{L}}\,, \quad (6.18)$$

sotto l'ipotesi che $\tilde{A}$ sia reale, e di conseguenza $A = \tilde{A}/(2i) = -i\sqrt{2/L}/2$ è puramente immaginario.

6.2 Potenziale armonico unidimensionale

In questa sezione assumiamo che il potenziale esterno $U(x)$ sia dato da

$$U(x) = \frac{1}{2}m\,\omega^2x^2 \quad (6.19)$$

Questo potenziale armonico rappresenta l'energia potenziale di una particella di massa m sottoposta alla forza elastica $F = -K_{el}x$, dove K_{el} è la costante elastica e

$$\omega = \sqrt{\frac{K_{el}}{m}} \quad (6.20)$$

è la frequenza angolare dell'oscillazione periodica (armonica) della particella.

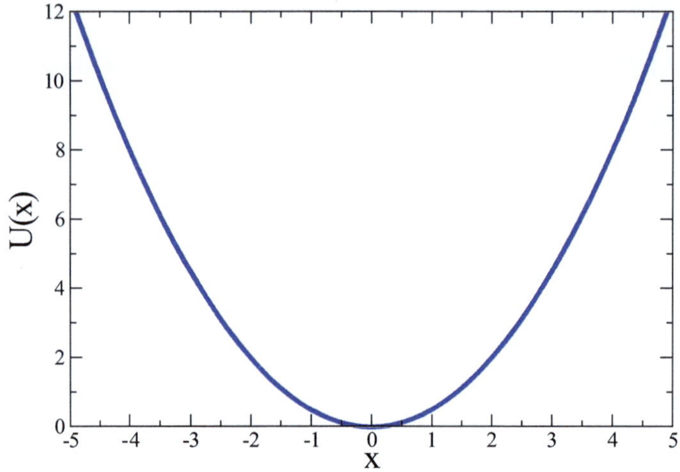

Figura 6.2 Potenziale armonico $U(x) = m\omega^2 x^2/2$ impostando $m\omega^2 = 1$

Il problema in esame è descritto dall'equazione di Schrödinger stazionaria

$$\left(-\frac{\hbar^2}{2m}\frac{d^2}{dx^2} + \frac{1}{2}m\,\omega^2 x^2\right)\phi_n(x) = E_n\,\phi_n(x) \qquad (6.21)$$

con condizioni al contorno $\phi_n(-\infty) = 0$ e $\phi_n(+\infty) = 0$, che sono necessarie per ottenere una funzione d'onda liscia quadrato-integrabile. Questa è un'equazione differenziale del secondo ordine ma, sfortunatamente, non ha coefficienti costanti. Chiaramente, $\phi_n(x)$ sono le autofunzioni e E_n sono i corrispondenti autovalori.

Sostituendo direttamente si trova immediatamente che

$$\phi_0(x) = \frac{1}{\pi^{1/4}\sigma^{1/2}}\,e^{-x^2/(2\sigma^2)}\;, \qquad (6.22)$$

dove

$$\sigma = \sqrt{\frac{\hbar}{m\omega}} \qquad (6.23)$$

è la lunghezza caratteristica del confinamento armonico e

$$E_0 = \frac{1}{2}\hbar\omega \qquad (6.24)$$

è l'energia dello stato fondamentale.

In generale, si può dimostrare che le autofunzioni $\phi_n(x)$ possono essere scritte in termini dei polinomi di Hermite $H_n(x)$ come segue

$$\phi_n(x) = \frac{1}{\sqrt{2^n n!}}\,H_n(x)\,\phi_0(x)\;, \qquad (6.25)$$

dove i polinomi di Hermite (fisici) $H_n(x)$ soddisfano l'equazione

$$H_n(x) = (-1)^n \, e^{x^2/\sigma^2} \sigma^n \frac{d^n}{dx^n}\left(e^{-x^2/\sigma^2}\right) . \tag{6.26}$$

Sorprendentemente, gli autovalori sono dati da una formula molto semplice, ovvero

$$E_n = \hbar\omega \, (n + \frac{1}{2}) \tag{6.27}$$

con $n = 0, 1, 2, 3, \ldots$ il numero quantico.

Le energie più basse e le corrispondenti autofunzioni della particella quantistica di massa m in un potenziale armonico unidimensionale di frequenza ω sono:

$$E_0 = \frac{1}{2}\hbar\omega \quad \leftrightarrow \quad \phi_0(x) = \frac{1}{\pi^{1/4}\sigma^{1/2}} \, e^{-x^2/(2\sigma^2)} \tag{6.28}$$

$$E_1 = \frac{3}{2}\hbar\omega \quad \leftrightarrow \quad \phi_1(x) = \frac{1}{\pi^{1/4}\sigma^{1/2}} \, \sqrt{2}\,\frac{x}{\sigma} \, e^{-x^2/(2\sigma^2)} \tag{6.29}$$

$$E_2 = \frac{5}{2}\hbar\omega \quad \leftrightarrow \quad \phi_2(x) = \frac{1}{\pi^{1/4}\sigma^{1/2}} \, \frac{1}{\sqrt{2}}\left(2\frac{x^2}{\sigma^2} - 1\right) e^{-x^2/(2\sigma^2)} . \tag{6.30}$$

Corrispondentemente, i primi tre polinomi di Hermite sono $H_0(x) = 1$, $H_1(x) = 2(x/\sigma)$, e $H_3(x) = 4(x^2/\sigma^2) - 2$.

6.2.1 Metodo di fattorizzazione

Per risolvere l'Eq. (6.21) utilizziamo un approccio speciale che è il *metodo di fattorizzazione*. L'operatore Hamiltoniano del problema in questione è

$$\hat{H} = -\frac{\hbar^2}{2m}\frac{d^2}{dx^2} + \frac{1}{2}m\omega^2 x^2 = \frac{\hat{p}^2}{2m} + \frac{1}{2}m\omega^2 x^2 , \tag{6.31}$$

dove $\hat{p} = -i\hbar d/dx$. Raccogliendo $\hbar\omega$ questo operatore diventa

$$\hat{H} = \hbar\omega\left(-\frac{1}{2}\frac{\hbar}{m\omega}\frac{d^2}{dx^2} + \frac{1}{2}\frac{m\omega}{\hbar}x^2\right) = \hbar\omega\left(\frac{\hat{p}^2}{2m\hbar\omega} + \frac{1}{2}\frac{m\omega}{\hbar}x^2\right) . \tag{6.32}$$

Notare che, utilizzando la lunghezza caratteristica σ dell'Eq. (6.23) che appare nell'Hamiltoniano, può quindi essere riscritto come

$$\hat{H} = \hbar\omega\left(-\frac{1}{2}\frac{d^2}{d\tilde{x}^2} + \frac{1}{2}\tilde{x}^2\right) = \hbar\omega\left(\frac{1}{2}\hat{\tilde{p}}^2 + \frac{1}{2}\hat{\tilde{x}}^2\right) \tag{6.33}$$

avendo introdotto la coordinata adimensionale $\tilde{x} = x/\sigma$ e l'operatore di quantità di moto adimensionale $\hat{\tilde{p}} = -i d/d\tilde{x}$. Nel 1927 Paul Dirac osservò che vale la seguente formula

$$\hat{H} = \hbar\omega\left(\hat{a}^+ \hat{a} + \frac{1}{2}\right), \tag{6.34}$$

dove l'operatore differenziale $\hat{a}^+$ ed $\hat{a}$ sono dati da

$$\hat{a}^+ = \frac{1}{\sqrt{2}}\left(\tilde{x} - \frac{d}{d\tilde{x}}\right) = \frac{1}{\sqrt{2}}\left(\hat{\tilde{x}} - i\hat{\tilde{p}}\right), \tag{6.35}$$

$$\hat{a} = \frac{1}{\sqrt{2}}\left(\hat{\tilde{x}} + \frac{d}{d\tilde{x}}\right) = \frac{1}{\sqrt{2}}\left(\hat{\tilde{x}} + i\hat{\tilde{p}}\right). \tag{6.36}$$

Chiaramente, si possono anche scrivere le trasformazioni inverse

$$\hat{\tilde{x}} = \frac{1}{\sqrt{2}}(\hat{a} + \hat{a}^+), \tag{6.37}$$

$$\hat{\tilde{p}} = \frac{1}{i\sqrt{2}}(\hat{a} - \hat{a}^+). \tag{6.38}$$

Quindi, nel caso dell'oscillatore armonico, l'operatore Hamiltoniano $\hat{H}$ può essere fattorizzato in termini degli operatori $\hat{a}^+$ e $\hat{a}$. Gli operatori $\hat{a}^+$ e $\hat{a}$ soddisfano la regola di commutazione

$$[\hat{a}, \hat{a}^+] = 1, \tag{6.39}$$

ovvero esplicitamente

$$\hat{a}\,\hat{a}^+ - \hat{a}^+\,\hat{a} = 1. \tag{6.40}$$

Questa regola di commutazione può ovviamente essere derivata dalla regola di commutazione $[\hat{x}, \hat{p}] = i\hbar$ o, equivalentemente, $[\hat{\tilde{x}}, \hat{\tilde{p}}] = i$. L'operatore $\hat{a}^+$ è chiamato operatore di creazione, l'operatore $\hat{a}$ è chiamato operatore di annichilazione. Questi operatori sono anche chiamati *operatori di creazione e annichilazione* (*ladder operators*). Il loro prodotto $\hat{a}^+\hat{a}$ è l'*operatore numero*, denotato dal simbolo $\hat{N}$, cioè

$$\hat{N} = \hat{a}^+\,\hat{a}. \tag{6.41}$$

Le ragioni di questi nomi distintivi sono discusse di seguito.

Per l'operatore numero si può dimostrare che la seguente equazione agli autovalori vale

$$\hat{N}\,\phi_n(\tilde{x}) = n\,\phi_n(\tilde{x}), \tag{6.42}$$

dove l'autovalore è proprio il numero naturale n e la corrispondente autofunzione $\phi_n(\tilde{x})$ è data da

$$\phi_n(\tilde{x}) = \frac{1}{\sqrt{n!}} \left(\hat{a}^+\right)^n \phi_0(\tilde{x}) , \tag{6.43}$$

dove

$$\phi_0(\tilde{x}) = \frac{1}{\pi^{1/4}} e^{-\tilde{x}^2/2} . \tag{6.44}$$

Inoltre, gli operatori $\hat{a}$ e $\hat{a}^+$ sono tali che

$$\hat{a}\, \phi_n(\tilde{x}) = \sqrt{n}\, \phi_{n-1}(\tilde{x}) , \tag{6.45}$$

$$\hat{a}^+\, \phi_n(\tilde{x}) = \sqrt{n+1}\, \phi_{n+1}(\tilde{x}) . \tag{6.46}$$

Queste formule giustificano i nomi di operatori di distruzione e creazione per $\hat{a}$ e $\hat{a}^+$. Nota che, adottando la notazione di Dirac, l'Eq. (6.42) può essere scritta in modo più compatto come

$$\hat{N}\, |n\rangle = n\, |n\rangle . \tag{6.47}$$

Allo stesso modo, le Eq. (6.46) e (6.46) possono essere scritte come

$$\hat{a}\, |n\rangle = \sqrt{n}\, |n-1\rangle , \tag{6.48}$$

$$\hat{a}^+\, |n\rangle = \sqrt{n+1}\, |n+1\rangle . \tag{6.49}$$

Si conclude che, poiché

$$\hat{H} = \hbar\omega \left(\hat{N} + \frac{1}{2} \right) , \tag{6.50}$$

segue

$$\hat{H}\, \phi_n(x) = E_n\, \phi_n(x) , \tag{6.51}$$

con

$$E_n = \hbar\omega(n + \frac{1}{2}) \tag{6.52}$$

un generico livello di energia quantizzato con numero quantico $n = 0, 1, 2, 3, \ldots$ e con $\phi_n(x) = \langle x|n\rangle$ la corrispondente autofunzione, data da

$$\phi_n(x) = \frac{1}{\sqrt{n!}} \left(-\frac{\sigma}{\sqrt{2}} \frac{d}{dx} + \frac{1}{\sqrt{2}\sigma} x \right)^n \phi_0(x) \tag{6.53}$$

essendo $\phi_0(x)$ la funzione d'onda gaussiana dello stato fondamentale, vedi Eq. (6.22), con energia $E_0 = \hbar\omega/2$. È quindi abbastanza facile dimostrare che dall'Eq. (6.53) si ottiene l'Eq. (6.25) che coinvolge i polinomi di Hermite (6.26).

6.2.2 Proprietà dell'operatore numero

Dimostriamo ora che gli autovalori n dell'operatore numero $\hat{N} = \hat{a}^+\hat{a}$ sono non negativi. Utilizzando la notazione di Dirac l'equazione agli autovalori di $\hat{N}$ è

$$\hat{a}^+\hat{a}|n\rangle = n|n\rangle \; . \tag{6.54}$$

Possiamo quindi scrivere

$$\langle n|\hat{a}^+\hat{a}|n\rangle = n\langle n|n\rangle = n \; , \tag{6.55}$$

perché l'autostato $|n\rangle$ è normalizzato a uno. D'altra parte, abbiamo anche

$$\langle n|\hat{a}^+\hat{a}|n\rangle = (\hat{a}|n\rangle)^+(\hat{a}|n\rangle) = |(\hat{a}|n\rangle)|^2 \tag{6.56}$$

Di conseguenza, otteniamo

$$n = |(\hat{a}|n\rangle)|^2 \geq 0 \; . \tag{6.57}$$

Mostriamo ora che se $|n\rangle$ è un'autofunzione di l'operatore numero $\hat{N} = \hat{a}^+\hat{a}$ con autovalore n allora $a|n\rangle$ è un autostato di $\hat{N}$ con autovalore $n-1$ e $a^+|n\rangle$ è un autostato di $\hat{N}$ con autovalore $n+1$. Infatti, abbiamo

$$\hat{N}\hat{a}|n\rangle = (\hat{a}^+\hat{a})\hat{a}|n\rangle \; . \tag{6.58}$$

La relazione di commutazione

$$\hat{a}\hat{a}^+ - \hat{a}^+\hat{a} = 1 \tag{6.59}$$

tra $\hat{a}$ e $\hat{a}^+$ può essere riscritta come

$$\hat{a}^+\hat{a} = \hat{a}\hat{a}^+ - 1 \; . \tag{6.60}$$

Questo implica che

$$\hat{N}\hat{a}|n\rangle = (\hat{a}\hat{a}^+ - 1)\hat{a}|n\rangle = \hat{a}(\hat{a}^+\hat{a} - 1)|n\rangle = \hat{a}(\hat{N} - 1)|n\rangle = (n-1)\hat{a}|n\rangle \; . \tag{6.61}$$

Infine, otteniamo

$$\begin{aligned} \hat{N}\hat{a}^+|n\rangle &= (\hat{a}^+\hat{a})\hat{a}^+|n\rangle = \hat{a}^+(\hat{a}\hat{a}^+)|n\rangle = \hat{a}^+(\hat{a}^+\hat{a} + 1)|n\rangle \\ &= \hat{a}^+(\hat{N} + 1)|n\rangle = (n+1)\hat{a}^+|n\rangle \; . \end{aligned} \tag{6.62}$$

Tenendo conto dei risultati precedenti di questa sottosezione, possiamo anche dimostrare che lo spettro dell'operatore numero è l'insieme dei numeri interi. Abbiamo visto che $\hat{N}$ ha uno spettro non negativo. Questo significa che $\hat{N}$ possiede un autovalore più basso n_0 con $|n_0\rangle$ il suo autostato. Questo autostato $|n_0\rangle$ è tale che

$$\hat{a}|n_0\rangle = 0\ . \tag{6.63}$$

Infatti, sulla base dei risultati del problema precedente, $\hat{a}|n_0\rangle$ dovrebbe essere autostato di $\hat{N}$ con autovalore $n_0 - 1$, ma questo non è possibile perché n_0 è l'autovalore più basso di $\hat{N}$. Di conseguenza, lo stato $\hat{a}|n_0\rangle$ non è un buon stato quantico, e lo poniamo uguale a 0. Inoltre, a causa del fatto che

$$\hat{N}|n_0\rangle = n_0|n_0\rangle = \hat{a}^+\hat{a}|n_0\rangle = \hat{a}^+(\hat{a}|n_0\rangle) = \hat{a}^+(0) = 0 \tag{6.64}$$

troviamo che $n_0 = 0$. Quindi, lo stato $|0\rangle$, chiamato stato vuoto, è l'autostato di $\hat{N}$ con autovalore 0, cioè

$$\hat{N}|0\rangle = 0|0\rangle = 0\ , \tag{6.65}$$

ma anche

$$\hat{a}|0\rangle = 0\ . \tag{6.66}$$

A causa di questa equazione, ne consegue che gli autostati di $\hat{N}$ sono solo quelli generati applicando n volte l'operatore $\hat{a}^+$ sullo stato vuoto $|0\rangle$, cioè

$$|n\rangle = \frac{1}{\sqrt{n!}}(\hat{a}^+)^n|0\rangle\ , \tag{6.67}$$

dove il fattoriale è dovuto alla normalizzazione. Infine, notiamo che è stato dimostrato nel problema precedente che lo stato $|n\rangle$ ha autovalore intero n.

6.3 Diffusione unidimensionale

In questa sezione discutiamo un esempio in cui una particella si scontra con un potenziale $U(x)$. In particolare, analizziamo un problema stazionario dove $U(x) = 0$ per $x < 0$. Quindi, per $x \neq 0$ abbiamo una particella libera descritta dall'onda piana con energia non vincolata $E = \hbar^2 k^2/(2m)$. Invece, per $x > 0$ assumiamo che $U(x) \neq 0$ e questo implica una funzione d'onda $\psi(x)$ molto più complicata nella regione.

6.3.1 Barriera di potenziale a gradino

Consideriamo il potenziale a gradino

$$U(x) = \begin{cases} 0 & \text{per } x < 0 \\ U_0 & \text{per } x \geq 0 \end{cases} \tag{6.68}$$

La funzione d'onda è quindi data da

$$\phi_1(x) = A\, e^{i\, k_1\, x} + B\, e^{-i\, k_1\, x} \qquad \text{per } x < 0 \tag{6.69}$$

$$\phi_2(x) = C\, e^{i\, k_2\, x} \qquad \text{per } x \geq 0 \tag{6.70}$$

dove

$$k_1 = \sqrt{\frac{2mE}{\hbar^2}} \tag{6.71}$$

$$k_2 = \sqrt{\frac{2m(E - U_0)}{\hbar^2}}\,. \tag{6.72}$$

I coefficienti A, B, C hanno un chiaro significato fisico: A è l'ampiezza di probabilità dell'onda in arrivo (da sinistra a destra), B è l'ampiezza di probabilità dell'onda riflessa (da destra a sinistra), e C è l'ampiezza di probabilità dell'onda trasmessa (dalla barriera nella direzione da sinistra a destra). Ovviamente, sia k_1 che k_2 sono numeri reali se l'energia E della particella in arrivo è maggiore dell'energia della

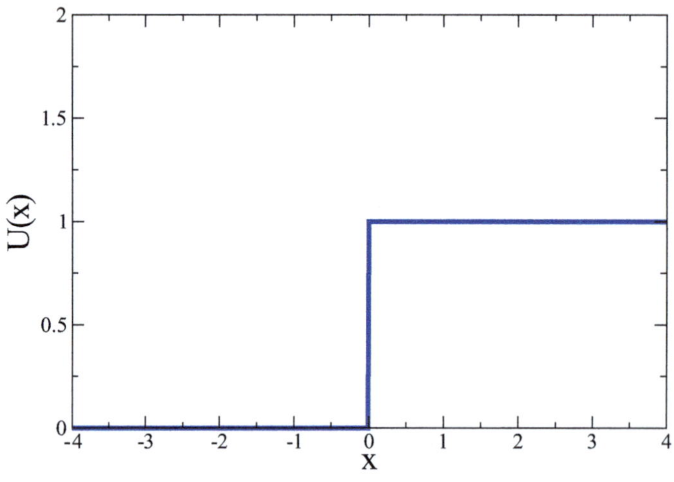

Figura 6.3 Potenziale a gradino $U(x)$ con $U_0 = 1$

barriera U_0. Invece, se $E < U_0$ allora k_2 è puramente immaginario, e tale che

$$k_2 = i \sqrt{\frac{2m(U_0 - E)}{\hbar^2}} , \tag{6.73}$$

implicando un decadimento esponenziale di $\psi_2(x)$ nello spazio, cioè

$$\phi_2(x) = C\, e^{-\sqrt{\frac{2m(U_0-E)}{\hbar^2}}\, x} , \tag{6.74}$$

con E l'energia totale di questo problema di diffusione elastico. I coefficienti A, B, C possono essere trovati imponendo le condizioni al contorno della funzione d'onda a $x = 0$. La funzione d'onda e la sua derivata devono essere continue ovunque, cioè

$$\phi_1(0) = \psi_2(0) \tag{6.75}$$

$$\phi_1'(0) = \psi_2'(0) , \tag{6.76}$$

ottenendo

$$A + B = C \tag{6.77}$$

$$A - B = \frac{k_2}{k_1} C , \tag{6.78}$$

o equivalentemente

$$\frac{B}{A} = \frac{k_1 - k_2}{k_1 + k_2} \tag{6.79}$$

$$\frac{C}{A} = \frac{2k_1}{k_1 + k_2} . \tag{6.80}$$

Introducendo il coefficiente di riflessione

$$\mathcal{R} = \left| \frac{B}{A} \right|^2 \tag{6.81}$$

e il coefficiente di trasmissione

$$\mathcal{T} = 1 - \mathcal{R} = \frac{k_2}{k_1} \left| \frac{C}{A} \right|^2 \tag{6.82}$$

si ottiene

$$\mathcal{T} = 1 - \left(\frac{1 - \sqrt{1 - \frac{U_0}{E}}}{1 + \sqrt{1 - \frac{U_0}{E}}} \right)^2 \tag{6.83}$$

per $E \geq U_0$, e $\mathcal{T} = 0$ per $E < U_0$. Pertanto, se l'energia cinetica E di una particella quantistica è inferiore all'energia U_0 della barriera la probabilità di trasmissione è zero perché la funzione d'onda decade esponenzialmente (e asintoticamente va a zero) nella regione classicamente proibita $x \geq 0$.

6.3.2 Barriera di potenziale rettangolare

Consideriamo ora il potenziale rettangolare

$$U(x) = \begin{cases} 0 & \text{per } x < 0 \\ U_0 & \text{per } 0 \le x \le a \\ 0 & \text{per } x > 0 \end{cases} \tag{6.84}$$

La funzione d'onda corrispondente è data da

$$\phi_1(x) = A\, e^{i\,k_1\,x} + B\, e^{-i\,k_1\,x} \qquad \text{per } x < 0 \tag{6.85}$$

$$\phi_2(x) = C\, e^{i\,k_2\,x} + D\, e^{-i\,k_2 x} \qquad \text{per } 0 \le x \le a \tag{6.86}$$

$$\phi_3(x) = F\, e^{i\,k_3\,x} \qquad \text{per } x > a \tag{6.87}$$

dove

$$k_1 = \sqrt{\frac{2mE}{\hbar^2}} \tag{6.88}$$

$$k_2 = \sqrt{\frac{2m(E - U_0)}{\hbar^2}} \tag{6.89}$$

$$k_3 = k_1 \tag{6.90}$$

con E l'energia totale del sistema, che è anche, come precedentemente discusso, l'energia dell' onda incidente perché stiamo assumendo diffusione elastica. I coefficienti A, B, F hanno un significato fisico specifico: A è l'ampiezza di probabilità

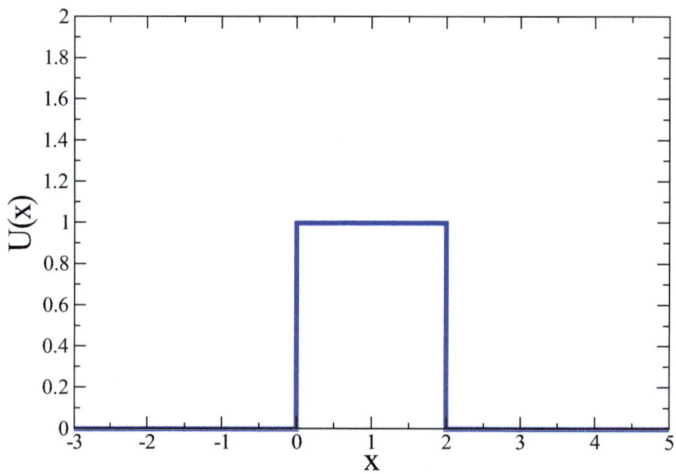

Figura 6.4 Potenziale rettangolare $U(x)$ con $U_0 = 1$ e $a = 2$

dell'onda incidente (da sinistra a destra), B è l'ampiezza di probabilità dell'onda riflessa (da destra a sinistra), e F è l'ampiezza di probabilità dell'onda trasmessa (dalla barriera nella direzione da sinistra a destra). Gli altri due coefficienti, C e D, sono le ampiezze di probabilità della funzione d'onda $\phi_2(x)$, che è localizzata all'interno del potenziale rettangolare. Anche in questo caso, i numeri d'onda $k_1 = k_3$ e k_2 sono reali se l'energia E della particella incidente è maggiore dell'energia della barriera U_0. Invece, se $E < U_0$ allora k_2 è puramente immaginario. Tutti i coefficienti possono essere trovati imponendo specifiche condizioni sulla funzione d'onda. In particolare, la funzione d'onda e la sua derivata devono essere continue a $x = 0$ e anche a $x = a$. In questo modo, dopo diversi calcoli lunghi, si trova il risultato cruciale che per energie inferiori all'altezza della barriera, cioè $E < U_0$, c'è una non-zero probabilità di trasmissione con coefficiente

$$\mathcal{T} = \left|\frac{F}{A}\right|^2 = \frac{1}{1 + \frac{U_0^2 \sinh^2(k_1 a)}{4E(U_0 - E)}}, \tag{6.91}$$

dove $\sinh(x) = (e^x - e^{-x})/2$. Questo particolare effetto quantomeccanico, che è stato osservato in diversi esperimenti, è noto come *tunneling quantistico*. Chiaramente, è abbastanza diverso rispetto al caso classico, dove la probabilità di trasmissione è zero se $E < U_0$.

6.4 Potenziale a doppia buca unidimensionale

Consideriamo un sistema unidimensionale con Hamiltoniana classica

$$H = \frac{p^2}{2m} + U(x), \tag{6.92}$$

dove $U(-x) = U(x)$ è un potenziale a doppia buca simmetrico. Nella Fig. 6.5 tracciamo un semplice esempio di potenziale a doppia buca simmetrico. In meccanica classica, se l'energia E della particella è al di sotto del massimo della barriera U_0, c'è una regione inaccessibile vietata per $|x| < a$, dove a è tale che $U(a) = U(-a) = E$.

Al contrario, in meccanica quantistica la particella può stare anche nella regione classicamente proibita, grazie al *tunneling quantistico*. L'equazione di Schrödinger stazionaria del sistema quantistico è

$$\hat{H}\phi(x) = \Big(- \frac{\hbar^2}{2m}\frac{d^2}{dx^2} + U(x)\Big)\phi(x) = E\phi(x). \tag{6.93}$$

Siano $\phi_1(x)$ e $\phi_2(x)$ due autofunzioni esatte dell'equazione di Schrödinger

$$\hat{H}\phi_1 = E_1\phi_1 \quad \text{e} \quad \hat{H}\phi_2 = E_2\phi_2, \tag{6.94}$$

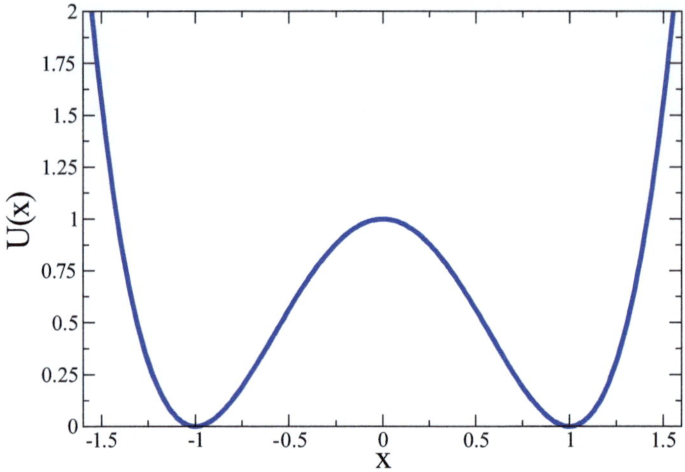

Figura 6.5 Potenziale a doppia buca $U(x) = (x^2 - 1)^2$. In questo caso il massimo U_0 della barriera energetica è $U_0 = 1$

tali che $\phi_1(-x) = \phi_1(x)$ e $\phi_2(-x) = -\phi_2(x)$ e $E_1 \simeq E_2$. Per calcolare la separazione $\Delta E = E_2 - E_1$, moltiplichiamo la prima equazione per $\phi_2(x)$ e la seconda per $\phi_1(x)$, e poi sottraiamo le due equazioni risultanti. Integrando da 0 a ∞ troviamo

$$\Delta E = \frac{\hbar^2}{2m} \frac{\phi_1(0)\phi'_2(0) - \phi'_1(0)\phi_2(0)}{\int_0^\infty \phi_1(x)\phi_2(x)dx} . \tag{6.95}$$

Scriviamo le autofunzioni $\phi_1(x)$ e $\phi_2(x)$ in termini della funzione localizzata a destra

$$\phi_R(x) = \frac{1}{\sqrt{2}}(\phi_1(x) + \phi_2(x)) . \tag{6.96}$$

È facile mostrare che $E_R = \langle \phi_R | \hat{H} | \phi_R \rangle = \frac{1}{2}(E_1 + E_2)$. Quindi, con l'approssimazione $\int_R^\infty \phi_R^2 dx \simeq 1$, cioè

$$\int_0^\infty \phi_1(x)\phi_2(x)dx = \int_0^\infty \phi_R^2(x)dx - \frac{1}{2} \simeq 1 - \frac{1}{2} = \frac{1}{2} , \tag{6.97}$$

otteniamo

$$\Delta E \simeq \frac{2\hbar^2}{m} \phi_R(0)\phi'_R(0) , \tag{6.98}$$

che è una formula approssimata per calcolare la separazione energetica. Si dovrebbe osservare che questa quantità è sempre positiva, perché la coda dell'autofunzione localizzata a destra $\phi_R(x)$ a $x = 0$ ha lo stesso segno per $\phi_R(0)$ e la sua derivata $\phi'_R(0)$. Un altro modo per vedere questo è realizzare che non ci sono degenerazioni in sistemi unidimensionali, implicando che tutte le coppie di stati quasi degeneri, dal ground state in su, sono raggruppati dallo stato dispari sopra lo stato pari.

6.4.1 Potenziale a doppia buca quadrata unidimensionale

Come esempio specifico, consideriamo il potenziale a doppia buca quadrata 1D dato da

$$U(x) = \begin{cases} V_0 & \text{per } |x| \leq a \\ 0 & \text{per } a < |x| \leq b \\ +\infty & \text{per } |x| > b \end{cases} \tag{6.99}$$

con $V_0 > 0$. Utilizzando la funzione d'onda quasi-esatta localizzata a destra

$$\phi_R(x) = D\, e^{-\frac{1}{\hbar}\sqrt{2m(V_0-E)}\,x} \tag{6.100}$$

per $0 < x < a$ (regione classicamente proibita), e

$$\phi_R(x) = A\, e^{\frac{i}{\hbar}\sqrt{2mE}\,x} + B\, e^{-\frac{i}{\hbar}\sqrt{2mE}\,x} \tag{6.101}$$

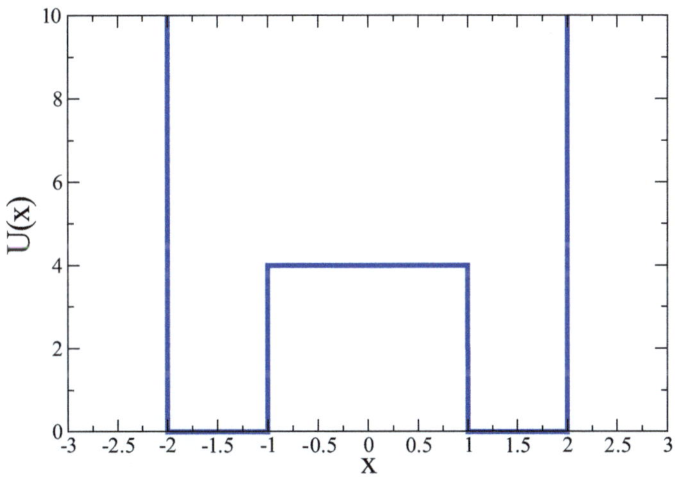

Figura 6.6 Potenziale a doppia buca quadrata $U(x)$ con $a = 1$, $b = 2$, e $U_0 = 4$

per $a < x < b$ (regione classicamente permessa), e imponendo condizioni di corrispondenza e normalizzazione troviamo

$$A = \frac{D}{2}\left(1 - i\sqrt{\frac{V_0 - E}{E}}\right) e^{\frac{a}{\hbar}\sqrt{2m(V_0-E)} - \frac{a}{\hbar}\sqrt{E}} , \tag{6.102}$$

$$B = \frac{D}{2}\left(1 + i\sqrt{\frac{V_0 - E}{E}}\right) e^{\frac{a}{\hbar}\sqrt{2m(V_0-E)} + \frac{a}{\hbar}\sqrt{E}} , \tag{6.103}$$

e

$$D^2 = \frac{2E}{V_0(b-a)} e^{-\frac{2a}{\hbar}\sqrt{2m(V_0-E)}} . \tag{6.104}$$

Infine, otteniamo

$$\Delta E \simeq \frac{4\hbar E\sqrt{2m(V_0 - E)}}{m V_0(b-a)} e^{-\frac{2a}{\hbar}\sqrt{2m(V_0-E)}} , \tag{6.105}$$

che è la separazione energetica per il potenziale a doppia buca quadrata.

Il risultato che abbiamo trovato è abbastanza generale. La formula analitica per la separazione energetica può essere formalmente scritta come

$$\Delta E = \mathcal{A}\, e^{-S/\hbar} , \tag{6.106}$$

dove $\mathcal{A}$ è l'ampiezza del tunneling e S è l' azione di tunneling, che è l'azione classica

$$S = \int_{-a}^{a} p\, dx = \int_{-a}^{a} \sqrt{2m(V_0 - E)}\, dx = 2a\sqrt{2m(V_0 - E)} \tag{6.107}$$

all'interno della regione classicamente proibita $|x| < a$. Concludendo, la separazione dei livelli energetici nel potenziale a doppia buca è strettamente correlato al tunneling quantistico, cioè al fatto che una particella quantistica può attraversare la barriera energetica.

6.5 Metodo WKB

Il problema del tunneling quantistico, e anche la determinazione dei livelli energetici quantizzati, può essere affrontato utilizzando il cosiddetto metodo WKB, sviluppato nel 1926 da Gregor Wentzel, Hendrik Anthony Kramers, e Leon Brillouin.

Consideriamo il problema di Schrödinger unidimensionale

$$\left[-\frac{\hbar^2}{2m}\frac{d^2}{dx^2} + U(x)\right]\phi(x) = E\,\phi(x) . \tag{6.108}$$

Il metodo WKB si basa sull'osservazione che la funzione d'onda $\phi(x)$ può essere formalmente scritta come

$$\phi(x) = A\, e^{\frac{i}{\hbar}\sigma(x)} , \tag{6.109}$$

dove A è una costante di normalizzazione, $i = \sqrt{-1}$ è l'unità immaginaria e la funzione $\sigma(x)$ è una funzione d'azione complessa. Si noti che, essendo complessa, in generale $\sigma(x)$ dà un contributo sia al modulo che alla fase di $\phi(x)$.

Inserendo l'espressione (6.109) nell'equazione di Schrödinger (6.108) si trova che $\sigma(x)$ soddisfa l'equazione differenziale

$$(\sigma'(x))^2 + \frac{\hbar}{i}\sigma''(x) = 2m(E - U(x)) , \tag{6.110}$$

dove $\sigma' = d\sigma/dx$ e $\sigma'' = d^2\sigma/dx^2$. In questa equazione esatta $\hbar$ appare solo di fronte a $\sigma''(x)$. Come vedremo il metodo WKB prende in considerazione, in modo perturbativo, il fatto che di solito la costante di Planck ridotta $\hbar$ è molto più piccola del modulo $|\sigma(x)|$ dell'azione complessa.

6.5.1 Tunneling quantistico

Assumendo che il termine $\hbar\sigma''(x)$ sia piccolo nell'Eq. (6.110), lo trascuriamo ottenendo

$$\sigma'(x) = p(x) \tag{6.111}$$

dove

$$p(x) = \sqrt{2m(E - U(x))} \tag{6.112}$$

è l'impulso lineare. Quindi, abbiamo trovato una notevole formula approssimata che collega l'azione $\sigma(x)$ all'impulso lineare $p(x)$. Questa formula è la cosiddetta approssimazione di ordine zero dell'espansione WKB e implica che

$$\sigma(x) = \int_a^x p(x')\, dx' = \int_a^x \sqrt{2m(E - U(x'))}\, dx' \tag{6.113}$$

con la condizione iniziale $\sigma(a) = 0$. Nell'approssimazione WKB di ordine zero la funzione d'onda è

$$\phi(x) = A\, e^{\frac{i}{\hbar}\int_a^x \sqrt{2m(E-U(x'))}\, dx'} . \tag{6.114}$$

Questa espressione è molto utile per stimare la probabilità di tunneling di una particella in una regione classicamente proibita. Infatti, se $E \leq U(x)$ per $x \in [a, b]$ con a e b i punti di svolta, abbiamo

$$\sqrt{2m(E - U(x))} = i\ \sqrt{2m(U(x) - E)} \tag{6.115}$$

e l'Eq. (6.114) diventa

$$\phi(x) = A\, e^{-\frac{1}{\hbar}\int_a^x \sqrt{2m(U(x')-E)}\, dx'} \tag{6.116}$$

in questa regione classicamente proibita. Ne consegue che la probabilità $P_T = |\phi(b)|^2/|\phi(a)|^2$ di tunneling quantistico è data da

$$P_T = e^{-\frac{2}{\hbar}\int_a^b \sqrt{2m(U(x)-E)}\, dx} \ . \tag{6.117}$$

Questo è un risultato notevole che collega la probabilità di tunneling, che è puramente quantomeccanica, all'azione classica

$$S = \int_a^b \sqrt{2m(U(x) - E)}\, dx \tag{6.118}$$

all'interno della regione classicamente proibita $[a, b]$. Infatti, questo è una generalizzazione di ciò che abbiamo visto nella sezione precedente riguardo al potenziale a doppia buca quadrata.

6.5.2 Spettro di energia

In generale, l'unicità della funzione d'onda $\phi(x)$ data dall'Eq. (6.109) implica che la sua fase $\sigma(x)/\hbar$ soddisfa l'equazione

$$\frac{1}{\hbar}\oint d\sigma = 2\pi\, n\ , \tag{6.119}$$

dove n è un numero quantico naturale. Nella nostra approssimazione di ordine zero abbiamo

$$\frac{1}{\hbar}\oint d\sigma = \frac{1}{\hbar}\oint \sigma'(x)\, dx = \frac{1}{\hbar}\oint p(x)\, dx\ . \tag{6.120}$$

Quindi, l'ordine zero dell'espansione WKB rispetto a $\hbar$ dà

$$\oint p(x)\, dx = 2\int_a^b \sqrt{2m(E - U(x))}\, dx = h\, n\ , \tag{6.121}$$

che non è altro che la regola di quantizzazione di Bohr-Sommerfeld-Wilson della vecchia meccanica quantistica, con $h = 2\pi\hbar$ e assumendo due punti di svolta a e b tali che $U(a) = U(b) = E$.

Consideriamo ora l'espansione completa WKB della fase $\sigma(x)$. È data da

$$\sigma(x) = \sum_{k=0}^{+\infty} \left(\frac{\hbar}{i}\right)^k \sigma_k(x) \ . \tag{6.122}$$

Sostituendo (6.122) in (6.110) e confrontando potenze simili di $\hbar$ si ottiene la relazione di ricorsione ($n > 0$)

$$\sigma''_{n-1}(x) + \sum_{k=0}^{n} \sigma'_k(x)\, \sigma'_{n-k}(x) = 0 \tag{6.123}$$

con condizione iniziale

$$\sigma'_0(x) = \sqrt{2m(E - U(x))} = p(x) \ , \tag{6.124}$$

come previsto (vedi Eq. (6.111)). Per $n = 1$ si ottiene

$$\sigma''_0 + 2\sigma'_0\, \sigma'_1 = 0, \tag{6.125}$$

cioè

$$\sigma'_1(x) = -\frac{1}{2}\frac{\sigma''_0(x)}{\sigma'_0(x)} = -\frac{1}{2}\frac{d}{dx}\big(\ln \sigma'_0(x)\big) = -\frac{1}{2}\frac{d}{dx}(\ln p(x)) \ . \tag{6.126}$$

Come discusso in precedenza, la condizione di quantizzazione si ottiene richiedendo l'unicità della funzione d'onda:

$$\oint d\sigma = \sum_{k=0}^{+\infty} \left(\frac{\hbar}{i}\right)^k \oint d\sigma_k = 2\pi\hbar\, n \ . \tag{6.127}$$

Il contributo di ordine zero è esattamente dato dall'Eq. (6.121). Invece, il primo termine dispari si riferisce all'Eq. (6.126), da cui

$$d\sigma_1 = -\frac{1}{2} d\,(\ln p(x)) \ . \tag{6.128}$$

Inoltre, impostando $p(x) = e^{i\alpha(x)}$ si trova $\ln(p(x)) = i\alpha(x)$ e anche

$$\oint d\,(\ln p(x)) = i \oint d\alpha(x) = i \int_0^{2\pi} d\alpha = 2\pi i \ . \tag{6.129}$$

In questo modo, otteniamo la cosiddetta correzione di Maslov

$$\left(\frac{\hbar}{i}\right)\oint d\sigma_1 = -\left(\frac{\hbar}{i}\right)\frac{1}{2}\oint d(\ln p(x)) = -\pi\hbar = -\frac{h}{2}\,. \tag{6.130}$$

Concludiamo che, al primo ordine nell'espansione WKB di $\hbar$, si ottiene

$$\oint p(x)\,dx = h\left(n+\frac{1}{2}\right), \tag{6.131}$$

ovvero

$$2\int_a^b \sqrt{2m(E-U(x))}\,dx = h\left(n+\frac{1}{2}\right), \tag{6.132}$$

nel caso di due punti di svolta.

In generale ci sono piccole (rispetto a $\hbar$) correzioni all'Eq. (6.132). Tuttavia, in alcuni casi queste correzioni sono esattamente zero. Ad esempio, nel caso dell'oscillatore armonico

$$U(x) = \frac{1}{2}m\omega^2x^2\,, \tag{6.133}$$

abbiamo

$$\begin{aligned}\oint p(x)\,dx &= 2\int_{-a}^{a}\sqrt{2m(E-\frac{1}{2}m\omega^2x^2)}\,dx\\ &= 2\sqrt{2mE}\;a\;\frac{\pi}{2} = \pi\sqrt{2mE}\sqrt{\frac{2E}{m\omega^2}} = 2\pi\frac{E}{\omega}\end{aligned} \tag{6.134}$$

con $-a$ e $a=\sqrt{2E/(m\omega^2)}$ i due punti di svolta per i quali $E=U(\pm a)$. Dall'Eq. (6.131) otteniamo quindi

$$2\pi\frac{E}{\omega} = h\left(n+\frac{1}{2}\right) \tag{6.135}$$

ovvero

$$E = \frac{h}{2\pi}\omega\left(n+\frac{1}{2}\right) \tag{6.136}$$

che è la formula esatta di quantizzazione dell'oscillatore armonico, ricordando che $\hbar = h/(2\pi)$.

Analizziamo i piccoli termini di correzione WKB dell'Eq. (6.131). Sorprendentemente, tutti gli altri termini dispari si annullano quando vengono integrati lungo il contorno chiuso perché sono differenziali esatti. Quindi la condizione di quantizzazione (6.127) può essere scritta

$$\sum_{k=0}^{+\infty} \left(\frac{\hbar}{i}\right)^{2k} \oint d\sigma_{2k} = h\left(n + \frac{1}{2}\right) , \qquad (6.137)$$

quindi una somma solo su termini pari. Solo per fare un esempio concreto, è possibile dimostrare che

$$\left(\frac{\hbar}{i}\right)^{2} \oint d\sigma_{2} = -\frac{\hbar^2}{12}\frac{\partial^2}{\partial E^2}\int \frac{U'(x)^2}{\sqrt{2m(E-U(x))}}\, dx \, . \qquad (6.138)$$

Le correzioni di ordine superiore aumentano rapidamente in complessità ma in casi specifici possono essere calcolate. Per alcuni potenziali speciali $U(x)$ si determinano analiticamente tutti gli ordini dell'espansione WKB, mostrando che la serie è convergente e dà precisamente il risultato esatto.

6.6 Potenziale separabile tridimensionale

L'equazione di Schrödinger stazionaria per una particella in movimento in tre dimensioni è data da

$$\hat{H}\, \phi(x, y, z) = E\, \phi(x, y, z) , \qquad (6.139)$$

dove

$$\hat{H} = -\frac{\hbar^2}{2m}\left(\frac{\partial^2}{\partial x^2} + \frac{\partial^2}{\partial y^2} + \frac{\partial^2}{\partial z^2}\right) + U(x, y, z) \qquad (6.140)$$

è l'operatore hamiltoniano di questo problema tridimensionale (3D).

Assumiamo che il potenziale esterno $U(x, y, z)$ sia separabile, cioè di tipo

$$U(x, y, z) = U^{(1)}(x) + U^{(2)}(y) + U^{(3)}(z) , \qquad (6.141)$$

dove $U^{(1)}(x)$ è un potenziale che agisce solo sulla coordinata x, $U^{(2)}(y)$ è un potenziale che agisce solo sulla coordinata y, e $U^{(3)}(z)$ è un potenziale che agisce solo sulla coordinata z. Il problema in esame è descritto dall'equazione di Schrödinger stazionaria

$$-\frac{\hbar^2}{2m}\left(\frac{\partial^2}{\partial x^2} + \frac{\partial^2}{\partial y^2} + \frac{\partial^2}{\partial z^2}\right)\phi(x, y, z) + \left(U^{(1)}(x) + U^{(2)}(y) + U^{(3)}(z)\right)\phi(x, y, z) \\ = E\, \phi(x, y, z) . \qquad (6.142)$$

Il fatto che il potenziale sia separabile ci suggerisce la seguente fattorizzazione per la funzione d'onda

$$\phi(x,y,z) = \phi^{(1)}(x)\,\phi^{(2)}(y)\,\phi^{(3)}(z)\,, \tag{6.143}$$

dove $\phi^{(1)}(x)$ è una funzione della sola coordinata x, $\phi^{(2)}(y)$ è una funzione della sola coordinata y, e $\phi^{(3)}(z)$ è una funzione della sola coordinata z. Assumiamo anche che

$$E = E^{(1)} + E^{(2)} + E^{(3)}\,, \tag{6.144}$$

dove $E^{(1)}$ è l'energia del moto lungo la coordinata x, $E^{(2)}$ è l'energia del moto lungo la coordinata y, e $E^{(3)}$ è l'energia del moto lungo la coordinata z. L'equazione di Schrödinger diventa

$$\begin{aligned}
&\phi^{(2)}(y)\,\phi^{(3)}(z)\left(-\frac{\hbar^2}{2m}\frac{\partial^2}{\partial x^2} + U^{(1)}(x) - E^{(1)}\right)\phi^{(1)}(x)\\
&+\phi^{(1)}(x)\,\phi^{(3)}(z)\left(-\frac{\hbar^2}{2m}\frac{\partial^2}{\partial y^2} + U^{(2)}(y) - E^{(2)}\right)\phi^{(2)}(y)\\
&+\phi^{(1)}(x)\,\phi^{(2)}(y)\left(-\frac{\hbar^2}{2m}\frac{\partial^2}{\partial z^2} + U^{(3)}(z) - E^{(3)}\right)\phi^{(3)}(z) = 0\,.
\end{aligned} \tag{6.145}$$

Dividendo per $\phi^{(1)}(x)\,\phi^{(2)}(y)\,\phi^{(3)}(z)$ otteniamo

$$\begin{aligned}
&\frac{1}{\phi^{(1)}(x)}\left(-\frac{\hbar^2}{2m}\frac{\partial^2}{\partial x^2} + U^{(1)}(x) - E^{(1)}\right)\phi^{(1)}(x)\\
&+\frac{1}{\phi^{(2)}(y)}\left(-\frac{\hbar^2}{2m}\frac{\partial^2}{\partial y^2} + U^{(2)}(y) - E^{(2)}\right)\phi^{(2)}(y)\\
&+\frac{1}{\phi^{(3)}(z)}\left(-\frac{\hbar^2}{2m}\frac{\partial^2}{\partial z^2} + U^{(3)}(z) - E^{(3)}\right)\phi^{(3)}(z) = 0\,.
\end{aligned} \tag{6.146}$$

Quindi abbiamo la somma di tre termini: uno che dipende solo dalla variabile x, uno che dipende solo dalla variabile y, uno che dipende solo dalla variabile z. E la somma deve essere uguale a zero. Per coerenza matematica, ciascuno dei tre termini deve essere uguale a zero. Quindi, si trovano tre equazioni di Schrödinger indipendenti:

$$\begin{aligned}
&\left(-\frac{\hbar^2}{2m}\frac{\partial^2}{\partial x^2} + U^{(1)}(x)\right)\phi^{(1)}(x) = E^{(1)}\,\phi^{(1)}(x)\,,\\
&\left(-\frac{\hbar^2}{2m}\frac{\partial^2}{\partial y^2} + U^{(2)}(y)\right)\phi^{(2)}(y) = E^{(2)}\,\phi^{(2)}(y)\,,\\
&\left(-\frac{\hbar^2}{2m}\frac{\partial^2}{\partial z^2} + U^{(3)}(z)\right)\phi^{(3)}(z) = E^{(3)}\,\phi^{(3)}(z)\,.
\end{aligned} \tag{6.147}$$

Si conclude che, se il potenziale è separabile il problema 3D può essere ridotto a tre problemi 1D.

6.6.1 Potenziale armonico tridimensionale

Come esempio, consideriamo una particella quantistica sotto l'azione del potenziale armonico tridimensionale

$$U(x, y, z) = \frac{1}{2}m\omega_1^2 x^2 + \frac{1}{2}m\omega_2^2 y^2 + \frac{1}{2}m\omega_3^2 z^2 . \tag{6.148}$$

Il potenziale è separabile, infatti

$$U(x, y, z) = U^{(1)}(x) + U^{(2)}(y) + U^{(3)}(z) , \tag{6.149}$$

dove

$$U^{(1)}(x) = \frac{1}{2}m\omega_1^2 x^2 \tag{6.150}$$

$$U^{(2)}(y) = \frac{1}{2}m\omega_2^2 y^2 \tag{6.151}$$

$$U^{(3)}(z) = \frac{1}{2}m\omega_3^2 z^2 . \tag{6.152}$$

Sulla base di quanto discusso sopra, il problema 3D è ridotto a tre problemi indipendenti di una particella in un potenziale armonico:

$$\left(-\frac{\hbar^2}{2m}\nabla^2 + \frac{1}{2}m\omega_1^2 x^2 + \frac{1}{2}m\omega_2^2 y^2 + \frac{1}{2}m\omega_3^2 z^2\right)\phi_{n_1n_2n_3}(\mathbf{r}) = E_{n_1n_2n_3}\phi_{n_1n_2n_3}(\mathbf{r}) , \tag{6.153}$$

dove

$$\phi_{n_1n_2n_3}(\mathbf{r}) = \phi_{n_1}^{(1)}(x)\,\phi_{n_2}^{(2)}(y)\,\phi_{n_3}^{(3)}(z) \tag{6.154}$$

e

$$E_{n_1n_2n_3} = \hbar\omega_1(n_1 + \frac{1}{2}) + \hbar\omega_2(n_2 + \frac{1}{2}) + \hbar\omega_3(n_3 + \frac{1}{2}) \tag{6.155}$$

ricordando la formula di quantizzazione dei livelli energetici dell'oscillatore armonico 1D. Qui n_1, n_2, n_3 sono tre numeri naturali: i tre numeri quantici che caratterizzano i livelli energetici.

Nel caso particolare $\omega_1 = \omega_2 = \omega_3$, indicando con ω le tre frequenze uguali, abbiamo

$$\left(-\frac{\hbar^2}{2m}\nabla^2 + \frac{1}{2}m\omega^2(x^2 + y^2 + z^2)\right)\phi_{n_1n_2n_3}(\mathbf{r}) = E_{n_1n_2n_3}\phi_{n_1n_2n_3}(\mathbf{r}) , \tag{6.156}$$

dove

$$\phi_{n_1 n_2 n_3}(\mathbf{r}) = \phi_{n_1}^{(1)}(x)\,\phi_{n_2}^{(2)}(y)\,\phi_{n_3}^{(3)}(z) \tag{6.157}$$

e

$$E_{n_1 n_2 n_3} = \hbar\omega(n_1 + n_2 + n_3 + \frac{3}{2})\,. \tag{6.158}$$

Lo stato fondamentale ha energia $E_{000} = 3\hbar\omega/2$, mentre il primo stato eccitato ha energia $E_{100} = E_{010} = E_{001} = 5\hbar\omega/2$. Il primo stato eccitato risulta essere degenerato: ci sono tre funzioni d'onda indipendenti che producono la stessa energia.

Ulteriori letture

I problemi risolvibili della meccanica quantistica sono discussi in dettaglio qui:

C. Cohen-Tannoudji, B. Diu, e F. Laloe, Quantum Mechanics: Basic Concepts, Tools, and Applications (Wiley, 2019).

E.M. Lifshitz e L.P. Pitaevskii, Fisica teorica vol. 4: Teoria quantistica relativistica (Editori riuniti, 1978).

J.J. Sakurai e J. Napolitano, Meccanica quantistica moderna (Zanichelli, 2021).

Un articolo storico estremamente importante sugli operatori di creazione e annichilazione e l'operatore numero è:

P.A.M. Dirac, Proceedings Royal Society of London A **114**, 243 (1927).

Il metodo WKB a tutti gli ordini dell'espansione di $\hbar$ è discusso in:

M. Robnik e L. Salasnich, Journal of Physics A **30**, 1711 (1997).

Capitolo 7
Argomenti formali

In questo capitolo discutiamo la meccanica matriciale di Born, Jordan, e Heisenberg, e poi analizziamo gli assiomi fondamentali della meccanica quantistica, che sono stati formulati nei libri seminali di Dirac e von Neumann. Nell'ultima parte, consideriamo la teoria della perturbazione quantistica sia per i casi indipendenti dal tempo che dipendenti dal tempo, e anche il principio variazionale.

7.1 Meccanica matriciale e regole di commutazione

Nel 1925, cioè un anno prima della scoperta dell'equazione di Schrödinger, Max Born, Pasqual Jordan e Werner Heisenberg introdussero la meccanica matriciale. Questa fu la prima completa (nel limite non relativistico) e versione coerente della meccanica quantistica e estese il modello atomico di Bohr, giustificando dal punto di vista teorico l'esistenza dei salti quantici. Questo risultato fu ottenuto descrivendo gli osservabili fisici e la loro evoluzione temporale attraverso l'uso delle matrici. L'idea della meccanica matriciale è di eliminare il concetto di traiettoria classica della particella elementare. Heisenberg scrisse: "Tutti i miei sforzi sono diretti verso la scomparsa e la sostituzione del concetto di traiettoria orbitale che non si può osservare". È possibile dimostrare che la meccanica delle matrici di Heisenberg-Born-Jordan è equivalente alla *meccanica ondulatoria* di Erwin Schrödinger, che la seguì di circa sei mesi. La meccanica ondulatoria è più intuitiva e matematicamente più semplice della meccanica matriciale.

Secondo la meccanica matriciale la posizione **r** e la quantità di moto **p** di una particella elementare non sono vettori composti da numeri, ma invece vettori composti da matrici di dimensione infinita (operatori) che soddisfano regole di commutazione, cioè

$$\hat{\mathbf{r}} = (\hat{x}_1, \hat{x}_2, \hat{x}_3)\,, \qquad \hat{\mathbf{p}} = (\hat{p}_1, \hat{p}_2, \hat{p}_3)\,, \tag{7.1}$$

L. Salasnich, F. Lorenzi, *Introduzione alla fisica moderna*,
https://doi.org/10.1007/978-3-032-17303-4_7

tali che

$$[\hat{x}_j, \hat{p}_k] = i\hbar\,\delta_{jk}\,, \tag{7.2}$$

dove il simbolo del cappello è introdotto per denotare gli operatori,

$$[\hat{A}, \hat{B}] = \hat{A}\hat{B} - \hat{B}\hat{A} \tag{7.3}$$

è il cosiddetto commutatore di operatori generici $\hat{A}$ e $\hat{B}$, e δ_{jk} è il delta di Kronecker ($\delta_{jk} = 1$ se $j = k$ e $\delta_{jk} = 0$ se $j \neq k$). Come al solito, $i = \sqrt{-1}$ è l'unità immaginaria. In generale, queste matrici di dimensione infinita (operatori) agiscono su vettori di dimensione infinita (funzioni d'onda) che caratterizzano i possibili "stati quantici" del sistema.

Utilizzando la loro teoria Born, Jordan e Heisenberg furono in grado di ottenere lo spettro energetico dell'atomo di idrogeno e anche di calcolare le probabilità di transizione tra due livelli energetici. Poco dopo, Schrödinger si rese conto che la meccanica matriciale è equivalente alla sua formulazione ondulatoria nella *rappresentazione delle coordinate* introducendo le regole di quantizzazione

$$\hat{\mathbf{r}} = \mathbf{r}\,, \qquad \hat{\mathbf{p}} = -i\hbar\nabla\,. \tag{7.4}$$

Ad esempio, data una funzione generica $f(x_j)$ si trova immediatamente la regola di commutazione

$$\begin{aligned}
\big(\hat{x}_j\,\hat{p}_j - \hat{p}_j\,\hat{x}_j\big) f(x_j) &= -i\hbar\, x_j\, \frac{\partial}{\partial x_j} f(x_j) + i\hbar\, \frac{\partial}{\partial x_j}\big(x_j\, f(x_j)\big) \\
&= -i\hbar\, x_j\, \frac{\partial}{\partial x_j} f(x_j) + i\hbar\, f(x_j) + i\hbar\, x_j\, \frac{\partial}{\partial x_j} f(x_j) \\
&= i\hbar\, f(x_j)\,.
\end{aligned} \tag{7.5}$$

Inoltre, partendo dall'Hamiltoniana classica

$$H = \frac{p^2}{2m} + U(\mathbf{r})\,, \tag{7.6}$$

le regole di quantizzazione danno immediatamente l'operatore Hamiltoniano quantico nella rappresentazione delle coordinate

$$\hat{H} = -\frac{\hbar^2}{2m}\nabla^2 + U(\mathbf{r}) \tag{7.7}$$

da cui si può scrivere l'equazione di Schrödinger dipendente dal tempo come

$$i\hbar\frac{\partial}{\partial t}\psi(\mathbf{r}, t) = \hat{H}\psi(\mathbf{r}, t)\,. \tag{7.8}$$

7.1.1 Rappresentazione della quantità di moto

In realtà, si può anche lavorare nella cosiddetta *rappresentazione della quantità di moto*, introducendo le alternative regole di quantizzazione

$$\hat{\mathbf{r}} = i\hbar\nabla_{\mathbf{p}}, \qquad \hat{\mathbf{p}} = \mathbf{p}, \tag{7.9}$$

con $\nabla_{\mathbf{p}} = (\frac{\partial}{\partial p_1}, \frac{\partial}{\partial p_2}, \frac{\partial}{\partial p_3})$. Ad esempio, data una funzione generica $f(p_j)$ si trova immediatamente la regola di commutazione

$$\begin{aligned}(\hat{x}_j\,\hat{p}_j - \hat{p}_j\,\hat{x}_j)f(p_j) &= i\hbar\,\frac{\partial}{\partial p_j}\left(p_j\,f(p_j)\right) - i\hbar\,p_j\,\frac{\partial}{\partial p_j}f(p_j) \\ &= i\hbar\,f(p_j) + i\hbar\,\frac{\partial}{\partial p_j}\,f(p_j) - i\hbar\,p_j\,\frac{\partial}{\partial p_j}f(p_j) \\ &= i\hbar\,f(p_j)\,. \end{aligned} \tag{7.10}$$

Inoltre, partendo dall'Hamiltoniana classica

$$H = \frac{p^2}{2m} + U(\mathbf{r}), \tag{7.11}$$

le regole di quantizzazione nella rappresentazione della quantità di moto danno immediatamente l'operatore Hamiltoniano quantico nella rappresentazione della quantità di moto

$$\hat{H} = \frac{p^2}{2m} + U(i\hbar\nabla_{\mathbf{p}}) \tag{7.12}$$

da cui si può scrivere l'equazione di Schrödinger dipendente dal tempo

$$i\hbar\frac{\partial}{\partial t}\psi(\mathbf{p},t) = \hat{H}\,\psi(\mathbf{p},t), \tag{7.13}$$

per la funzione d'onda $\psi(\mathbf{p},t) = \psi(p_1, p_2, p_3, t)$.

7.2 Operatore di evoluzione temporale

Un operatore cruciale nella meccanica quantistica è l'*operatore di evoluzione temporale*, definito come

$$\hat{U}(t) = e^{-\frac{i}{\hbar}\hat{H}t} = \exp\left(-i\hat{H}t/\hbar\right) = \sum_{n=0}^{+\infty}\frac{1}{n!}\left(-\frac{i}{\hbar}\hat{H}t\right)^n, \tag{7.14}$$

con $\hat{H}$ dato dall'Eq. (7.7). Sorprendentemente, l'equazione

$$\psi(\mathbf{r},t) = \hat{U}(t)\,\psi(\mathbf{r},0) \tag{7.15}$$

è equivalente all'Eq. (7.8). Infatti, eseguendo la derivata temporale nell'Eq. (7.15) otteniamo

$$\begin{aligned}\frac{\partial}{\partial t}\psi(\mathbf{r},t) &= \frac{\partial}{\partial t}\Big(\hat{U}(t)\,\psi(\mathbf{r},0)\Big) = \left(\frac{\partial}{\partial t}\exp(-i\hat{H}t/\hbar)\right)\psi(\mathbf{r},0) \\ &= -\frac{i}{\hbar}\,\hat{H}\,\exp(-i\hat{H}t/\hbar)\,\psi(\mathbf{r},0) = -\frac{i}{\hbar}\,\hat{H}\,\psi(\mathbf{r},t)\,. \end{aligned} \tag{7.16}$$

Entrambe le Eq. (7.8) e (7.15) descrivono l'evoluzione temporale della funzione d'onda $\psi(\mathbf{r},t)$. Chiaramente $\hat{U}(0) = \hat{I}$ con $\hat{I}$ l'operatore identità. Inoltre, è facile mostrare che

$$\hat{U}(t) = e^{+\frac{i}{\hbar}\hat{H}t}\,, \tag{7.17}$$

tenendo conto che $\hat{H}^+ = \hat{H}$ mentre $(i\hat{I})^+ = -i\hat{I}$. Ne consegue che $\hat{U}^{-1}(t) = \hat{U}^+(t)$, che è la proprietà definitoria di un operatore unitario.

7.3 Assiomi della meccanica quantistica

La formulazione assiomatica della meccanica quantistica è stata impostata da Paul Maurice Dirac nel 1930 e da John von Neumann nel 1932. Gli assiomi di base sono i seguenti:

Assioma 1 Lo "stato" di un sistema quantistico è descritto da un vettore $|\psi\rangle$ appartenente a uno spazio di Hilbert complesso $\mathcal{H}$. Questo stato è solitamente chiamato "ket ψ".

Uno spazio di Hilbert complesso $\mathcal{H}$ è uno spazio vettoriale, che può essere di dimensione finita o infinita, dotato del prodotto scalare complesso (chiamato anche prodotto interno) $\langle\psi|\psi'\rangle$ tra qualsiasi coppia di stati $|\psi\rangle, |\psi'\rangle \in \mathcal{H}$. La norma, o modulo, di un vettore generico $|\psi\rangle \in \mathcal{H}$ è definita come

$$\|\psi\| = \sqrt{\langle\psi|\psi\rangle}\,, \tag{7.18}$$

e solitamente $|\psi\rangle$ è normalizzato a uno, cioè $\|\psi\| = 1$. Il simbolo $\langle\psi|$ che appare nella definizione della norma è chiamato "bra ψ" e può essere interpretato come la funzione $\langle\psi| : \mathcal{H} \to \mathbb{C}$. Per ogni $|\psi'\rangle \in \mathcal{H}$ questa funzione fornisce un numero complesso $\langle\psi|\psi'\rangle$ ottenuto come prodotto scalare di $|\psi\rangle$ e $|\psi'\rangle$. In uno spazio di

Hilbert complesso $\mathcal{H}$ esiste un insieme di vettori di base $|u_j\rangle$ che sono ortonormali, cioè $\langle u_j|u_k\rangle = \delta_{j,k}$, e tali che

$$|\psi\rangle = \sum_j c_j |u_j\rangle \tag{7.19}$$

per ogni $|\psi\rangle \in \mathcal{H}$, dove i coefficienti c_j appartengono a $\mathbb{C}$. Qui l'indice j potrebbe essere una variabile discreta o continua (o un insieme di variabili).

Assioma 2 Ogni osservabile (quantità misurabile) di un sistema quantistico è descritta da un operatore lineare autoaggiunto $\hat{F}$ che agisce sullo spazio di Hilbert dei vettori di stato. In particolare, per la meccanica quantistica a singola particella, dato un osservabile classico $F(\mathbf{r}, \mathbf{p})$ che dipende dal vettore di posizione $\mathbf{r}$ e dalla quantità di moto $\mathbf{p}$ della particella, l'operatore quantistico corrispondente $\hat{F}$ è dato da

$$\hat{F} = F(\hat{\mathbf{r}}, \hat{\mathbf{p}}) \ , \tag{7.20}$$

dove l'operatore del vettore di posizione $\hat{\mathbf{r}} = (\hat{x}_1, \hat{x}_2, \hat{x}_3)$ e l'operatore della quantità di moto $\hat{\mathbf{p}} = (\hat{p}_1, \hat{p}_2, \hat{p}_3)$ soddisfano le regole di commutazione

$$[\hat{x}_j, \hat{p}_k] = i\hbar\, \delta_{jk} \qquad \text{e} \qquad [\hat{x}_j, \hat{x}_k] = [\hat{p}_j, \hat{p}_k] = 0 \ . \tag{7.21}$$

Per ogni osservabile classico F esiste un corrispondente osservabile quantistico $\hat{F} : \mathcal{H} \to \mathcal{H}$, che può essere una matrice di dimensione finita o infinita. Autoaggiunto (o hermitiano) significa che $\hat{F}^+ = \hat{F}$, dove $\hat{F}^+$ è l'aggiunto dell'operatore $\hat{F}$, cioè $\hat{F}^+ = (\hat{F}^*)^T$ dove * significa il coniugato complesso e ^{T} significa la trasposta della matrice.

Assioma 3 I possibili valori misurabili di un osservabile $\hat{F}$ sono i suoi autovalori f, tali che

$$\hat{F}|f\rangle = f\,|f\rangle \tag{7.22}$$

con $|f\rangle$ l'autostato corrispondente.

L'osservabile $\hat{F}$ ammette la risoluzione spettrale

$$\hat{F} = \sum_j f_j\, |f_j\rangle\langle f_j|\,, \tag{7.23}$$

dove $\{|f_j\rangle\}$ è l'insieme degli autostati ortonormali di $\hat{F}$, con $\langle f_j|$ il "bra" associato al "ket" $|f_j\rangle$. È abbastanza semplice dimostrare la risoluzione spettrale di $\hat{F}$. Infatti, dato un autostato $|f_k\rangle$ di $\hat{F}$ dalla formula sopra, si trova immediatamente

$$\begin{aligned}\hat{F}|f_k\rangle &= \Big(\sum_j f_j\,|f_j\rangle\langle f_j|\Big)|f_k\rangle \\ &= \sum_j f_j\,|f_j\rangle\langle f_j|f_k\rangle = \sum_j f_j\,|f_k\rangle\,\delta_{j,k} = f_k|f_k\rangle\,.\end{aligned} \tag{7.24}$$

Questa risoluzione spettrale è molto utile nelle applicazioni, così come la risoluzione spettrale dell'identità

$$\hat{I} = \sum_j |u_j\rangle\langle u_j|\,, \tag{7.25}$$

dove $\{|u_j\rangle\}$ è un qualsiasi insieme di stati base ortonormali dello spazio di Hilbert. Anche la risoluzione spettrale dell'identità può essere facilmente dimostrata. Infatti, dato uno stato quantistico generico $|\psi\rangle$, può essere scritto come segue $|\psi\rangle = \sum_k c_k|u_k\rangle$. Quindi, si ottiene

$$\begin{aligned}\hat{I}|\psi\rangle &= \Big(\sum_j |u_j\rangle\langle u_j|\Big)\Big(\sum_k c_k|u_k\rangle\Big) \\ &= \sum_j\sum_k c_k|u_j\rangle\langle u_j|u_k\rangle = \sum_j\sum_k c_k|u_j\rangle\,\delta_{j,k} = |\psi\rangle\,.\end{aligned} \tag{7.26}$$

Sottolineiamo che l'oggetto matematico $|\chi\rangle\langle\chi|$, solitamente chiamato "ketbra χ" è un operatore di proiezione. È l'operatore $|\chi\rangle\langle\chi| : \mathcal{H} \to \mathcal{H}$ che proietta uno stato quantistico generico $|\psi\rangle$ nello stato quantistico $|\chi\rangle\langle\chi|\psi\rangle = \langle\chi|\psi\rangle|\chi\rangle$.

Assioma 4 La probabilità $\mathcal{P}$ di trovare lo stato $|\psi\rangle$ nello stato $|f_j\rangle$ è data da

$$\mathcal{P} = |\langle f_j|\psi\rangle|^2\,, \tag{7.27}$$

dove l'ampiezza di probabilità complessa $\langle f_j|\psi\rangle$ denota il prodotto scalare dei due vettori. Questa probabilità $\mathcal{P}$ è anche la probabilità di misurare il valore f_j dell'osservabile $\hat{F}$ quando il sistema è nello stato quantistico $|\psi\rangle$.

Ricorda che nell'Assioma 4 sia $|\psi\rangle$ che $|f_j\rangle$ devono essere normalizzati a uno. Chiaramente, dall'Assioma 1 e dall'Assioma 4 abbiamo $|\psi\rangle = \sum_j w_j|f_j\rangle$, dove $w_j = \langle f_j|\psi\rangle$. Notiamo che il *collasso della funzione d'onda* si verifica quando, dopo un'osservazione (misurazione), lo stato quantistico $|\psi\rangle$ collassa in uno dei suoi stati base. Inoltre, dall'Assioma 4 segue che la funzione d'onda $\psi(\mathbf{r})$ può essere interpretata come

$$\psi(\mathbf{r}) = \langle\mathbf{r}|\psi\rangle\,, \tag{7.28}$$

cioè l'ampiezza di probabilità di trovare lo stato $|\psi\rangle$ allo stato di posizione $|\mathbf{r}\rangle$, dove lo stato quantistico $|\mathbf{r}\rangle$ è un autostato dell'operatore di posizione $\hat{\mathbf{r}}$. Allo stesso modo, si ottiene

$$\psi^*(\mathbf{r}) = \langle\psi|\mathbf{r}\rangle \,. \tag{7.29}$$

Come discusso nel capitolo precedente, si può anche considerare $\psi(\mathbf{r})$ come il vettore di uno specifico spazio di Hilbert $\mathcal{H}$ che è solitamente denotato come $L^2(\mathbb{R}^3, \mathbb{C})$. Questo è lo spazio di tutte le funzioni $\psi(\mathbf{r}) : \mathbb{R}^3 \to \mathbb{C}$ la cui modulo quadro $|\psi(\mathbf{r})|^2$ è integrabile secondo Lebesgue. In questa interpretazione, il prodotto scalare di $|\psi\rangle$ e $|\phi\rangle$ può essere scritto come

$$\langle\psi|\phi\rangle = \int_{\mathbb{R}^3} \psi^*(\mathbf{r})\phi(\mathbf{r})\, d^3\mathbf{r} \,, \tag{7.30}$$

e la norma $\|\psi\|$ di $|\psi\rangle$ è tale che

$$\|\psi\|^2 = \int_{\mathbb{R}^3} |\psi(\mathbf{r})|^2\, d^3\mathbf{r} \,. \tag{7.31}$$

Sottolineiamo che la risoluzione spettrale dell'identità può anche essere scritta in termini degli autostati $|\mathbf{r}\rangle$ dell'operatore di posizione $\hat{\mathbf{r}}$. In questo caso, abbiamo

$$\hat{I} = \int_{\mathbb{R}^3} |\mathbf{r}\rangle\langle\mathbf{r}|\, d^3\mathbf{r} \,. \tag{7.32}$$

Un altro aspetto rilevante da sottolineare è il legame tra la notazione di Dirac e la trasformata di Fourier. La trasformata di Fourier $\tilde{\psi}(\mathbf{k})$ di $\psi(\mathbf{r})$ è definita come

$$\tilde{\psi}(\mathbf{k}) = \int d^3\mathbf{r}\, \psi(\mathbf{r})\, e^{-i\mathbf{k}\cdot\mathbf{r}} \,. \tag{7.33}$$

Possiamo anche scrivere

$$\tilde{\psi}(\mathbf{p}) = \int d^3\mathbf{r}\, \psi(\mathbf{r})\, e^{-i\mathbf{p}\cdot\mathbf{r}/\hbar} \tag{7.34}$$

usando $\mathbf{p} = \hbar\mathbf{k}$ invece di $\mathbf{k}$. Imponendo che

$$\tilde{\psi}(\mathbf{k}) = \langle\mathbf{k}|\psi\rangle \tag{7.35}$$

e anche

$$\tilde{\psi}(\mathbf{p}) = \langle\mathbf{p}|\psi\rangle \tag{7.36}$$

dalle Eq. (7.28), (7.29), e (7.32) segue che

$$\langle\mathbf{r}|\mathbf{k}\rangle = e^{i\mathbf{k}\cdot\mathbf{r}} \tag{7.37}$$

e

$$\langle\mathbf{r}|\mathbf{p}\rangle = e^{i\mathbf{p}\cdot\mathbf{r}/\hbar} \,. \tag{7.38}$$

Assioma 5 Il valore atteso (valore medio o valore medio) $\langle \hat{F} \rangle_\psi$ dell'osservabile quantistico $\hat{F}$ rispetto allo stato quantistico $|\psi\rangle$ è definito come

$$\langle \hat{F} \rangle_\psi = \langle \psi | \hat{F} | \psi \rangle \, . \tag{7.39}$$

In particolare, dato $\psi(\mathbf{r}) \in L^2(\mathbb{R}^3, \mathbb{C})$ abbiamo

$$\langle \hat{F} \rangle_\psi = \int_{\mathbb{R}^3} \psi^*(\mathbf{r}) \, \hat{F} \, \psi(\mathbf{r}) \, d^3\mathbf{r} \, . \tag{7.40}$$

Assioma 6 L'evoluzione temporale degli stati e degli osservabili di un sistema quantistico con Hamiltoniana $\hat{H}$ è determinata dall'operatore unitario

$$\hat{U}(t) = \exp(-i\hat{H}t/\hbar) \, , \tag{7.41}$$

tale che $|\psi(t)\rangle = \hat{U}(t)|\psi\rangle$ è lo stato evoluto nel tempo $|\psi\rangle$ al tempo t e $\hat{F}(t) = \hat{U}^{-1}(t)\hat{F}\hat{U}(t)$ è l'osservabile evoluto nel tempo $\hat{F}$ al tempo t.

Dall'Assioma 6, semplicemente usando la derivata rispetto al tempo t, si trova immediatamente l'equazione di Schrödinger

$$i\hbar \frac{\partial}{\partial t} |\psi(t)\rangle = \hat{H} |\psi(t)\rangle \tag{7.42}$$

per lo stato $|\psi(t)\rangle$, e l'equazione di Heisenberg

$$i\hbar \frac{\partial}{\partial t} \hat{F}(t) = [\hat{F}(t), \hat{H}] \tag{7.43}$$

per l'osservabile $\hat{F}(t)$. Nella cosiddetta *rappresentazione di Heisenberg*, che è quella della meccanica matriciale, gli stati sono indipendenti dal tempo mentre gli osservabili sono dipendenti dal tempo. Invece, nella cosiddetta *rappresentazione di Schrödinger*, che è quella della meccanica ondulatoria, gli stati sono dipendenti dal tempo mentre gli osservabili sono, di solito, indipendenti dal tempo. Infatti, per semplicità, nell'equazione di Heisenberg dell'osservabile $\hat{F}(t)$ stiamo assumendo che l'osservabile sia indipendente dal tempo nella rappresentazione di Schrödinger, cioè $\hat{F}_S(t) = \hat{F}_S(0)$ dove l'indice S significa "rappresentazione di Schrödinger". È quindi abbastanza intuitivo riconoscere che si può passare dalla rappresentazione di Heisenberg a quella di Schrödinger applicando l'operatore unitario di evoluzione temporale $\hat{U}(t)$. Infine, sottolineiamo che questo osservabile $\hat{F}$ è una *costante di moto* se commuta con l'operatore Hamiltoniano $\hat{H}$.

7.3.1 Teoria della misura

L'assioma 4, sotto le condizioni poste dall'assioma 3, costituisce la base della descrizione del concetto di misura in meccanica quantistica. A differenza del caso della meccanica classica, in meccanica quantistica vi è una distinzione tra gli stati che il sistema fisico può assumere e i valori che possono essere misurati. Nel punto di vista tradizionale, delineato da von Neumann e Dirac, all'acquisizione dell'informazione sul sistema, ovvero l'interazione del sistema con uno strumento di misura, viene fatta corrispondere un'inevitabile modifica dello stato di quest'ultimo in un autostato dell'osservabile che viene misurata, ovvero il *collasso* dello stato quantistico: un cambiamento considerato istantaneo dello stato dalla situazione prima della misura all'autostato corrispondente all'autovalore misurato. Le probabilità di misurare un dato autovalore è quindi interpretata come la probabilità che, una volta effettuata la misura, il sistema collassi nell'autostato corrispondente. Si noti che questa descrizione dinamica crea un'eccezione all'assioma 6, per due ragioni: il cambiamento istantaneo (discontinuo) dello stato, e l'irreversibilità della dinamica tra prima e dopo il momento del collasso. Questo punto di vista tradizionale rappresenta un'utile strumento concettuale per interpretare i risultati di classici esperimenti di meccanica quantistica, tuttavia contiene elementi che possono apparire artificiosi: infatti in un dato sistema fisico non esiste alcuna distinzione netta e a priori tra componenti microscopiche e macroscopiche, e tantomeno tra strumenti di misura e sistemi da osservare. Si può pensare che processi assimilabili a quelli di misura avvengano continuamente, anche al di fuori di ambienti di laboratorio. A seguito delle controversie generate dal punto di vista tradizionale, si è sviluppata una prospettiva più moderna che tratta la procedura di misura in modo più coerente con l'assioma 6. In questo punto di vista, il sistema in osservazione fa parte di un sistema più grande, soggetto all'evoluzione dinamica unitaria. Il risultato dell'interazione tra il sistema in osservazione con il suo complementare, l'ambiente, può assumere il significato di "misura", in quanto le variabili dinamiche dell'ambiente sono influenzate dalla dinamica del sistema in osservazione. Esistono infatti strumenti formali che permettono di calcolare in maniera agevole l'effetto dell'interazione tra due parti di uno stesso sistema quantistico, ed il risultato di questi calcoli è in accordo con la prospettiva tradizionale.

7.4 Principio di indeterminazione di Heisenberg

Il principio di indeterminazione posizione-quantità di moto, introdotto da Werner Heisenberg nel 1927, è un teorema della meccanica quantistica che deriva dalla regola di commutazione (7.2) degli osservabili posizione $\hat{\mathbf{r}} = (\hat{x}_1, \hat{x}_2, \hat{x}_3)$ e quantità di moto $\hat{\mathbf{p}} = (\hat{p}_1, \hat{p}_2, \hat{p}_3)$, come mostrato da Earle Hesse Kennard nel 1927 e da Hermann Weyl nel 1928. Il principio afferma che le deviazioni standard Δx_j e Δp_j soddisfano sempre l'ineguaglianza

$$\Delta x_j \, \Delta p_j \geq \frac{\hbar}{2}, \tag{7.44}$$

dove

$$(\Delta x_j)^2 = \langle\psi|\hat{x}_j^2|\psi\rangle - \langle\psi|\hat{x}_j|\psi\rangle^2 \tag{7.45}$$

e

$$(\Delta p_j)^2 = \langle\psi|\hat{p}_j^2|\psi\rangle - \langle\psi|\hat{p}_j|\psi\rangle^2 , \tag{7.46}$$

con $|\psi\rangle$ uno stato quantistico generico.

In realtà, l'ineguaglianza posizione-quantità di moto (7.44) non è altro che il teorema posizione-vettore d'onda

$$\Delta x_j(t)\, \Delta k_j(t) \geq \frac{1}{2} , \tag{7.47}$$

della trasformata di Fourier spazio-vettore d'onda

$$\tilde{\psi}(\mathbf{k}, t) = \int \psi(\mathbf{r}, t)\, e^{-i\mathbf{k}\cdot\mathbf{r}}\, d^3\mathbf{r} \tag{7.48}$$

della funzione d'onda $\psi(\mathbf{r}, t)$, osservando che $\hat{\mathbf{p}} = \hbar\hat{\mathbf{k}}$ con $\hat{\mathbf{k}} = -i\nabla$ e che

$$(\Delta p_j(t))^2 = \hbar^2\, \Delta k_j(t)^2 , \tag{7.49}$$

dove

$$\begin{aligned}(\Delta k_j(t))^2 &= \langle\psi|\hat{k}_j^2|\psi\rangle - \langle\psi|\hat{k}_j|\psi\rangle^2 \\ &= -\int \psi^*(\mathbf{r}, t)\frac{\partial^2}{\partial x_j^2}\psi(\mathbf{r}, t)\, d^3\mathbf{r} - \left(i\int \psi^*(\mathbf{r}, t)\frac{\partial}{\partial x_j}\psi(\mathbf{r}, t)\, d^3\mathbf{r}\right)^2 \\ &= \int k_j^2\, |\tilde{\psi}(\mathbf{k}, t)|^2\, d^3\mathbf{k} - \left(\int k_j\, |\tilde{\psi}(\mathbf{k}, t)|^2\, d^3\mathbf{k}\right)^2 . \end{aligned} \tag{7.50}$$

Per completezza, osserviamo che, data la trasformata di Fourier tempo-frequenza

$$\tilde{\psi}(\mathbf{r}, \omega) = \int_{-\infty}^{+\infty} \psi(\mathbf{r}, t)\, e^{i\omega t}\, dt \tag{7.51}$$

della funzione d'onda $\psi(\mathbf{r}, t)$ nel dominio della frequenza ω, vale il teorema frequenza-tempo

$$\Delta\omega\, \Delta t \geq \frac{1}{2} , \tag{7.52}$$

dove

$$(\Delta\omega)^2 = \int d^3\mathbf{r} \int_{-\infty}^{\infty} d\omega\, \omega^2\, |\tilde{\psi}(\mathbf{r}, \omega)|^2 - \left(\int d^3\mathbf{r} \int_{-\infty}^{\infty} d\omega\, \omega\, |\tilde{\psi}(\mathbf{r}, \omega)|^2\, d^3\mathbf{r}\, d\omega\right)^2 \tag{7.53}$$

e

$$(\Delta t)^2 = \int d^3\mathbf{r} \int_{-\infty}^{\infty} dt\, t^2\, |\psi(\mathbf{r}, t)|^2 - \left(\int d^3\mathbf{r} \int_{-\infty}^{\infty} dt\, t\, |\psi(\mathbf{r}, t)|^2\right)^2 . \tag{7.54}$$

Impostando $E = \hbar\omega$ troviamo immediatamente che la relazione di incertezza energia-tempo

$$\Delta E \, \Delta t \geq \frac{\hbar}{2} \, . \tag{7.55}$$

Nelle misurazioni simultanee dell'energia di uno stato quantico e della sua durata, l'Eq. (7.55) collega l'incertezza ΔE nella misurazione dell'energia all'incertezza Δt nella misurazione della durata. Infatti, come visto nel Capitolo 4, ΔE è strettamente correlato alla larghezza naturale dello stato quantico. Nell'immagine di Schrödinger, dove il tempo t è identificato come il parametro che entra nell'equazione di Schrödinger, l'incertezza energia-tempo ha un significato. Tuttavia, nell'immagine di Heisenberg la relazione di incertezza energia-tempo è un po' controversa. L'operatore autoaggiunto associato all'energia E è l'Hamiltoniano quantico $\hat{H}$, mentre l'esistenza di un operatore tempo $\hat{t}$ dà origine a problemi tecnici.

7.4.1 Principio di indeterminazione per operatori non commutanti

È importante osservare che esiste una versione più formale del principio di indeterminazione di Heisenberg. Consideriamo due operatori autoaggiunti $\hat{A}$ e $\hat{B}$. Le loro incertezze quadratiche medie sono date da

$$(\Delta A)^2 = \langle \hat{A}^2 \rangle - \langle \hat{A} \rangle^2 \, , \tag{7.56}$$

$$(\Delta B)^2 = \langle \hat{B}^2 \rangle - \langle \hat{B} \rangle^2 \, , \tag{7.57}$$

dove $\langle \hat{A}^2 \rangle = \langle \psi | \hat{A}^2 | \psi \rangle$ e $\langle \hat{A} \rangle^2 = \langle \psi | \hat{A} | \psi \rangle^2$ con $|\psi\rangle$ uno stato quantico scelto. È quindi possibile dimostrare (Howard Percy Robertson, 1929) che

$$\Delta A \, \Delta B \geq \frac{1}{2} |\langle [\hat{A}, \hat{B}] \rangle| \, , \tag{7.58}$$

dove $[\hat{A}, \hat{B}] = \hat{A}\hat{B} - \hat{B}\hat{A}$ è il commutatore. Se $[\hat{A}, \hat{B}] \neq 0$, l'Eq. (7.58) è il principio di indeterminazione per operatori non commutanti. Se $[\hat{A}, \hat{B}] = 0$ i due operatori sono commutanti e l'Eq. (7.58) implica nessuna incertezza, cioè $\Delta A \, \Delta B = 0$. Si noti che, se il commutatore $[\hat{A}, \hat{B}]$ è una costante, il valore di aspettazione in Eq. (7.58) può essere rimosso, e otteniamo l'espressione semplificata

$$\Delta A \, \Delta B \geq \frac{1}{2} |[\hat{A}, \hat{B}]| \, . \tag{7.59}$$

Chiaramente, con due operatori $\hat{x}_j$ e $\hat{p}_j$, tali che $[\hat{x}_j, \hat{p}_j] = i\hbar$, dall'Eq. (7.59) troviamo esattamente l'Eq. (7.44).

Due osservabili quantistiche $\hat{A}$ e $\hat{B}$ sono chiamate *complementari* se non sono commutanti, cioè $[\hat{A}, \hat{B}] \neq 0$. Le osservabili sono invece chiamate *compatibili* se commutano, cioè $[\hat{A}, \hat{B}] = 0$. Piuttosto notevolmente, osservabili complementari non possono avere autostati comuni, mentre osservabili compatibili possono avere autostati comuni.

7.5 Teoria della perturbazioni stazionarie

Consideriamo un sistema quantico descritto dall'Hamiltoniano

$$\hat{H} = \hat{H}_0 + \hat{H}_I \,, \tag{7.60}$$

dove $\hat{H}_0$ è un Hamiltoniano i cui autovalori e autostati sono esattamente noti, mentre $\hat{H}_I$ è semplicemente la differenza tra $\hat{H}$ e $\hat{H}_0$. Un autostato generico $|\phi_{\mathbf{n}}^{(0)}\rangle$ dell' Hamiltoniano $\hat{H}_0$ soddisfa l'equazione di Schrödinger stazionaria

$$\hat{H}_0|\phi_{\mathbf{n}}^{(0)}\rangle = E_{\mathbf{n}}^{(0)}|\phi_{\mathbf{n}}^{(0)}\rangle \,. \tag{7.61}$$

Il nostro obiettivo è risolvere il problema degli autovalori

$$\hat{H}|\phi_{\mathbf{n}}\rangle = E_{\mathbf{n}}|\phi_{\mathbf{n}}\rangle \,, \tag{7.62}$$

in modo perturbativo. Per questo motivo è utile introdurre un parametro $\lambda \in [0, 1]$ utilizzato per tenere traccia dell'ordine della correzione. In particolare, invece dell'Eq. (7.60), consideriamo

$$\hat{H} = \hat{H}_0 + \lambda\, \hat{H}_I \,. \tag{7.63}$$

H_0 è solitamente chiamato Hamiltoniano non perturbato mentre $\lambda\, H_I$ è l'Hamiltoniano perturbante. Chiaramente $\lambda = 0$ significa nessuna perturbazione e $\lambda = 1$ significa perturbazione completa. Alla fine dei calcoli, a un ordine fisso della teoria della perturbazione, si pone $\lambda = 1$. Ovviamente si deve anche verificare che le correzioni ottenute siano piccole rispetto a quelle non perturbate. La procedura perturbativa, che si chiama teoria della perturbazione di Rayleigh-Schrödinger, si basa quindi sulle seguenti espansioni λ per autovalori e autostati:

$$E_{\mathbf{n}} = \sum_{j=0}^{+\infty} \lambda^j\, E_{\mathbf{n}}^{(j)} = E_{\mathbf{n}}^{(0)} + \lambda\, E_{\mathbf{n}}^{(1)} + \lambda^2\, E_{\mathbf{n}}^{(2)} + \ldots \,, \tag{7.64}$$

$$|\phi_{\mathbf{n}}\rangle = \sum_{j=0}^{+\infty} \lambda^j\, |\phi_{\mathbf{n}}^{(j)}\rangle = |\phi_{\mathbf{n}}^{(0)}\rangle + \lambda\, |\phi_{\mathbf{n}}^{(1)}\rangle + \lambda^2\, |\phi_{\mathbf{n}}^{(2)}\rangle + \ldots \,. \tag{7.65}$$

Utilizzando le Eq. (7.63) e (7.65) otteniamo immediatamente

$$\begin{aligned} E_{\mathbf{n}} &= \langle \phi_{\mathbf{n}} | \hat{H} | \phi_{\mathbf{n}} \rangle = \langle \phi_{\mathbf{n}} | \Big(\hat{H}_0 + \lambda \hat{H}_I \Big) | \phi_{\mathbf{n}} \rangle \\ &= E_{\mathbf{n}}^{(0)} + \lambda \, \langle \phi_{\mathbf{n}}^{(0)} | \hat{H} | \phi_{\mathbf{n}}^{(0)} \rangle + \lambda^2 \langle \phi_{\mathbf{n}}^{(1)} | \hat{H}_0 | \phi_{\mathbf{n}}^{(1)} \rangle + \ldots . \end{aligned} \tag{7.66}$$

Di conseguenza, impostando $\lambda = 1$, al primo ordine della teoria delle perturbazioni otteniamo semplicemente

$$E_{\mathbf{n}} = E_{\mathbf{n}}^{(0)} + \langle \phi_{\mathbf{n}}^{(0)} | \hat{H}_I | \phi_{\mathbf{n}}^{(0)} \rangle \, . \tag{7.67}$$

Questo è un risultato molto bello: gli autovalori dell'Hamiltoniano totale si ottengono conoscendo gli autovalori dell'Hamiltoniano non perturbato e il valore medio (valore di aspettazione) dell'Hamiltoniano perturbante rispetto agli stati non perturbati. Quindi, la perturbazione causa un cambiamento dell'energia media di questo stato di $E_{\mathbf{n}}^{(1)} = \langle \phi_{\mathbf{n}}^{(0)} | \hat{H}_I | \phi_{\mathbf{n}}^{(0)} \rangle$. Questo è il cosiddetto risultato del primo ordine della teoria delle perturbazioni non degeneri per i livelli di energia. L'Eq. (7.67) può essere estesa al caso degenerato, dove vari stati non perturbati $|\psi_{\mathbf{n},\alpha}^{(0)}\rangle$ corrispondono allo stesso autovalore non perturbato $E_{\mathbf{n}}^{(0)}$. Qui l'etichetta α tiene conto della degenerazione, cioè $\alpha = 1, 2, \ldots, M$ per un autovalore degenerato M volte. In questo caso, la teoria delle perturbazioni degeneri del primo ordine dà

$$E_{\mathbf{n},\alpha} = E_{\mathbf{n}}^{(0)} + E_{\mathbf{n},\alpha}^{(1)} \, , \tag{7.68}$$

dove i vari $E_{\mathbf{n},\alpha}^{(1)}$ sono gli autovalori della matrice perturbante $M \times M$ i cui elementi sono $\langle \phi_{\mathbf{n},\alpha}^{(0)} | \hat{H}_I | \phi_{\mathbf{n},\beta}^{(0)} \rangle$.

La derivazione della correzione del primo ordine per gli autostati è piuttosto complicata anche nel caso non degenerato. Qui riportiamo la formula finale:

$$|\phi_{\mathbf{n}}^{(1)}\rangle = \sum_{\mathbf{n}' \neq \mathbf{n}} \frac{\langle \phi_{\mathbf{n}'}^{(0)} | \hat{H}_I | \phi_{\mathbf{n}}^{(0)} \rangle}{E_{\mathbf{n}}^{(0)} - E_{\mathbf{n}'}^{(0)}} \, |\phi_{\mathbf{n}'}^{(0)}\rangle \, . \tag{7.69}$$

Da questa espressione si può quindi dedurre la correzione del secondo ordine per gli autovalori, che è

$$E_{\mathbf{n}}^{(2)} = \sum_{\mathbf{n}' \neq \mathbf{n}} \frac{|\langle \phi_{\mathbf{n}'}^{(0)} | \hat{H}_I | \phi_{\mathbf{n}}^{(0)} \rangle|^2}{E_{\mathbf{n}}^{(0)} - E_{\mathbf{n}'}^{(0)}} \, . \tag{7.70}$$

Si noti che nelle ultime due formule la sommatoria è fatta rispetto a $\mathbf{n}'$ con il vincolo che $\mathbf{n}'$ deve essere diverso da $\mathbf{n}$.

7.6 Teoria delle perturbazioni dipendente dal tempo

Consideriamo di nuovo l'Hamiltoniano (7.60) equipaggiato da Eq. (7.61). Se la perturbazione è zero, cioè se $\hat{H}_I = 0$, allora l'evoluzione temporale di $|\phi_{\mathbf{n}}\rangle$ è semplice:

$$|\phi_{\mathbf{n}}(t)\rangle = e^{-i\varepsilon_{\mathbf{n}}t/\hbar}|\phi_{\mathbf{n}}(0)\rangle\,. \tag{7.71}$$

Chiaramente, in questo caso, la probabilità di trovare l' autostato $|\phi_{\mathbf{n}}\rangle$ dell'Hamiltoniano non perturbato $\hat{H}_0$ in un altro autostato $|\phi_l\rangle$ dell'Hamiltoniano non perturbato $\hat{H}_0$ è zero.

Se invece la perturbazione non è zero, cioè se $\hat{H}_I \neq 0$, allora l'evoluzione temporale di $|\phi_{\mathbf{n}}\rangle$ è, in generale, piuttosto complicata perché, di solito, $|\phi_{\mathbf{n}}\rangle$ non è un autostato dell'Hamiltoniano totale $\hat{H}$. La regola d'oro di Fermi è rilevante in questo caso perché dà un modo per calcolare la probabilità di trovare l'autostato $|\phi_{\mathbf{n}}\rangle$ dell'Hamiltoniano non perturbato $\hat{H}_0$ in un altro autostato $|\phi_l\rangle$ dell'Hamiltoniano non perturbato $\hat{H}_0$.

Uno stato generico dipendente dal tempo $|\psi(t)\rangle$ soddisfa l'equazione di Schrödinger dipendente dal tempo

$$i\hbar\frac{\partial}{\partial t}|\psi(t)\rangle = \left(\hat{H}_0 + \hat{H}_I\right)|\psi(t)\rangle\,. \tag{7.72}$$

Questo stato $|\psi(t)\rangle$ può essere espanso nella base ortonormale degli autostati indipendenti dal tempo $|\phi_j(0)\rangle$ di l'Hamiltoniano non perturbato $\hat{H}_0$ come segue

$$|\psi(t)\rangle = \sum_{\mathbf{j}} c_{\mathbf{j}}(t)\, e^{-i\varepsilon_{\mathbf{j}}t/\hbar}\, |\phi_{\mathbf{j}}(0)\rangle\,, \tag{7.73}$$

dove i coefficienti complessi $c_{\mathbf{j}}(t)$ sono tutti uguali a uno solo nel caso in cui caso molto speciale di $\hat{H}_I = 0$.

Per semplicità, approssimiamo l'Eq. (7.73) adottando l'approssimazione a due modi che coinvolge solo due autostati $|\phi_I(0)\rangle$ e $|\phi_F(0)\rangle$ dell'Hamiltoniana non perturbata H_0:

$$|\psi(t)\rangle = \sum_{\mathbf{j}=I,F} c_{\mathbf{j}}(t)\, e^{-i\varepsilon_{\mathbf{j}}t/\hbar}\, |\phi_{\mathbf{j}}(0)\rangle\,, \tag{7.74}$$

assumendo che a $t = 0$ lo stato $|\psi(0)\rangle$ del sistema sia nello stato iniziale $|\phi_I(0)\rangle$, cioè $c_I(0) = 1$ e $c_F(0) = 0$. Qui $|\phi_F(0)\rangle$ è il nostro stato finale, e chiaramente $\langle\phi_I(0)|\phi_F(0)\rangle = 0$.

Inserendo l'espressione (7.74) nell'Eq. (7.72) e il bra $\langle\phi_F(0)|$ sul lato sinistro della formula risultante otteniamo

$$i\hbar\, \dot{c}_F(t) = \langle\phi_F(0)|\hat{H}_I|\phi_I(0)\rangle\, e^{i\omega_{IF}t}\,, \tag{7.75}$$

dove $\omega_{IF} = (E_I - E_F)/\hbar$. Si noti che si assume anche che $c_I(t) \simeq 1$ e $c_F(t) \simeq 0$ per ottenere l'Eq. (7.75). La soluzione di questa equazione è data da

$$c_F(t) = \frac{\langle F|\hat{H}_I|I\rangle}{i\hbar} \int_0^t e^{i\omega_{IF}t'}\, dt' = \frac{\langle F|\hat{H}_I|I\rangle}{\hbar\omega_{IF}}\left(1 - e^{i\omega_{IF}t}\right), \tag{7.76}$$

dove abbiamo posto $|I\rangle = |\phi_I(0)\rangle$ e $F = |\phi_F(0)\rangle$. Ne segue che

$$|c_F(t)|^2 = \frac{|\langle\phi_F(0)|\hat{H}_I|\phi_F(0)\rangle|^2}{\hbar^2\omega_{IF}^2} 4\sin^2(\omega_{IF}t/2)\,. \tag{7.77}$$

Possiamo ora introdurre la probabilità di transizione per unità di tempo

$$\frac{|c_F(t)|^2}{t} = \frac{1}{\hbar^2}\, t\, \frac{\sin^2(\omega_{IF}t/2)}{(\omega_{IF}t/2)^2}\,. \tag{7.78}$$

Poiché la funzione delta di Dirac $\delta(x)$ può essere scritta come

$$\delta(x) = \frac{1}{2\pi} \lim_{t\to+\infty} t\, \frac{\sin^2(x\, t)}{(x\, t)^2}\,, \tag{7.79}$$

la probabilità di transizione asintotica per unità di tempo

$$W_{IF} = \lim_{t\to+\infty} \frac{|c_F(t)|^2}{t} \tag{7.80}$$

risulta

$$W_{IF} = \frac{2\pi}{\hbar} |\langle F|H_I|I\rangle|^2\, \delta(E_I - E_F)\,, \tag{7.81}$$

che è la cosiddetta regola d'oro di Fermi. In realtà, è stata derivata per la prima volta nel 1926 da Paul Dirac e chiamata "regola d'oro" alcuni anni dopo da Enrico Fermi. Si noti che la funzione delta di Dirac viene poi rimossa integrando sugli possibili stati finali $|F\rangle$ ma, ovviamente, per eseguire l'integrazione è necessaria un'espressione esplicita degli stati finali.

7.7 Principio variazionale

Molti approcci alla determinazione dello stato fondamentale di un sistema quantistico si basano sul cosiddetto principio variazionale, che è in realtà un teorema.

Teorema Per qualsiasi stato quantistico normalizzato $|\phi\rangle$, cioè tale che $\langle\phi|\phi\rangle = 1$, che appartiene allo spazio di Hilbert su cui agisce l'Hamiltoniana $\hat{H}$, si trova

$$\langle\phi|\hat{H}|\phi\rangle \geq E_{gs} , \tag{7.82}$$

dove E_{gs} è l'energia dello stato fondamentale del sistema e l'uguaglianza vale solo se $|\phi\rangle = |\phi_{gs}\rangle$ con $|\phi_{gs}\rangle$ stato fondamentale del sistema, cioè tale che $\hat{H}|\phi_{gs}\rangle = E_{gs}|\phi_{gs}\rangle$.

Dimostrazione L'Hamiltoniana quantistica $\hat{H}$ soddisfa l'esatto problema agli autovalori

$$\hat{H}|\phi_\alpha\rangle = E_\alpha|\phi_\alpha\rangle , \tag{7.83}$$

dove E_α sono gli autovalori ordinati, cioè tali che $E_0 < E_1 < E_2 < \ldots$ con $E_0 = E_{gs}$, e $|\phi_\alpha\rangle$ gli autostati ortogonalizzati corrispondenti, cioè tali che $\langle\phi_\alpha|\phi_\beta\rangle = \delta_{\alpha,\beta}$ con $|\phi_0\rangle = |\phi_{gs}\rangle$. Lo stato quantistico generico $|\phi\rangle$ può essere scritto come

$$|\phi\rangle = \sum_\alpha c_\alpha|\phi_\alpha\rangle , \tag{7.84}$$

dove c_α sono i coefficienti complessi dell'espansione tali che

$$\sum_\alpha |c_\alpha|^2 = 1 . \tag{7.85}$$

Allora si trova

$$\begin{aligned}\langle\phi|\hat{H}|\phi\rangle &= \sum_{\alpha,\beta} c_\alpha^* \, c_\beta \, \langle\phi_\alpha|\hat{H}|\phi_\beta\rangle = \sum_{\alpha,\beta} c_\alpha^* \, c_\beta \, E_\beta \, \langle\phi_\alpha|\phi_\beta\rangle = \sum_{\alpha,\beta} c_\alpha^* \, c_\beta \, E_\beta \, \delta_{\alpha,\beta} \\ &= \sum_\alpha |c_\alpha|^2 \, E_\alpha \geq \sum_\alpha |c_\alpha|^2 \, E_0 = E_0 = E_{gs} .\end{aligned} \tag{7.86}$$

Ovviamente, l'uguaglianza vale solo se $c_0 = 1$ e, di conseguenza, tutti gli altri coefficienti sono zero.

Come applicazione del metodo variazionale calcoleremo l'energia approssimata dello stato fondamentale di un sistema unidimensionale particella quantistica sotto l'azione del potenziale quartico

$$U(x) = A \, x^4 . \tag{7.87}$$

L'equazione di Schrödinger stazionaria della particella è data da

$$\left[-\frac{\hbar^2}{2m}\frac{\partial^2}{\partial x^2} + A\,x^4\right]\phi(x) = \epsilon\,\phi(x)\ , \tag{7.88}$$

mentre l'energia che vogliamo minimizzare è

$$\begin{aligned} E = \langle\phi|\hat{H}|\phi\rangle &= \int dx\ \phi^*(x)\left[-\frac{\hbar^2}{2m}\frac{\partial^2}{\partial x^2} + A\,x^4\right]\phi(x) \\ &= \int dx\left[\frac{\hbar^2}{2m}\left|\frac{\partial\phi(x)}{\partial x}\right|^2 + A\,x^4|\phi(x)|^2\right], \end{aligned} \tag{7.89}$$

con la condizione di normalizzazione

$$\int dx|\phi(x)|^2 = 1 \tag{7.90}$$

per la funzione d'onda. Assumiamo che la funzione d'onda variazionale sia una funzione gaussiana, cioè

$$\phi(x) = \frac{e^{-x^2/(2\sigma^2)}}{\pi^{1/4}\sigma^{1/2}}\ , \tag{7.91}$$

dove σ è il parametro variazionale. Inserendo questa funzione d'onda variazionale nella funzione energetica e integrando su x otteniamo

$$E = \frac{\hbar^2}{4m\sigma^2} + \frac{3}{4}A\,\sigma^4\ . \tag{7.92}$$

Minimizzando questa energia rispetto al parametro variazionale σ, cioè impostando $\frac{dE}{d\sigma} = 0$, troviamo

$$\sigma = \left(\frac{\hbar^2}{6mA}\right)^{1/6}\ . \tag{7.93}$$

Sostituendo questo valore di σ nell'energia E otteniamo infine

$$E = \frac{9}{4}\left(\frac{\hbar^2}{6m}\right)^{2/3}A^{1/3}\ , \tag{7.94}$$

che è l'energia approssimativa dello stato fondamentale. Questa energia è sicuramente maggiore o uguale all'energia dello stato fondamentale esatto del sistema.

Ulteriori letture

Gli articoli storici pertinenti sulla meccanica matriciale sono:

W. Heisenberg, Zeitschrift für Physik **33**, 879 (1925).

M. Born e P. Jordan, Zeitschrift für Physik **34**, 858 (1925).

M. Born, W. Heisenberg, e P. Jordan, Zeitschrift für Physik **35**, 557 (1926).

I due libri seminali sull'assiomatizzazione della meccanica quantistica sono:

P.A.M. Dirac, I principi della meccanica quantistica. Pubblicato per la prima volta nel 1930 (Bollati Boringhieri, 1999).

J. von Neumann, I fondamenti matematici della meccanica quantistica. Pubblicato per la prima volta nel 1932 (Il Poligrafo, 1998).

Per una disamina concettuale e storica del problema della misura in meccanica quantistica:

J. S. Bell, Physics World **3**(8), 33 (1990).

Per una comparazione più approfondita tra i concetti di misura in meccanica classica e quantistica:

W. Zurek, Review of Modern Physics **75**, 715 (2003).

Per una discussione dettagliata della teoria della perturbazione quantistica e del principio variazionale:

J.J. Sakurai e J. Napolitano, Meccanica quantistica moderna (Zanichelli, 2021).

Capitolo 8
Elettroni e atomi

In questo capitolo analizziamo la meccanica quantistica dell'atomo di idrogeno utilizzando l'equazione di Schrödinger tridimensionale. Introduciamo anche lo spin dell'elettrone, fornendo una giustificazione teorica rigorosa sulla base dell'equazione di Dirac. Infine, discutiamo come i livelli energetici quantistici degli atomi vengono modificati in presenza di un campo elettrico (effetto Stark) e di un campo magnetico (effetto Zeeman).

8.1 Elettrone nell'atomo di idrogeno

L'atomo di idrogeno neutro è formato da un elettrone che orbita attorno al nucleo che è formato da un singolo protone. L'equazione di Schrödinger stazionaria per un elettrone di carica $-e$ e massa m_e che si muove in tre dimensioni sotto l'azione della forza di Coulomb esercitata dal protone è data da

$$\hat{H}\,\phi(x,y,z) = E\,\phi(x,y,z)\,, \tag{8.1}$$

dove

$$\hat{H} = -\frac{\hbar^2}{2m_e}\left(\frac{\partial^2}{\partial x^2} + \frac{\partial^2}{\partial y^2} + \frac{\partial^2}{\partial z^2}\right) + U(x,y,z) \tag{8.2}$$

è l'operatore hamiltoniano di questo problema tridimensionale (3D) e

$$U(x,y,z) = -\frac{e^2}{4\pi\varepsilon_0\sqrt{x^2+y^2+z^2}} \tag{8.3}$$

è l'energia potenziale dell'elettrone dovuta alla forza di Coulomb.

Sfortunatamente, nel problema in esame il potenziale $U(x,y,z)$ non è separabile in coordinate cartesiane. D'altra parte, se introduciamo le coordinate polari sferiche,

L. Salasnich, F. Lorenzi, *Introduzione alla fisica moderna*,
https://doi.org/10.1007/978-3-032-17303-4_8

di raggio r e angoli ϕ e θ tali che

$$x = r \cos(\phi) \sin(\theta) \tag{8.4}$$

$$y = r \sin(\phi) \sin(\theta) \tag{8.5}$$

$$z = r \cos(\theta) \tag{8.6}$$

il potenziale di Coulomb è separabile in coordinate polari sferiche perché dipende solo da r, cioè

$$U(r) = -\frac{e^2}{4\pi\varepsilon_0 r}. \tag{8.7}$$

L'operatore di Laplace

$$\nabla^2 = \frac{\partial^2}{\partial x^2} + \frac{\partial^2}{\partial y^2} + \frac{\partial^2}{\partial z^2} \tag{8.8}$$

espresso in coordinate polari sferiche è dato da

$$\nabla^2 = \nabla_r^2 + \frac{\hat{\mathcal{L}}^2_{\phi,\theta}}{r^2} \tag{8.9}$$

dove

$$\nabla_r^2 = \frac{\partial^2}{\partial r^2} + \frac{2}{r}\frac{\partial}{\partial r} \tag{8.10}$$

mentre

$$\hat{\mathcal{L}}^2_{\phi,\theta} = \frac{1}{\sin^2(\theta)}\frac{\partial^2}{\partial \phi^2} + \frac{1}{\sin(\theta)}\frac{\partial}{\partial \theta}\left(\sin(\theta)\frac{\partial}{\partial \theta}\right). \tag{8.11}$$

In coordinate polari sferiche l'operatore hamiltoniano dell'elettrone nell'atomo di idrogeno è quindi dato da

$$\hat{H} = -\frac{\hbar^2}{2m_e}\nabla_r^2 + \frac{\hat{L}^2}{2m_e r^2} - \frac{e^2}{4\pi\varepsilon_0 r}, \tag{8.12}$$

dove

$$\hat{L}^2 = -\hbar^2 \hat{\mathcal{L}}^2_{\phi,\theta} \tag{8.13}$$

è chiamato operatore quantistico del quadrato del momento angolare orbitale. Questo nome è pienamente motivato dal fatto che, dato il quadrato del momento angolare orbitale L della meccanica classica, cioè

$$L^2 = (\mathbf{r} \wedge \mathbf{p})^2 \tag{8.14}$$

e applicando la regola di quantizzazione $\mathbf{p} \leftrightarrow -i\hbar\nabla$, otteniamo proprio $\hat{L}^2$ se si usano le coordinate polari sferiche.

8.1.1 *Equazione di Schrödinger in coordinate polari sferiche*

Quindi, in coordinate polari sferiche, l'equazione di Schrödinger dell'elettrone nell'atomo di idrogeno è data da

$$\left(-\frac{\hbar^2}{2m_e}\nabla_r^2 + \frac{\hat{L}^2}{2m_e r^2} - \frac{e^2}{4\pi\varepsilon_0 r}\right)\phi(r,\phi,\theta) = E\,\phi(r,\phi,\theta)\,, \tag{8.15}$$

dove l'operatore differenziale ∇_r^2 coinvolge solo le derivate della coordinata radiale r, mentre l'operatore differenziale $\hat{L}^2$ coinvolge solo le derivate delle coordinate angolari ϕ e θ.

Nel problema possiamo quindi imporre la seguente fattorizzazione per la funzione d'onda

$$\phi(r,\theta,\phi) = R(r)\,Y(\theta,\phi)\,. \tag{8.16}$$

È possibile dimostrare che l'operatore $\hat{L}^2$ soddisfa l'equazione agli autovalori

$$\hat{L}^2 Y_{l,m_l}(\theta,\phi) = \hbar^2 l(l+1)\,Y_{l,m_l}(\theta,\phi) \tag{8.17}$$

dove l è un numero naturale chiamato numero quantico del momento angolare orbitale mentre m_l è un numero intero chiamato numero quantico magnetico e tale che

$$m_l = -l, -l+1, -l+2, \dots, l-2, l-1, l\,. \tag{8.18}$$

Quindi per ogni valore di l ci sono $2l+1$ possibili valori per m_l. Le funzioni $Y_{l,m_l}(\theta,\phi)$ sono chiamate armoniche sferiche. Per le armoniche sferiche c'è un'altra importante equazione agli autovalori

$$\hat{L}_z Y_{l,m_l}(\theta,\phi) = \hbar m_l\,Y_{l,m_l}(\theta,\phi) \tag{8.19}$$

che coinvolge l'operatore differenziale

$$\hat{L}_z = -i\hbar\frac{\partial}{\partial\phi} \tag{8.20}$$

associato alla terza componente del momento angolare orbitale.

Infine, è possibile dimostrare che

$$\left(-\frac{\hbar^2}{2m_e}\nabla_r^2 + \frac{\hbar^2 l(l+1)}{2m_e r^2} - \frac{e^2}{4\pi\varepsilon_0 r}\right)R_{n,l}(r) = -\frac{m_e e^4}{32\pi^2\varepsilon_0^2\hbar^2}\frac{1}{n^2}\,R_{n,l}(r)\,, \tag{8.21}$$

dove n è un numero naturale diverso da zero, chiamato numero quantico principale tale che, una volta fissato n, l può assumere i seguenti valori $l = 0, 1, 2, \dots, n-1$.

Si conclude che possiamo scrivere per l'elettrone nell'atomo di idrogeno l'equazione di Schrödinger stazionaria

$$\hat{H}\,\phi_{n,l,m_l}(r,\theta,\phi) = E_n\,\phi_{n,l,m_l} \tag{8.22}$$

con autofunzioni

$$\phi_{n,l,m_l}(r,\theta,\phi) = R_{n,l}(r)\,Y_{l,m_l}(\theta,\phi) \tag{8.23}$$

e autovalori

$$E_n = -\frac{m_e e^4}{32\pi^2\varepsilon_0^2\hbar^2}\frac{1}{n^2} = -\frac{m_e e^4}{8\varepsilon_0^2 h^2}\frac{1}{n^2} = -\frac{13.6\text{ eV}}{n^2}\,. \tag{8.24}$$

Questa ultima è esattamente la stessa formula di quantizzazione dei livelli energetici ottenuta per la prima volta da Bohr nel 1913.

Il formalismo della vecchia meccanica quantistica di Bohr non fornisce informazioni sulla funzione d'onda dell'elettrone. Invece, il formalismo di Schrödinger fornisce anche queste informazioni. Infatti, nella formula

$$\phi_{n,l,m_l}(r,\theta,\phi) = R_{n,l}(r)\,Y_{l,m_l}(\theta,\phi) \tag{8.25}$$

sia le funzioni radiali $R_{n,l}(r)$ che le armoniche sferiche $Y_{l,m_l}(\theta,\phi)$ possono essere calcolate esplicitamente, anche se il calcolo non è affatto semplice. Ad esempio, si può dimostrare che per lo stato fondamentale abbiamo

$$R_{1,0}(r) = \frac{2}{r_0^{3/2}}\,e^{-r/r_0}\,, \tag{8.26}$$

$$Y_{0,0}(\theta,\phi) = \frac{1}{\sqrt{4\pi}}\,, \tag{8.27}$$

con $r_0 = 4\pi\varepsilon_0\hbar^2/(m_e e^2) = 0.53\cdot 10^{-10}$ metri il cosiddetto raggio di Bohr. Invece, il primo stato eccitato è quadruplamente degenere con funzioni d'onda radiali

$$R_{2,0}(r) = \frac{1}{\sqrt{2}r_0^{3/2}}\left(1-\frac{r}{2r_B}\right)e^{-r/(2r_0)}\,, \tag{8.28}$$

$$R_{2,1}(r) = \frac{1}{\sqrt{24}r_0^{3/2}}\,\frac{r}{r_b}\,e^{-r/(2r_0)}\,, \tag{8.29}$$

e funzioni d'onda angolari

$$Y_{1,-1}(\theta,\phi) = \sqrt{\frac{3}{4\pi}}\sin(\theta)e^{-i\phi}\,, \tag{8.30}$$

$$Y_{1,0}(\theta,\phi) = \sqrt{\frac{3}{4\pi}}\cos(\theta)\,, \tag{8.31}$$

$$Y_{1,1}(\theta,\phi) = -\sqrt{\frac{3}{4\pi}}\sin(\theta)e^{i\phi}\,. \tag{8.32}$$

8.1.2 Regole di selezione

Utilizzando il formalismo ket di Dirac possiamo scrivere, per l'elettrone nell'atomo di idrogeno, l'equazione di Schrödinger stazionaria

$$\hat{H}\,|n\,l\,m_l\rangle = E_n\,|n\,l\,m_l\rangle \tag{8.33}$$

con

$$E_n = -\frac{13.6\,\mathrm{eV}}{n^2}\,. \tag{8.34}$$

Inoltre, valgono le seguenti equazioni

$$\hat{L}^2|n\,l\,m_l\rangle = \hbar^2 l(l+1)\,|n\,l\,m_l\rangle\,, \tag{8.35}$$

$$\hat{L}_z|n\,l\,m_l\rangle = \hbar m_l\,|n\,l\,m_l\rangle\,, \tag{8.36}$$

dove i tre numeri quantici n, l, m_l sono tali che:

$$\begin{aligned} n &= 1, 2, 3, \ldots, \\ l &= 0, 1, 2, \ldots, n-1\,, \\ m_l &= -l, -l+1, -l+2, \ldots, l-2, l-1, l\,. \end{aligned}$$

Considerando l'equazione di Schrödinger per l'elettrone nell'atomo di idrogeno e l'interazione dell'elettrone con il campo elettromagnetico, e quindi l'interazione dell'elettrone con il fotone, è possibile dimostrare (nell'approssimazione di dipolo) che la transizione elettromagnetica tra lo stato $|n'\,l'\,m_l'\rangle$ e lo stato $|n'\,l\,m_l\rangle$ avviene solo se sono soddisfatte le seguenti regole di selezione

$$\Delta l = \pm 1 \qquad \Delta m_l = 0, \pm 1\,, \tag{8.37}$$

dove $\Delta l = l' - l$ e $\Delta m_l = m_l' - m_l$. Queste regole di selezione sono confermate da prove sperimentali. Quindi, ancora una volta, la meccanica quantistica moderna, basata sull'equazione di Schrödinger, mostra un potere predittivo notevolmente superiore alla vecchia meccanica quantistica di Bohr, Wilson e Sommerfeld.

8.2 Principio di esclusione di Pauli e spin

L'equazione di Schrödinger per l'elettrone descrive estremamente bene le proprietà quantistiche dell'atomo di idrogeno: il suo spettro energetico e le transizioni elettromagnetiche consentite. Applicata per spiegare gli atomi con molti elettroni l'equazione di Schrödinger continua a funzionare molto bene se si tiene conto di un principio, chiamato *principio di esclusione*, formulato da Wolfgang Pauli nel 1925: "Non possono esserci due elettroni nello stesso stato quantico monoparticellare". Per spiegare la tavola periodica degli elementi di Mendeleev, Pauli ha utilizzato il suo principio di esclusione assumendo anche che l'elettrone abbia un momento angolare intrinseco, chiamato *spin*, caratterizzato da solo due valori misurabili:

$$-\frac{\hbar}{2} \quad \text{e} \quad \frac{\hbar}{2} .$$

Nel 1928 Paul Dirac generalizzò l'equazione di Schrödinger al caso relativistico. Tra le conseguenze di questa equazione generalizzata, nota come equazione di Dirac, c'è proprio lo spin dell'elettrone. Dall'equazione di Dirac, e da altri successivi studi sperimentali e teorici, si deduce infatti che ogni particella quantistica è caratterizzata da un momento angolare intrinseco

$$\hat{\mathbf{S}} = (\hat{S}_x, \hat{S}_y, \hat{S}_z) \tag{8.38}$$

chiamato spin. Questo spin è un vettore le cui tre componenti sono operatori tali che il quadrato del spin $\hat{S}^2$ e la terza componente $\hat{S}_z$ dello spin soddisfano le seguenti equazioni agli autovalori

$$\hat{S}^2|s\, m_s\rangle = \hbar^2 s(s+1)|s\, m_s\rangle \; , \tag{8.39}$$

$$\hat{S}_z|s\, m_s\rangle = \hbar m_s|s\, m_s\rangle \; . \tag{8.40}$$

I numeri s e m_s sono chiamati rispettivamente numero quantico di spin e numero quantico della terza componente dello spin. Fissato s, il numero m_s può assumere $2s + 1$ valori, dati da $m_s = -s, -s+1, -s+2, \ldots, s-2, s-1, s$. Nel caso dell'elettrone, dall'equazione di Dirac si trova in particolare che

$$s = \frac{1}{2} \qquad \text{e conseguentemente} \qquad m_s = -\frac{1}{2}, \frac{1}{2} , \tag{8.41}$$

e, come congetturato da Pauli, con i due possibili valori $-\hbar/2$ e $\hbar/2$ per $\hat{S}_z$. Nel caso degli elettroni il numero quantico $s = 1/2$ è sempre lo stesso, mentre il numero quantico m_s può essere $-1/2$ o $1/2$. Nel caso particolare dell'elettrone in uno stato stazionario nell'atomo di idrogeno abbiamo quindi che

$$|n\, l\, m_l\, m_s\rangle$$

è il ket di Dirac che rappresenta tutti i suoi numeri quantici: n è il numero quantico principale, l è il numero quantico del momento angolare orbitale, m_l è il numero quantico magnetico (chiamato anche della terza componente del momento angolare orbitale), m_s è il numero quantico di spin (più propriamente il numero quantico della terza componente dello spin).

8.2.1 *Spin semi-intero e intero: fermioni e bosoni*

Come già detto, non solo l'elettrone, ma qualsiasi particella è caratterizzata da un numero quantico di spin s. Le particelle che hanno un numero quantico di spin s semi-intero positivo sono chiamate particelle fermioniche (o fermioni). Le particelle che hanno un numero quantico di spin s intero positivo sono chiamate particelle bosoniche (o bosoni). Chiaramente l'elettrone è una particella fermionica con $s = 1/2$, così come il protone e il neutrone. Gli esperimenti mostrano invece che il fotone è una particella bosonica con $s = 1$. Lo spin di una particella non elementare è la somma dei spin delle particelle elementari che costituiscono questa particella non elementare.

8.3 L'equazione di Dirac

L'energia classica di una particella libera non relativistica è data da

$$E = \frac{\mathbf{p}^2}{2m}, \tag{8.42}$$

dove $\mathbf{p}$ è la quantità di moto e m la massa della particella. Abbiamo visto che l'equazione di Schrödinger della corrispondente particella quantica con funzione d'onda $\psi(\mathbf{r}, t)$ si ottiene facilmente imponendo la prescrizione di quantizzazione

$$E \to i\hbar\frac{\partial}{\partial t}, \qquad \mathbf{p} \to -i\hbar\nabla. \tag{8.43}$$

In questo modo si ottiene l'equazione di Schrödinger dipendente dal tempo della particella libera, ovvero

$$i\hbar\frac{\partial}{\partial t}\psi(\mathbf{r}, t) = -\frac{\hbar^2}{2m}\nabla^2\psi(\mathbf{r}, t), \tag{8.44}$$

ottenuta per la prima volta nel 1926 da Erwin Schrödinger. L'energia classica di una particella libera relativistica è invece data da

$$E = \sqrt{\mathbf{p}^2c^2 + m^2c^4}, \tag{8.45}$$

dove c è la velocità della luce nel vuoto. Applicando direttamente la prescrizione di quantizzazione (8.43) si trova

$$i\hbar\frac{\partial}{\partial t}\psi(\mathbf{r}, t) = \sqrt{-\hbar^2c^2\nabla^2 + m^2c^4}\,\psi(\mathbf{r}, t). \tag{8.46}$$

Questa equazione è molto suggestiva ma l'operatore radice quadrata sul lato destro è un oggetto matematico molto difficile. Per questo motivo nel 1927 Oskar Klein e Walter Gordon suggerirono di partire da

$$E^2 = \mathbf{p}^2 c^2 + m^2 c^4 \tag{8.47}$$

e poi di applicare la prescrizione di quantizzazione (8.43). In questo modo si ottiene

$$-\hbar^2 \frac{\partial^2}{\partial t^2} \psi(\mathbf{r}, t) = \left(-\hbar^2 c^2 \nabla^2 + m^2 c^4\right) \psi(\mathbf{r}, t) \tag{8.48}$$

la cosiddetta equazione di Klein-Gordon, che può essere riscritta nella seguente forma

$$\left(\frac{1}{c^2} \frac{\partial^2}{\partial t^2} - \nabla^2 + \frac{m^2 c^2}{\hbar^2}\right) \psi(\mathbf{r}, t) = 0\,, \tag{8.49}$$

ovvero una generalizzazione dell'equazione d'onda di Maxwell per particelle massive. Questa equazione ha due problemi: i) ammette soluzioni con energia negativa; ii) l'integrale spaziale su tutto lo spazio della densità di probabilità non negativa $\rho(\mathbf{r}, t) = |\psi(\mathbf{r}, t)|^2 \geq 0$ è generalmente non indipendente dal tempo, ovvero

$$\frac{d}{dt} \int_{\mathbb{R}^3} \rho(\mathbf{r}, t)\, d^3\mathbf{r} \neq 0\,. \tag{8.50}$$

Oggi sappiamo che per risolvere completamente questi due problemi è necessario promuovere $\psi(\mathbf{r}, t)$ a un operatore di campo quantico. In questo approccio di seconda quantizzazione (teoria dei campi quantici) l'equazione di Klein-Gordon è ora usata per descrivere particelle relativistiche con spin zero, come i pioni o il bosone di Higgs.

Nel 1928 Paul Dirac propose un approccio diverso alla quantizzazione della particella relativistica. Per risolvere il problema dell'Eq. (8.50) considerò un'equazione d'onda con solo prime derivate rispetto al tempo e allo spazio e introdusse l' energia classica

$$E = c\, \hat{\boldsymbol{\alpha}} \cdot \mathbf{p} + \hat{\beta}\, mc^2\,, \tag{8.51}$$

in modo tale che elevandolo al quadrato si recupera l'Eq. (8.47). Questa condizione è soddisfatta solo se $\hat{\boldsymbol{\alpha}} = (\hat{\alpha}_1, \hat{\alpha}_2, \hat{\alpha}_3)$ e $\hat{\beta}$ soddisfano la seguente algebra di matrici

$$\hat{\alpha}_1^2 = \hat{\alpha}_2^2 = \hat{\alpha}_3^2 = \hat{\beta}^2 = \hat{I}\,, \tag{8.52}$$

$$\hat{\alpha}_i \hat{\alpha}_j + \hat{\alpha}_j \hat{\alpha}_i = \hat{0}\,, \qquad i \neq j \tag{8.53}$$

$$\hat{\alpha}_i \hat{\beta} + \hat{\beta}\, \hat{\alpha}_i = \hat{0}\,, \qquad \forall i \tag{8.54}$$

dove $\hat{1}$ è la matrice identità e $\hat{0}$ è la matrice zero. La dimensione minima in cui le cosiddette matrici di Dirac $\hat{\alpha}_i$ e $\hat{\beta}$ possono essere realizzate è quattro. In particolare, si può scrivere

$$\hat{\alpha}_i = \begin{pmatrix} \hat{0}_2 & \hat{\sigma}_i \\ \hat{\sigma}_i & \hat{0}_2 \end{pmatrix}, \qquad \hat{\beta} = \begin{pmatrix} \hat{I}_2 & \hat{0}_2 \\ \hat{0}_2 & -\hat{I}_2 \end{pmatrix}, \tag{8.55}$$

dove $\hat{I}_2$ è la matrice identità 2×2, $\hat{0}_2$ è la matrice zero 2×2, e

$$\hat{\sigma}_1 = \begin{pmatrix} 0 & 1 \\ 1 & 0 \end{pmatrix} \qquad \hat{\sigma}_2 = \begin{pmatrix} 0 & -i \\ i & 0 \end{pmatrix} \qquad \hat{\sigma}_3 = \begin{pmatrix} 1 & 0 \\ 0 & -1 \end{pmatrix} \tag{8.56}$$

sono le matrici di Pauli. L'Eq. (8.51) con la prescrizione di quantizzazione (8.43) dà

$$i\hbar \frac{\partial}{\partial t} \Psi(\mathbf{r}, t) = \left(-i\hbar c\, \hat{\boldsymbol{\alpha}} \cdot \nabla + \hat{\beta}\, mc^2 \right) \Psi(\mathbf{r}, t), \tag{8.57}$$

che è l'equazione di Dirac per una particella libera. Si noti che la funzione d'onda $\Psi(\mathbf{r}, t)$ ha quattro componenti nello spazio astratto delle matrici di Dirac, cioè questo campo spinoriale può essere scritto

$$\Psi(\mathbf{r}, t) = \begin{pmatrix} \psi_1(\mathbf{r}, t) \\ \psi_2(\mathbf{r}, t) \\ \psi_3(\mathbf{r}, t) \\ \psi_4(\mathbf{r}, t) \end{pmatrix}. \tag{8.58}$$

In forma matriciale esplicita, l'equazione di Dirac è quindi data da

$$i\hbar \frac{\partial}{\partial t} \begin{pmatrix} \psi_1(\mathbf{r}, t) \\ \psi_2(\mathbf{r}, t) \\ \psi_3(\mathbf{r}, t) \\ \psi_4(\mathbf{r}, t) \end{pmatrix} = \hat{H} \begin{pmatrix} \psi_1(\mathbf{r}, t) \\ \psi_2(\mathbf{r}, t) \\ \psi_3(\mathbf{r}, t) \\ \psi_4(\mathbf{r}, t) \end{pmatrix} \tag{8.59}$$

dove

$$\hat{H} = \begin{pmatrix} mc^2 & 0 & -i\hbar c \frac{\partial}{\partial z} & -i\hbar c (\frac{\partial}{\partial x} - i \frac{\partial}{\partial y}) \\ 0 & mc^2 & -i\hbar c (\frac{\partial}{\partial x} + i \frac{\partial}{\partial y}) & i\hbar c \frac{\partial}{\partial z} \\ -i\hbar c \frac{\partial}{\partial z} & -i\hbar c (\frac{\partial}{\partial x} - i \frac{\partial}{\partial y}) & -mc^2 & 0 \\ -i\hbar c (\frac{\partial}{\partial x} + i \frac{\partial}{\partial y}) & i\hbar c \frac{\partial}{\partial z} & 0 & -mc^2 \end{pmatrix}. \tag{8.60}$$

È facile dimostrare che l'equazione di Dirac soddisfa la legge differenziale di conservazione della corrente. Infatti, moltiplicando a sinistra l'Eq. (8.57) da

$$\Psi^+(\mathbf{r}, t) = \left(\psi_1^*(\mathbf{r}, t), \psi_2^*(\mathbf{r}, t), \psi_3^*(\mathbf{r}, t), \psi_4^*(\mathbf{r}, t) \right) \tag{8.61}$$

otteniamo

$$i\hbar\Psi^{+}\frac{\partial\Psi}{\partial t} = -i\hbar c\,\Psi^{+}\hat{\boldsymbol{\alpha}}\cdot\nabla\Psi + mc^{2}\Psi^{+}\hat{\beta}\,\Psi\,. \tag{8.62}$$

Considerando il coniugato ermitiano dell'equazione di Dirac (8.57) e moltiplicandolo a destra per $\Psi(\mathbf{r},t)$ troviamo invece

$$-i\hbar\frac{\partial\Psi^{+}}{\partial t}\Psi = i\hbar c\,\hat{\boldsymbol{\alpha}}\cdot\nabla\Psi^{+}\Psi + mc^{2}\Psi^{+}\hat{\beta}\,\Psi\,. \tag{8.63}$$

Sottraendo le ultime due equazioni otteniamo l'equazione di continuità

$$\frac{\partial}{\partial t}\rho(\mathbf{r},t) + \nabla\cdot\mathbf{j}(\mathbf{r},t) = 0\,, \tag{8.64}$$

dove

$$\rho(\mathbf{r},t) = \Psi^{+}(\mathbf{r},t)\Psi(\mathbf{r},\mathbf{t}) = \sum_{i=1}^{4}|\psi_i(\mathbf{r},t)|^{2} \tag{8.65}$$

è la densità di probabilità, e $\mathbf{j}(\mathbf{r},t)$ è la corrente di probabilità con tre componenti

$$j_k(\mathbf{r},t) = c\,\Psi^{+}(\mathbf{r},t)\hat{\alpha}_k\Psi(\mathbf{r},t)\,. \tag{8.66}$$

Infine, osserviamo che dall'equazione di continuità (8.64) si trova

$$\frac{d}{dt}\int_{\mathbb{R}^3}\rho(\mathbf{r},t)\,d^{3}\mathbf{r} = 0\,, \tag{8.67}$$

utilizzando il teorema della divergenza e imponendo una densità di corrente che si annulla al bordo all'infinito. Quindi, contrariamente all'equazione di Klein-Gordon, l'equazione di Dirac non ha il problema della densità di probabilità.

8.3.1 L'equazione di Pauli e lo spin

In questa sottosezione analizziamo il limite non relativistico dell'equazione di Dirac. Supponiamo che la particella relativistica abbia la carica elettrica q. In presenza di un campo elettromagnetico, utilizzando la sostituzione Gauge-invariante

$$i\hbar\frac{\partial}{\partial t} \to i\hbar\frac{\partial}{\partial t} - q\,\phi(\mathbf{r},t) \tag{8.68}$$

$$-i\hbar\nabla \to -i\hbar\nabla - q\mathbf{A}(\mathbf{r},t) \tag{8.69}$$

nell'Eq. (8.57), otteniamo

$$i\hbar\frac{\partial}{\partial t}\Psi(\mathbf{r},t) = \Big(c\,\hat{\boldsymbol{\alpha}}\cdot(\hat{\mathbf{p}} - q\mathbf{A}(\mathbf{r},t)) + \hat{\beta}\,mc^2 + q\,\phi(\mathbf{r},t)\Big)\Psi(\mathbf{r},t)\,, \tag{8.70}$$

dove $\hat{\mathbf{p}} = -i\hbar\boldsymbol{\nabla}$, $\phi(\mathbf{r},t)$ è il potenziale scalare e $\mathbf{A}(\mathbf{r},t)$ il potenziale vettore.

Per elaborare il limite non relativistico dell'Eq. (8.70) è utile impostare

$$\Psi(\mathbf{r},t) = e^{-imc^2t/\hbar}\begin{pmatrix}\psi_1(\mathbf{r},t)\\ \psi_2(\mathbf{r},t)\\ \chi_1(\mathbf{r},t)\\ \chi_2(\mathbf{r},t)\end{pmatrix} = e^{-imc^2t/\hbar}\begin{pmatrix}\psi(\mathbf{r},t)\\ \chi(\mathbf{r},t)\end{pmatrix}, \tag{8.71}$$

dove $\psi(\mathbf{r},t)$ e $\chi(\mathbf{r},t)$ sono spinori a due componenti, per i quali otteniamo

$$i\hbar\frac{\partial}{\partial t}\begin{pmatrix}\psi\\ \chi\end{pmatrix} = \begin{pmatrix} q\,\phi & c\,\hat{\boldsymbol{\sigma}}\cdot(\hat{\mathbf{p}} - q\mathbf{A})\\ c\,\hat{\boldsymbol{\sigma}}\cdot(\hat{\mathbf{p}} - q\mathbf{A}) & q\,\phi - 2mc^2\end{pmatrix}\begin{pmatrix}\psi\\ \chi\end{pmatrix} \tag{8.72}$$

dove $\hat{\boldsymbol{\sigma}} = (\hat{\sigma}_1, \hat{\sigma}_2, \hat{\sigma}_3)$. Notabilmente, solo nella equazione inferiore del sistema appare il termine di massa mc^2, che è dominante nel limite non relativistico. Infatti, sotto l'approssimazione $\big(i\hbar\frac{\partial}{\partial t} - q\,\phi + 2mc^2\big)\chi \simeq 2mc^2\,\chi$, le equazioni precedenti diventano

$$\begin{pmatrix} i\hbar\frac{\partial\psi}{\partial t}\\ 0\end{pmatrix} = \begin{pmatrix} q\,\phi & c\,\hat{\boldsymbol{\sigma}}\cdot(\hat{\mathbf{p}} - q\mathbf{A})\\ c\,\hat{\boldsymbol{\sigma}}\cdot(\hat{\mathbf{p}} - q\mathbf{A}) & -2mc^2\end{pmatrix}\begin{pmatrix}\psi\\ \chi\end{pmatrix}, \tag{8.73}$$

da cui

$$\chi = \frac{\hat{\boldsymbol{\sigma}}\cdot(\hat{\mathbf{p}} - q\mathbf{A})}{2mc}\,\psi\,. \tag{8.74}$$

Inserendo questa espressione nella equazione superiore del sistema (8.73) troviamo

$$i\hbar\frac{\partial}{\partial t}\psi = \left(\frac{[\hat{\boldsymbol{\sigma}}\cdot(\hat{\mathbf{p}} - q\mathbf{A})]^2}{2m} + q\,\phi\right)\psi\,. \tag{8.75}$$

Dall'identità

$$[\hat{\boldsymbol{\sigma}}\cdot(\hat{\mathbf{p}} - q\mathbf{A})]^2 = (\hat{\mathbf{p}} - q\mathbf{A})^2 - i\,q\,(\hat{\mathbf{p}}\wedge\mathbf{A})\cdot\hat{\boldsymbol{\sigma}} \tag{8.76}$$

dove $\hat{\mathbf{p}} = -i\hbar\boldsymbol{\nabla}$, e utilizzando la relazione $\mathbf{B} = \boldsymbol{\nabla}\wedge\mathbf{A}$ che introduce il campo magnetico otteniamo infine

$$i\hbar\frac{\partial}{\partial t}\psi(\mathbf{r},t) = \left(\frac{(-i\hbar\boldsymbol{\nabla} - q\mathbf{A}(\mathbf{r},t))^2}{2m} - \frac{q}{m}\mathbf{B}(\mathbf{r},t)\cdot\hat{\mathbf{S}} + q\,\phi(\mathbf{r},t)\right)\psi(\mathbf{r},t)\,, \tag{8.77}$$

che è la cosiddetta equazione di Pauli con

$$\hat{\mathbf{S}} = \frac{\hbar}{2}\hat{\boldsymbol{\sigma}} \tag{8.78}$$

l'operatore di spin. Questa equazione fu introdotta nel 1927 (un anno prima dell'equazione di Dirac) da Wolfgang Pauli come estensione dell'equazione di Schrödinger con l'inclusione fenomenologica dell'operatore di spin. Se il campo magnetico **B** è costante, il potenziale vettore può essere scritto come

$$\mathbf{A} = \frac{1}{2}\mathbf{B} \wedge \mathbf{r} \tag{8.79}$$

e quindi

$$(\hat{\mathbf{p}} - q\mathbf{A})^2 = \hat{\mathbf{p}}^2 - 2q\mathbf{A}\cdot\hat{\mathbf{p}} + q^2\mathbf{A}^2 = \hat{\mathbf{p}}^2 - q\mathbf{B}\cdot\hat{\mathbf{L}} + q^2(\mathbf{B}\wedge\mathbf{r})^2\,, \tag{8.80}$$

con $\hat{\mathbf{L}} = \mathbf{r} \wedge \hat{\mathbf{p}}$ l'orbitale operatore del momento angolare. Quindi, l'equazione di Pauli per una particella di carica q in un campo magnetico costante è

$$i\hbar\frac{\partial}{\partial t}\psi(\mathbf{r},t) = \left(-\frac{\hbar^2\nabla^2}{2m} - \frac{q}{2m}\mathbf{B}\cdot\left(\hat{\mathbf{L}} + 2\hat{\mathbf{S}}\right) + \frac{q^2}{2m}\left(\mathbf{B}\wedge\mathbf{r}\right)^2 + q\,\phi(\mathbf{r},t)\right)\psi(\mathbf{r},t)\,. \tag{8.81}$$

Concludendo, abbiamo mostrato che lo spin $\hat{\mathbf{S}}$ emerge naturalmente dall'equazione di Dirac. Inoltre, l'equazione di Dirac predice molto accuratamente il momento magnetico $\boldsymbol{\mu}_S$ dell'elettrone ($q = -e$, $m = m_e$) che appare nell'energia di spin $E_s = -\hat{\boldsymbol{\mu}}_S \cdot \mathbf{B}$ dove

$$\boldsymbol{\mu}_S = -g_e\frac{\mu_B}{\hbar}\hat{\mathbf{S}} \tag{8.82}$$

con rapporto giroscopico $g_e = 2$ e magnetone di Bohr $\mu_B = e\hbar/(2m) \simeq 5.79 \cdot 10^{-5}$ eV/T.

8.3.2 *Equazione di Dirac con un potenziale centrale*

Consideriamo ora l'equazione di Dirac stazionaria con un potenziale confinante sfericamente simmetrico $V(r) = V(|\mathbf{r}|)$, cioè

$$\left(-i\hbar c\,\hat{\boldsymbol{\alpha}}\cdot\nabla + \hat{\beta}\,mc^2 + V(r)\right)\Phi(\mathbf{r}) = E\,\Phi(\mathbf{r})\,. \tag{8.83}$$

Questa equazione si deriva facilmente dall'Eq. (8.70) impostando $\mathbf{A} = \mathbf{0}$, $q\phi = V(r)$, e

$$\Psi(\mathbf{r}, t) = e^{-iEt/\hbar}\, \Phi(\mathbf{r}) \,. \tag{8.84}$$

L'hamiltoniano relativistico

$$\hat{H} = -i\hbar c\, \hat{\boldsymbol{\alpha}} \cdot \nabla + \hat{\beta}\, mc^2 + V(r) \tag{8.85}$$

commuta con l'operatore del momento angolare totale

$$\hat{\mathbf{J}} = \hat{\mathbf{L}} + \hat{\mathbf{S}} = \mathbf{r} \wedge \hat{\mathbf{p}} + \frac{\hbar}{2}\hat{\boldsymbol{\sigma}} \tag{8.86}$$

perché il potenziale esterno è sfericamente simmetrico. Infatti, si può dimostrare che

$$[\hat{H}, \hat{\mathbf{L}}] = -i\hbar c\, \hat{\boldsymbol{\alpha}} \wedge \hat{\mathbf{p}} = -[\hat{H}, \hat{\mathbf{S}}] \,. \tag{8.87}$$

Di conseguenza, risulta

$$[\hat{H}, \hat{\mathbf{J}}] = \mathbf{0} \,, \tag{8.88}$$

e anche

$$[\hat{H}, \hat{J}^2] = 0 \,, \qquad [\hat{J}^2, \hat{J}_x] = [\hat{J}^2, \hat{J}_y] = [\hat{J}^2, \hat{J}_z] = 0 \,, \tag{8.89}$$

dove le tre componenti $\hat{J}_x$, $\hat{J}_y$, $\hat{J}_z$ del momento angolare totale $\hat{\mathbf{J}} = (\hat{J}_x, \hat{J}_y, \hat{J}_z)$ soddisfano le familiari relazioni di commutazione

$$[\hat{J}_i, \hat{J}_j] = i\hbar\, \epsilon_{ijk}\, \hat{J}_k \tag{8.90}$$

con

$$\epsilon_{ijk} = \begin{cases} 1 & \text{se } (i, j, k) \text{ è } (x, y, z) \text{ o } (z, x, y) \text{ o } (y, z, x) \\ -1 & \text{se } (i, j, k) \text{ è } (x, z, y) \text{ o } (z, y, x) \text{ o } (y, x, z) \\ 0 & \text{se } i = j \text{ o } i = k \text{ o } j = k \end{cases} \tag{8.91}$$

il simbolo di Levi-Civita (anche chiamato simbolo di Ricci-Curbastro). Notare che queste relazioni di commutazione possono essere simbolicamente sintetizzate come

$$\hat{\mathbf{J}} \wedge \hat{\mathbf{J}} = i\hbar\, \hat{\mathbf{J}} \,. \tag{8.92}$$

Indicando gli stati che sono autovalori simultanei di $\hat{H}$, $\hat{J}^2$ e $\hat{J}_z$ come $|n, j, m_j\rangle$, si ottiene

$$\hat{H}|n, j, m_j\rangle = E_{n,j}\, |n, j, m_j\rangle \,, \tag{8.93}$$

$$\hat{J}^2|n, j, m_j\rangle = \hbar^2 j(j+1)\, |n, j, m_j\rangle \,, \tag{8.94}$$

$$\hat{J}_z|n, j, m_j\rangle = \hbar m_j\, |n, j, m_j\rangle \,, \tag{8.95}$$

dove j è il numero quantico del momento angolare totale e $m_j = -j, -j+1, -j+2, \ldots, j-2, j-1, j$ il numero quantico della terza componente del momento angolare totale.

Concludendo, abbiamo scoperto che il momento angolare orbitale $\hat{\mathbf{L}}$ e lo spin $\hat{\mathbf{S}}$ non sono costanti di moto di una particella in un potenziale centrale. Al contrario, il momento angolare totale $\hat{\mathbf{J}} = \hat{\mathbf{L}} + \hat{\mathbf{S}}$ è una costante di moto, e anche $\hat{J}^2$ e $\hat{J}_z$ sono costanti di moto.

8.3.3 *Atomo di idrogeno relativistico e separazione fine*

Consideriamo ora l'elettrone dell'atomo di idrogeno. Impostiamo $q = -e$, $m = m_e$ e

$$V(r) = -\frac{e^2}{4\pi\varepsilon_0|\mathbf{r}|} = -\frac{e^2}{4\pi\varepsilon_0\, r}\,. \tag{8.96}$$

Quindi gli autovalori $E_{n,j}$ di $\hat{H}$ si trovano essere

$$E_{n,j} = \frac{mc^2}{\sqrt{1 + \frac{\alpha^2}{\left(n-j-\frac{1}{2}+\sqrt{(j+\frac{1}{2})^2-\alpha^2}\right)^2}}} - mc^2\,, \tag{8.97}$$

con $\alpha = e^2/(4\pi\epsilon_0\hbar c) \simeq 1/137$ la costante di struttura fine. Non dimostriamo questa notevole formula di quantizzazione, ottenuta indipendentemente nel 1928 da Charles Galton Darwin e Walter Gordon, ma sottolineiamo che espandendola in potenze della costante di struttura fine α all'ordine α^4 si ottiene

$$E_{n,j} = E_n^{(0)}\left[1 + \frac{\alpha^2}{n}\left(\frac{1}{j+\frac{1}{2}} - \frac{3}{4n}\right)\right], \tag{8.98}$$

dove

$$E_n^{(0)} = -\frac{1}{2}mc^2\frac{\alpha^2}{n^2} = -\frac{13.6\ eV}{n^2} \tag{8.99}$$

è la familiare formula di quantizzazione di Bohr dell'atomo di idrogeno non relativistico. Il termine che corregge la formula di Bohr, dato da

$$\Delta E = E_n^{(0)}\,\frac{\alpha^2}{n}\left(\frac{1}{j+\frac{1}{2}} - \frac{3}{4n}\right), \tag{8.100}$$

è chiamato correzione della separazione fine. Questo termine rimuove la non-relativistica degenerazione dei livelli energetici, ma non completamente: rimangono livelli doppiamente degeneri con gli stessi numeri quantici n e j ma diverso numero quantico orbitale $l = j \pm 1/2$.

Abbiamo visto che, rigorosamente parlando, nell'atomo di idrogeno relativistico né il momento angolare orbitale $\hat{\mathbf{L}}$ né lo spin $\hat{\mathbf{S}}$ sono costanti di moto. Di conseguenza l, m_l, s e m_s non sono buoni numeri quantici. Tuttavia, nella pratica, a causa della piccolezza delle correzioni della separazione fine, si assume spesso senza problemi che sia $\hat{\mathbf{L}}$ che $\hat{\mathbf{S}}$ siano approssimativamente costanti di moto.

Come esempio, calcoliamo la separazione fine per lo stato $|3p\rangle$ dell'atomo di idrogeno. Il numero intero j è il numero quantico del momento angolare totale $\mathbf{J} = \mathbf{L} + \mathbf{S}$, dove $j = 1/2$ se $l = 0$ e $j = l - 1/2, l + 1/2$ se $l \neq 0$. Lo stato $|3p\rangle$ significa $n = 3$ e $l = 1$, di conseguenza $j = 1/2$ o $j = 3/2$. La correzione iperfine per $j = 1/2$ è

$$\Delta E_{3,\frac{1}{2}} = E_3^{(0)} \frac{\alpha^2}{3}\left(1 - \frac{1}{4}\right) = E_3^{(0)} \frac{\alpha^2}{4} = -\frac{13.6\,\text{eV}}{9} \frac{1}{137^2 \cdot 4} = -2.01 \cdot 10^{-5}\,\text{eV} . \tag{8.101}$$

La correzione iperfine per $j = 3/2$ è invece

$$\Delta E_{3,\frac{3}{2}} = E_3^{(0)} \frac{\alpha^2}{3}\left(\frac{1}{2} - \frac{1}{4}\right) = E_3^{(0)} \frac{\alpha^2}{12} = -\frac{13.6\,\text{eV}}{9} \frac{1}{137^2 \cdot 12} = -6.71 \cdot 10^{-6}\,\text{eV} . \tag{8.102}$$

8.3.4 *Correzioni relativistiche all'hamiltoniano di Schrödinger*

È importante sottolineare che l'Hamiltoniano relativistico $\hat{H}$ dell'equazione di Dirac in un potenziale sfericamente simmetrico, dato dall'Eq. (8.85), può essere espresso come il familiare Hamiltoniano non relativistico di Schrödinger

$$\hat{H}_0 = -\frac{\hbar^2}{2m}\nabla^2 + V(r) \tag{8.103}$$

più una somma infinita di correzioni quantistiche relativistiche. A questo scopo si può partire dall'equazione di Dirac, scritta in termini di bi-spinori, cioè Eq. (8.72) con $\mathbf{A}(\mathbf{r}, t) = \mathbf{0}$ e $q\phi(\mathbf{r}, t) = V(r)$, che dà

$$E\begin{pmatrix}\tilde{\psi} \\ \tilde{\chi}\end{pmatrix} = \begin{pmatrix} V(r) & c\,\hat{\boldsymbol{\sigma}} \cdot \hat{\mathbf{p}} \\ c\,\hat{\boldsymbol{\sigma}} \cdot \hat{\mathbf{p}} & V(r) - 2mc^2 \end{pmatrix}\begin{pmatrix}\tilde{\psi} \\ \tilde{\chi}\end{pmatrix} \tag{8.104}$$

impostando $\psi(\mathbf{r}, t) = \tilde{\psi}(\mathbf{r})\, e^{-iEt/\hbar}$ e $\chi(\mathbf{r}, t) = \tilde{\chi}(\mathbf{r})\, e^{-iEt/\hbar}$. La equazione inferiore di questo sistema può essere scritta come

$$\tilde{\chi} = \frac{c\,\hat{\boldsymbol{\sigma}} \cdot \hat{\mathbf{p}}}{E - V(r) + 2mc^2}\,\tilde{\psi} . \tag{8.105}$$

Questa è un'equazione esatta. Se $E - V(r) \ll 2mc^2$ l'equazione diventa

$$\tilde{\chi} = \frac{\hat{\boldsymbol{\sigma}} \cdot \hat{\mathbf{p}}}{2mc} \tilde{\psi} , \tag{8.106}$$

che è esattamente la versione stazionaria dell'Eq. (8.74) con $\mathbf{A}(\mathbf{r}, t) = \mathbf{0}$. Possiamo fare qualcosa di meglio espandendo l'Eq. (8.105) rispetto al termine piccolo $(E - V(r))/2mc^2$ ottenendo

$$\tilde{\chi} = \frac{\hat{\boldsymbol{\sigma}} \cdot \hat{\mathbf{p}}}{2mc} \left(1 - \frac{E - V(r)}{2mc^2} + \ldots \right) \tilde{\psi} . \tag{8.107}$$

Inserendo questa espressione nella parte superiore dell'equazione del sistema e trascurando i termini di ordine superiore simbolizzati dai tre punti, e dopo alcuni calcoli noiosi, si trova

$$E \, \tilde{\psi} = \hat{H} \, \tilde{\psi} , \tag{8.108}$$

dove

$$\hat{H} = \hat{H}_0 + \hat{H}_1 + \hat{H}_2 + \hat{H}_3 , \tag{8.109}$$

con

$$\hat{H}_1 = -\frac{\hbar^4}{8m^3c^2} \nabla^4 , \tag{8.110}$$

$$\hat{H}_2 = \frac{1}{2m^2c^2} \frac{1}{r} \frac{dV(r)}{dr} \mathbf{L} \cdot \mathbf{S} , \tag{8.111}$$

$$\hat{H}_3 = \frac{\hbar^2}{8m^2c^2} \nabla^2 V(r) , \tag{8.112}$$

con $\hat{H}_1$ la correzione relativistica all'energia cinetica dell'elettrone, $\hat{H}_2$ la correzione spin-orbita, e $\hat{H}_3$ la correzione di Darwin.

Se il potenziale esterno V(r) è quello dell'atomo di idrogeno cioè $V(r) = -e^2/(4\pi\varepsilon_0|\mathbf{r}|)$, si trova immediatamente che $H_3 = (\hbar^2 e^2)/(8m^2c^2\varepsilon_0)\delta(\mathbf{r})$ perché $\nabla^2(1/|\mathbf{r}|) = -4\pi\delta(\mathbf{r})$. Inoltre, applicando la teoria delle perturbazioni di primo ordine a $\hat{H}$ con $\hat{H}_0$ Hamiltoniano non perturbato, si ottiene esattamente l'Eq. (8.98) della correzione della struttura fine. Fisicamente si può dire che la struttura fine relativistica è dovuta all'accoppiamento tra lo spin $\hat{\mathbf{S}}$ e il momento angolare orbitale $\hat{\mathbf{L}}$ dell'elettrone. Inoltre, osserviamo che

$$\hat{\mathbf{L}} \cdot \hat{\mathbf{S}} = \frac{1}{2} \left(\hat{J}^2 - \hat{L}^2 - \hat{S}^2 \right) , \tag{8.113}$$

poiché

$$\hat{J}^2 = (\hat{\mathbf{L}} + \hat{\mathbf{S}})^2 = \hat{L}^2 + \hat{S}^2 + 2 \, \hat{\mathbf{L}} \cdot \hat{\mathbf{S}} , \tag{8.114}$$

l'Hamiltoniano $\hat{H}$ dell'Eq. (8.109) commuta con $\hat{L}^2$ e $\hat{S}^2$ ma non con $\hat{L}_z$ e $\hat{S}_z$.

In realtà, anche il nucleo (il protone nel caso dell'atomo di idrogeno) ha il suo spin $\hat{\mathbf{I}}$ che si accoppia allo spin elettronico per produrre la cosiddetta struttura iperfine. Tuttavia, tipicamente, la struttura iperfine ha spostamenti di energia ordini di grandezza più piccoli della struttura fine.

8.4 Proprietà dello spin in un campo magnetico

Le incredibili proprietà della meccanica quantistica sono molto ben illustrate dalla dinamica di uno spin in presenza di un campo magnetico. Come esempio, consideriamo l'elettrone in un campo magnetico uniforme $\mathbf{B} = (0, 0, B_0)$. Vogliamo calcolare il valore atteso dello spin $\hat{\mathbf{S}}$ lungo l'asse x se a $t = 0$ lo spin è lungo l'asse z. L'operatore Hamiltoniano dello spin è

$$\hat{H} = -\hat{\boldsymbol{\mu}}_S \cdot \mathbf{B} \, , \tag{8.115}$$

dove $\hat{\boldsymbol{\mu}}$ è il momento di dipolo magnetico dell'elettrone, dato da

$$\boldsymbol{\mu}_S = -g_e \frac{\mu_B}{\hbar} \hat{\mathbf{S}} = -\frac{1}{2} \, g_e \, \mu_B \, \hat{\boldsymbol{\sigma}} \, , \tag{8.116}$$

con $g_e = 2.002319 \simeq 2$ il rapporto giroscopico dell'elettrone, $\mu_B = e\hbar/(2m) = 9.27 \cdot 10^{-24} \; J/T$ il magnetone di Bohr e $\hat{\boldsymbol{\sigma}} = (\hat{\sigma}_1, \hat{\sigma}_2, \hat{\sigma}_3)$ il vettore delle matrici di Pauli. L'operatore Hamiltoniano può essere scritto come

$$\hat{H} = \frac{1}{2}\hbar\omega_0 \, \hat{\sigma}_3 = \frac{1}{2}\hbar\omega_0 \begin{pmatrix} 1 & 0 \\ 0 & -1 \end{pmatrix} , \tag{8.117}$$

dove $\omega_0 = g_e \mu_B B_0/\hbar$ è la frequenza di Larmor del sistema. Supponiamo che lo stato iniziale del sistema sia

$$|\psi(0)\rangle = \begin{pmatrix} 1 \\ 0 \end{pmatrix} = |\uparrow\rangle \, , \tag{8.118}$$

mentre

$$\begin{pmatrix} 0 \\ 1 \end{pmatrix} = |\downarrow\rangle \tag{8.119}$$

è l'altro autostato di $\hat{\sigma}_3$. Quindi, lo stato al tempo t è dato da

$$|\psi(t)\rangle = e^{-i\hat{H}t/\hbar}|\psi(0)\rangle = e^{-i\omega_0\hat{\sigma}_3 t/2}|\uparrow\rangle = e^{-i\omega_0 t/2}|\uparrow\rangle \, , \tag{8.120}$$

perché

$$\hat{\sigma}_3 | \uparrow \rangle = | \uparrow \rangle \tag{8.121}$$

e

$$e^{-i\omega_0 \hat{\sigma}_3 t/2} | \uparrow \rangle = e^{-i\omega_0 t/2} | \uparrow \rangle \, . \tag{8.122}$$

Il valore atteso al tempo t della componente di spin lungo l'asse x è quindi

$$\langle \hat{S}_x(t) \rangle = \langle \psi(t) | \frac{\hbar}{2} \hat{\sigma}_1 | \psi(t) \rangle = \frac{\hbar}{2} \langle \uparrow | e^{i\omega_0 t/2} \hat{\sigma}_1 e^{-i\omega_0 t/2} | \uparrow \rangle = \frac{\hbar}{2} \langle \uparrow | \hat{\sigma}_1 | \uparrow \rangle \, . \tag{8.123}$$

Osservando che

$$\hat{\sigma}_1 | \uparrow \rangle = | \downarrow \rangle \, , \tag{8.124}$$

e anche

$$\langle \uparrow | \downarrow \rangle = 0 \, , \tag{8.125}$$

concludiamo che

$$\langle \hat{S}_x(t) \rangle = 0 \, . \tag{8.126}$$

Ciò significa che se inizialmente lo spin è nella direzione del campo magnetico rimane in quella direzione per sempre: è uno stato stazionario con una dipendenza temporale solo nella fase. Invece, le componenti dello spin che sono ortogonali al campo magnetico hanno sempre valore atteso zero.

Consideriamo un altro esempio interessante: l'elettrone è posto in un campo magnetico uniforme $\mathbf{B} = (0, 0, B_0)$. Vogliamo calcolare il valore atteso dello spin $\hat{\mathbf{S}}$ lungo l'asse x se a $t = 0$ lo spin è lungo l'asse x. L'operatore Hamiltoniano di spin è dato da

$$\hat{H} = \frac{1}{2} \hbar\omega_0 \, \hat{\sigma}_3 \tag{8.127}$$

dove $\omega_0 = g_e \mu_B B_0 / \hbar$ è la frequenza di Larmor del sistema, con g_e fattore giromagnetico e μ_B magnetone di Bohr. Lo stato iniziale del sistema è

$$|\psi(0)\rangle = \frac{1}{\sqrt{2}} (| \uparrow \rangle + | \downarrow \rangle) \, , \tag{8.128}$$

poiché

$$\hat{\sigma}_1 | \psi(0) \rangle = \frac{1}{\sqrt{2}} (\hat{\sigma}_1 | \uparrow \rangle + \sigma_1 | \downarrow \rangle) = \frac{1}{\sqrt{2}} (| \downarrow \rangle + | \uparrow \rangle) = | \psi(0) \rangle \, . \tag{8.129}$$

Lo stato al tempo t è quindi

$$\begin{aligned} |\psi(t)\rangle &= e^{-i\hat{H}t/\hbar}|\psi(0)\rangle = e^{-i\omega_0\hat{\sigma}_3 t/2}\frac{1}{\sqrt{2}}(|\uparrow\rangle + |\downarrow\rangle) \\ &= \frac{1}{\sqrt{2}}\left(e^{-i\omega_0 t/2}|\uparrow\rangle + e^{i\omega_0 t/2}|\downarrow\rangle\right), \end{aligned} \tag{8.130}$$

perché

$$\hat{\sigma}_3|\uparrow\rangle = |\uparrow\rangle \tag{8.131}$$

$$\hat{\sigma}_3|\downarrow\rangle = -|\downarrow\rangle \tag{8.132}$$

e

$$e^{-i\omega_0\hat{\sigma}_3 t/2}|\uparrow\rangle = e^{-i\omega_0 t/2}|\uparrow\rangle \tag{8.133}$$

$$e^{-i\omega_0\hat{\sigma}_3 t/2}|\downarrow\rangle = e^{i\omega_0 t/2}|\downarrow\rangle\,. \tag{8.134}$$

Il valore atteso al tempo t della componente di spin lungo l'asse x è

$$\begin{aligned} \langle\hat{S}_x(t)\rangle &= \langle\psi(t)|\frac{\hbar}{2}\hat{\sigma}_1|\psi(t)\rangle \\ &= \frac{\hbar}{4}\left(\langle\uparrow|e^{i\omega_0 t/2} + \langle\downarrow|e^{-i\omega_0 t/2}\right)\hat{\sigma}_1\left(e^{-i\omega_0 t/2}|\uparrow\rangle + e^{i\omega_0 t/2}|\downarrow\rangle\right) \\ &= \frac{\hbar}{4}\left(e^{i\omega_0 t}\langle\uparrow|\uparrow\rangle + e^{-i\omega_0 t}\langle\downarrow|\downarrow\rangle\right) = \frac{\hbar}{2}\cos(\omega_0 t)\,. \end{aligned} \tag{8.135}$$

8.5 Effetto Stark

Consideriamo l'atomo di idrogeno sotto l'azione di un campo elettrico costante **E**. Scriviamo il campo elettrico costante come

$$\mathbf{E} = E\;\mathbf{u}_z = (0, 0, E)\,, \tag{8.136}$$

scegliendo l'asse z nella stessa direzione di **E**. L'operatore Hamiltoniano del sistema è quindi dato da

$$\hat{H} = \hat{H}_0 + \hat{H}_I\,, \tag{8.137}$$

dove

$$\hat{H}_0 = \frac{\hat{p}^2}{2m} - \frac{e^2}{4\pi\epsilon_0\, r} \tag{8.138}$$

è l'Hamiltoniano non relativistico dell'elettrone nell'atomo di idrogeno (con $m = m_e$ la massa dell'elettrone), mentre

$$\hat{H}_I = -e\,\phi(\mathbf{r}) = e\,\mathbf{E}\cdot\mathbf{r} = -\mathbf{d}\cdot\mathbf{E} = e\,E\,z \tag{8.139}$$

è l'hamiltoniano dell'interazione dovuta al potenziale scalare elettrico $\phi(\mathbf{r}) = -\mathbf{E}\cdot\mathbf{r}$ tale che $\mathbf{E} = -\nabla\phi$, con $-e$ carica elettrica dell'elettrone e $\mathbf{d} = -e\mathbf{r}$ il dipolo elettrico.

Siano $|nlm_l\rangle$ gli autostati di $\hat{H}_0$, tali che

$$\hat{H}_0|nlm_l\rangle = E_n^{(0)}|nlm_l\rangle \tag{8.140}$$

con

$$E_n^{(0)} = -\frac{13.6}{n^2}\,eV\ , \tag{8.141}$$

lo spettro di Bohr dell'atomo di idrogeno, e inoltre

$$\hat{L}^2|nlm_l\rangle = \hbar^2\,l(l+1)\,|nlm_l\rangle\ , \qquad \hat{L}_z|nlm_l\rangle = \hbar\,m_l\,|nlm_l\rangle\ . \tag{8.142}$$

Al primo ordine della teoria delle perturbazioni degeneri lo spettro energetico è dato da

$$E_n = E_n^{(0)} + E_n^{(1)}\ , \tag{8.143}$$

dove $E_n^{(1)}$ è uno degli autovalori della sottomatrice $\hat{H}_I^n$, i cui elementi sono

$$a^{(n)}_{l'm_l',lm_l} = \langle nl'm_l'|\hat{H}_I|nlm_l\rangle = e\,E\,\langle nl'm_l'|z|nlm_l\rangle\ . \tag{8.144}$$

Quindi, in generale, c'è una separazione lineare dei livelli energetici degeneri dovuto al campo elettrico esterno E. Questo effetto prende il nome da Johannes Stark, che lo scoprì nel 1913. In realtà, fu scoperto indipendentemente nello stesso anno anche da Antonino Lo Surdo.

È importante sottolineare che lo stato fondamentale $|1s\rangle = |n=1, l=0, m_l=0\rangle$ dell'atomo di idrogeno non è degenerato e per esso $\langle 1s|z|1s\rangle = 0$. Ne consegue che non c'è effetto Stark lineare per lo stato fondamentale. Quindi, abbiamo bisogno della teoria delle perturbazioni al secondo ordine, ovvero

$$E_1 = E_1^{(0)} + E_1^{(1)} + E_1^{(2)}\ , \tag{8.145}$$

dove

$$E_1^{(1)} = \langle 100|eEz|100\rangle = 0\ , \tag{8.146}$$

$$E_1^{(2)} = \sum_{nlm_l\neq 100} \frac{|\langle nlm_l|eEz|100\rangle|^2}{E_1^{(0)} - E_n^{(0)}} = e^2E^2\sum_{n=2}^{\infty}\frac{|\langle n10|z|100\rangle|^2}{E_1^{(0)} - E_n^{(0)}}\ , \tag{8.147}$$

dove l'ultima uguaglianza è dovuta alle regole di selezione del dipolo. Questa formula mostra che il campo elettrico produce uno shift quadratico nell'energia dello stato fondamentale. Questo fenomeno è noto come l' effetto Stark quadratico.

La polarizzabilità α_p di un atomo è definita in termini dello shift energetico ΔE_1 dell'energia dello stato fondamentale atomico E_1 indotto da un campo elettrico esterno E come segue:

$$\Delta E_1 = -\frac{1}{2}\,\alpha_p\, E^2\ . \tag{8.148}$$

Quindi, per l'atomo di idrogeno possiamo scrivere

$$\alpha_p = -2e^2 \sum_{n=2}^{\infty} \frac{|\langle n10|z|100\rangle|^2}{E_1^{(0)} - E_n^{(0)}} = -\frac{9}{4}\frac{e^2 r_0^2}{E_1^{(0)}}\ , \tag{8.149}$$

con r_0 il raggio di Bohr.

8.6 Effetto Zeeman

Consideriamo l'atomo di idrogeno sotto l'azione di un campo magnetico costante $\mathbf{B}$. Secondo l'equazione di Pauli, l'operatore hamiltoniano del sistema è dato da

$$\hat{H} = \frac{(\hat{\mathbf{p}} + e\mathbf{A})^2}{2m} - \frac{e^2}{4\pi\epsilon_0\, r} - \hat{\boldsymbol{\mu}}_S \cdot \mathbf{B} \tag{8.150}$$

dove

$$\hat{\boldsymbol{\mu}}_S = -\frac{e}{m}\hat{\mathbf{S}} \tag{8.151}$$

è il momento magnetico del dipolo di spin, con $\hat{\mathbf{S}}$ lo spin dell'elettrone, e $\mathbf{A}$ è il potenziale vettore, tale che $\mathbf{B} = \nabla \wedge \mathbf{A}$. Poiché il campo magnetico $\mathbf{B}$ è costante, il potenziale vettore può essere scritto come

$$\mathbf{A} = \frac{1}{2}\mathbf{B} \wedge \mathbf{r}\ , \tag{8.152}$$

e quindi

$$(\hat{\mathbf{p}} + e\mathbf{A})^2 = \hat{\mathbf{p}}^2 + 2e\hat{\mathbf{p}} \cdot \mathbf{A} + e^2\mathbf{A}^2 = \hat{\mathbf{p}}^2 + 2e\mathbf{B} \cdot \hat{\mathbf{L}} + e^2(\mathbf{B} \wedge \mathbf{r})^2\ , \tag{8.153}$$

con $\hat{\mathbf{L}} = \mathbf{r} \wedge \hat{\mathbf{p}}$. In questo modo l'hamiltoniano può essere espresso come

$$\hat{H} = \hat{H}_0 + \hat{H}_I\ , \tag{8.154}$$

dove

$$\hat{H}_0 = \frac{\hat{p}^2}{2m} - \frac{e^2}{4\pi\epsilon_0 r} \tag{8.155}$$

è l'hamiltoniano non relativistico dell'elettrone nell'atomo di idrogeno, mentre

$$\hat{H}_I = -\hat{\boldsymbol{\mu}} \cdot \mathbf{B} + \frac{e^2}{8m}(\mathbf{B} \wedge \mathbf{r})^2 \tag{8.156}$$

è l'hamiltoniano dell'interazione magnetica, con

$$\hat{\boldsymbol{\mu}} = \hat{\boldsymbol{\mu}}_L + \hat{\boldsymbol{\mu}}_S = -\frac{e}{2m}(\hat{\mathbf{L}} + \hat{2\mathbf{S}}) \tag{8.157}$$

il momento magnetico dipolare totale dell'elettrone. Ora scriviamo il campo magnetico costante come

$$\mathbf{B} = B\,\mathbf{u}_z = (0, 0, B)\ , \tag{8.158}$$

scegliendo l'asse z nella stessa direzione di $\mathbf{B}$. In questo modo l'hamiltoniana di interazione diventa

$$\hat{H}_I = \frac{eB}{2m}\left(\hat{L}_z + 2\hat{S}_z\right) + \frac{e^2 B^2}{8m}(x^2 + y^2)\ . \tag{8.159}$$

Il primo termine, chiamato termine paramagnetico, cresce linearmente con il campo magnetico B mentre il secondo, il termine diamagnetico, cresce quadraticamente. Il termine paramagnetico è dell'ordine di $\mu_B B$, dove $\mu_B = e\hbar/(2m) = 9.3 \cdot 10^{-24}$ Joule/Tesla = $5.29 \cdot 10^{-5}$ eV/Tesla è il magnetone di Bohr. Poiché l'energia non perturbata di $\hat{H}_0$ è dell'ordine di 10 eV, il termine paramagnetico può essere considerato una piccola perturbazione.

8.6.1 Effetto Zeeman a campo forte

Di solito il termine diamagnetico è molto più piccolo di quello paramagnetico, e diventa osservabile solo per B dell'ordine di $10^6/n^4$ Tesla, cioè principalmente nel contesto astrofisico. Quindi in laboratorio il termine diamagnetico è solitamente trascurabile (a parte per valori molto grandi del numero quantico principale n) e l'hamiltoniana di interazione effettiva si scrive

$$H_I = \frac{eB}{2m}\left(\hat{L}_z + 2\hat{S}_z\right)\ . \tag{8.160}$$

Quindi (8.155) è l'hamiltoniana non perturbata e (8.160) l'hamiltoniana perturbante. È chiaro che questa hamiltoniana totale è diagonale rispetto agli autostati $|n l m_l m_s\rangle$ e si ottiene immediatamente lo spettro energetico seguente

$$E_{n,m_l,m_s} = E_n^{(0)} + \mu_B B(m_l + 2m_s) \,, \tag{8.161}$$

dove $E_n^{(0)}$ è lo spettro di autovalori di Bohr non perturbato e $\mu_B = e\hbar/(2m)$ è il magnetone di Bohr, con m la massa dell'elettrone. L'Eq. (8.161) descrive l'effetto Zeeman a campo forte, osservato per la prima volta nel 1896 da Pieter Zeeman. Il campo B non rimuove la degenerazione in l ma lo fa rimuove la degenerazione in m_l e m_s. Le regole di selezione per le transizioni dipolari richiedono $\Delta m_s = 0$ e $\Delta m_l = 0, \pm 1$. Quindi la linea spettrale corrispondente a una transizione $n \to n'$ è divisa in 3 componenti, chiamate tripletto di Lorentz.

8.6.2 Effetto Zeeman a campo debole

Nell'atomo di idrogeno l'effetto Zeeman a campo forte è osservabile se il campo magnetico B è tra circa $1/n^3$ Tesla e circa $10^6/n^4$ Tesla, con n il numero quantico principale. Infatti, come precedentemente spiegato, per B maggiore di circa $10^6/n^4$ Tesla il termine diamagnetico non è più trascurabile. Invece, per B minore di circa $1/n^3$ Tesla la separazione dovuta al campo magnetico B diventa confrontabile con la separazione dovuta alle correzioni di struttura fine relativistiche. Quindi, per studiare l'effetto di un campo debole B, cioè l'effetto Zeeman a campo debole, l'hamiltoniana non relativistica non perturbata $\hat{H}_0$ data dall'Eq. (8.155) non è più affidabile. Bisogna invece utilizzare l'hamiltoniana relativistica esatta o, almeno, quella non relativistica con correzioni relativistiche, cioè

$$\hat{H}_0 = \hat{H}_{0,0} + \hat{H}_{0,1} + \hat{H}_{0,2} + \hat{H}_{0,3} \,, \tag{8.162}$$

dove

$$\hat{H}_{0,0} = -\frac{\hbar^2}{2m}\nabla^2 - \frac{e^2}{4\pi\epsilon_0\, r} \tag{8.163}$$

$$\hat{H}_{0,1} = -\frac{\hbar^4}{8m^3c^2}\nabla^4 \,, \tag{8.164}$$

$$\hat{H}_{0,2} = \frac{1}{2m^2c^2}\frac{1}{r}\frac{dV(r)}{dr}\mathbf{L}\cdot\mathbf{S} \,, \tag{8.165}$$

$$\hat{H}_{0,3} = \frac{\hbar^2}{8m^2c^2}\nabla^2 V(r) \,, \tag{8.166}$$

con $\hat{H}_{0,0}$ l'hamiltoniana non relativistica, $\hat{H}_{0,1}$ la correzione relativistica all'energia cinetica dell'elettrone, $\hat{H}_{0,2}$ la correzione spin-orbita, e $\hat{H}_{0,3}$ la correzione di Darwin. In ogni caso, m_l e m_s non sono più buoni numeri quantici perché $\hat{L}_z$ e $\hat{S}_z$ non commutano con il nuovo $\hat{H}_0$.

L'hamiltoniana (8.162) commuta invece con $\hat{L}^2$, $\hat{S}^2$, $\hat{J}^2$ e $\hat{J}_z$. Di conseguenza, per questa hamiltoniana i buoni numeri quantici sono n, l, s, j e m_j. Applicando di nuovo la teoria delle perturbazioni di primo ordine, dove ora (8.162) è l'hamiltoniana non perturbata e (8.160) è l'hamiltoniana perturbante, si ottiene il seguente spettro energetico

$$E_{n,l,j,m_j} = E^{(0)}_{n,j} + E^{(1)}_{n,l,s,j,m_j} , \tag{8.167}$$

dove $E^{(0)}_{n,j}$ è lo spettro relativistico non perturbato e

$$E^{(1)}_{n,l,s,j,m_j} = \frac{eB}{2m} \langle n,l,s,j,m_j | \hat{L}_z + 2\hat{S}_z | n,l,s,j,m_j \rangle \tag{8.168}$$

è la correzione di primo ordine, che in effetti non è molto facile da calcolare. Ma possiamo farlo. Prima notiamo che

$$\begin{aligned} \langle n,l,s,j,m_j | \hat{L}_z + 2\hat{S}_z | n,l,s,j,m_j \rangle &= \langle n,l,s,j,m_j | \hat{J}_z + \hat{S}_z | n,l,s,j,m_j \rangle \\ &= \hbar m_j + \langle n,l,s,j,m_j | \hat{S}_z | n,l,s,j,m_j \rangle . \end{aligned} \tag{8.169}$$

Il teorema di Wigner-Eckart afferma che per qualsiasi operatore vettoriale $\hat{\mathbf{V}} = (\hat{V}_1, \hat{V}_2, \hat{V}_3)$ tale che $[\hat{J}_i, \hat{V}_j] = i\hbar\epsilon_{ijk}\hat{V}_k$ vale l'identità

$$\hbar^2 j(j+1) \langle n,l,s,j,m_j | \hat{\mathbf{V}} | n,l,s,j,m_j \rangle = \langle n,l,s,j,m_j | (\hat{\mathbf{V}} \cdot \hat{\mathbf{J}})\, \hat{\mathbf{J}} | n,l,s,j,m_j \rangle . \tag{8.170}$$

Nel nostro caso $\hat{\mathbf{V}} = \hat{\mathbf{S}}$ e abbiamo considerato solo la componente z. Quindi, sulla base del teorema di Wigner-Eckart, abbiamo

$$\hbar^2 j(j+1) \langle n,l,s,j,m_j | \hat{S}_z | n,l,s,j,m_j \rangle = \langle n,l,s,j,m_j | (\hat{\mathbf{S}} \cdot \hat{\mathbf{J}})\, \hat{J}_z | n,l,s,j,m_j \rangle , \tag{8.171}$$

da cui otteniamo

$$\begin{aligned} &\hbar^2 j(j+1) \langle n,l,s,j,m_j | \hat{S}_z | n,l,s,j,m_j \rangle \\ &\quad = \hbar m_j \langle n,l,s,j,m_j | \hat{\mathbf{S}} \cdot \hat{\mathbf{J}} | n,l,s,j,m_j \rangle \\ &\quad = \hbar m_j \langle n,l,s,j,m_j | \frac{1}{2}\left(\hat{J}^2 + \hat{S}^2 - \hat{L}^2 \right) | n,l,s,j,m_j \rangle \\ &\quad = \hbar m_j \frac{1}{2} \hbar^2 (j(j+1) + s(s+1) - l(l+1)) . \end{aligned} \tag{8.172}$$

Si conclude che per un campo magnetico debole B la correzione del primo ordine è data da

$$E^{(1)}_{n,l,s,j,m_j} = \mu_B \; B \; g_{l,s,j} \; m_j , \tag{8.173}$$

dove $\mu_B = e\hbar/(2m)$ è il magnetone di Bohr, e

$$g_{l,s,j} = 1 + \frac{j(j+1) + s(s+1) - l(l+1)}{2j(j+1)} \tag{8.174}$$

è il cosiddetto fattore di Landé. Chiaramente, nel caso dell'elettrone $s = 1/2$ e il fattore di Landé diventa

$$g_{l,j} = 1 + \frac{j(j+1) - l(l+1) + 3/4}{2j(j+1)} \,. \tag{8.175}$$

Parlando in termini strettamente tecnici, la divisione dell'energia descritta da Eq. (8.173) è completamente affidabile solo per un campo magnetico debole B nell'intervallo 0 Tesla $\leq B \ll 1/n^3$ Tesla, con n il numero quantico principale. Infatti, se il campo magnetico B si avvicina a $1/n^3$ Tesla si osserva un complesso schema di divisione, che si sposta aumentando B dalla divisione descritta da Eq. (8.173) verso la divisione descritta da Eq. (8.161). Questa transizione, osservata nel 1913 da Friedrich Paschen e Ernst Back, è ora chiamata effetto Paschen-Back.

Ulteriori letture

Una trattazone completa dell'equazione di Schrödinger per l'elettrone nell'atomo di idrogeno può essere trovata in:

L.D. Landau e E.M. Lifshitz, Fisica teorica vol. 3: Meccanica quantistica – teoria non relativistica (Editori riuniti, 1976).

Un'analisi dettagliata delle regole di selezione basate sulla approssimazione di dipolo dell'interazione materia-radiation può essere trovata in:

L. Salasnich, Quantum Physics of Light and Matter: Photons, Atoms, and Strongly Correlated Systems (Springer, 2017).

Per l'equazione di Dirac e l'equazione di Pauli:

J.D. Bjorken e S.D. Drell, Relativistic Quantum Mechanics (McGraw-Hill, New York, 1964).

Una discussione dettagliata dell'equazione di Dirac per l'elettrone nell'atomo di idrogeno può essere trovata in:

E.M. Lifshitz e L.P. Pitaevskii, Fisica teorica vol. 4: Teoria quantistica relativistica (Editori riuniti, 1978).

Per l'effetto Stark:

R.W. Robinett, Quantum Mechanics: Classical Results, Modern Systems, and Visualized Examples, chap. 19, section 19.6 (Oxford Univ. Press, Oxford, 2006).

Per l'effetto Zeeman:

B.H. Bransden e C.J. Joachain: Physics of Atoms and Molecules, chapt. 6, sections 6.1 and 6.2 (Prentice Hall, Upper Saddle River, 2003).

Capitolo 9
Sistemi a molti corpi

In questo capitolo analizziamo atomi con molti elettroni e, più in generale, sistemi con molte particelle identiche interagenti. Consideriamo le proprietà generali di molte particelle identiche con le loro funzioni d'onda a molti corpi bosonici o fermionici, e la connessione tra spin e statistiche che spiega il principio di Pauli e le caratteristiche principali della tavola periodica degli elementi.

9.1 Particelle quantistiche identiche

Prima di tutto, introduciamo la coordinata generalizzata $x = (\mathbf{r}, \sigma)$ di una particella che tiene conto della coordinata spaziale $\mathbf{r}$ ma anche dello spin intrinseco σ appartenente alla particella. Ad esempio, una particella con spin $1/2$ ha $\sigma = -1/2, 1/2 = \downarrow, \uparrow$. Utilizzando la notazione di Dirac lo stato di singola particella corrispondente è

$$|x\rangle = |\mathbf{r}\, \sigma\rangle \,. \tag{9.1}$$

Consideriamo ora N particelle identiche; ad esempio particelle con la stessa massa e carica elettrica. La funzione d'onda a molti corpi del sistema è data da

$$\Psi(x_1, x_2, \ldots, x_N) = \Psi(\mathbf{r}_1, \sigma_1, \mathbf{r}_2, \sigma_2, \ldots, \mathbf{r}_N, \sigma_N) \,, \tag{9.2}$$

Secondo la meccanica quantistica le particelle identiche sono indistinguibili. Di conseguenza, deve essere

$$|\Psi(x_1, x_2, \ldots, x_i, \ldots, x_j, \ldots, x_N)|^2 = |\Psi(x_1, x_2, \ldots, x_j, \ldots, x_i, \ldots, x_N)|^2 \,, \tag{9.3}$$

il che significa che la probabilità di trovare le particelle deve essere indipendente dallo scambio di due coordinate generalizzate x_i e x_j. Ovviamente, per 2 particelle

L. Salasnich, F. Lorenzi, *Introduzione alla fisica moderna*,
https://doi.org/10.1007/978-3-032-17303-4_9

questo implica che

$$|\Psi(x_1, x_2)|^2 = |\Psi(x_2, x_1)|^2 . \qquad (9.4)$$

Gli esperimenti suggeriscono che esistono solo due tipi di particelle identiche che soddisfano l'Eq. (9.3): bosoni e fermioni. Per N bosoni identici si ottiene

$$\Psi(x_1, x_2, \ldots, x_i, \ldots, x_j, \ldots, x_N) = \Psi(x_1, x_2, \ldots, x_j, \ldots, x_i, \ldots, x_N) , \qquad (9.5)$$

cioè la funzione d'onda a molti corpi è simmetrica rispetto allo scambio di due coordinate x_i e x_j. Nota che per 2 particelle bosoniche identiche questo implica

$$\Psi(x_1, x_2) = \Psi(x_2, x_1). \qquad (9.6)$$

Per N fermioni identici si ottiene invece

$$\Psi(x_1, x_2, \ldots, x_i, \ldots, x_j, \ldots, x_N) = -\Psi(x_1, x_2, \ldots, x_j, \ldots, x_i, \ldots, x_N) , \qquad (9.7)$$

cioè la funzione d'onda a molti corpi è anti-simmetrica rispetto allo scambio di due coordinate x_i e x_j. Nota che per 2 particelle fermioniche identiche questo implica

$$\Psi(x_1, x_2) = -\Psi(x_2, x_1) . \qquad (9.8)$$

Una conseguenza immediata dell'anti-simmetria della funzione d'onda a molti corpi fermionica è il *Principio di Pauli*: se $x_i = x_j$ allora la funzione d'onda a molti corpi è zero. In altre parole: la probabilità di trovare due particelle fermioniche con le stesse coordinate generalizzate è zero.

9.1.1 Teorema spin-statistica

Un fatto sperimentale notevole, che è spesso chiamato *teorema spin-statistica* perché può essere dedotto da altri postulati della teoria quantistica dei campi relativistica, è il seguente: le particelle identiche con spin intero sono bosoni mentre le particelle identiche con spin semi-intero sono fermioni. Ad esempio, i fotoni sono bosoni con spin 1 mentre gli elettroni sono fermioni con spin $1/2$. Si noti che per una particella composta è lo spin totale a determinare le statistiche. Ad esempio, lo spin totale (somma degli spin nucleari ed elettronici) dell'atomo di ^{4}He è 0 e di conseguenza questo atomo è un bosone, mentre lo spin totale dell'atomo di ^{3}He è $1/2$ e di conseguenza questo atomo è un fermione.

9.2 Particelle identiche non interagenti

L'hamiltoniano quantistico di N particelle identiche non interagenti è dato da

$$\hat{H}_0 = \sum_{i=1}^{N} \hat{h}(x_i) , \tag{9.9}$$

dove $\hat{h}(x)$ è l'hamiltoniano di singola particella. Di solito l'hamiltoniano di singola particella è dato da

$$\hat{h}(x) = -\frac{\hbar^2}{2m}\nabla^2 + U(\mathbf{r}) , \tag{9.10}$$

con $U(\mathbf{r})$ il potenziale di confinamento esterno. In generale l'hamiltoniano di singola particella $\hat{h}$ soddisfa l'equazione agli autovalori

$$\hat{h}(x)\, \phi_n(x) = \epsilon_n\, \phi_n(x) , \tag{9.11}$$

dove ϵ_n sono le energie mono-particellari e $\phi_n(x)$ le funzioni d'onda mono-particellari, con $n = 1, 2, \ldots$

La funzione d'onda a molti corpi $\Psi(x_1, x_2, \ldots, x_N)$ del sistema può essere scritta in termini delle funzioni d'onda mono-particellari $\phi_n(x)$ ma bisogna tenere conto delle statistiche di spin delle particelle identiche. Per N bosoni la funzione d'onda a molti corpi più semplice è

$$\Psi(x_1, x_2, \ldots, x_N) = \phi_1(x_1)\, \phi_1(x_2) \ldots \phi_1(x_N) , \tag{9.12}$$

che corrisponde alla configurazione in cui tutte le particelle sono nello stato di singola particella di energia più bassa $\phi_1(x)$. Questo è infatti un puro condensato di Bose-Einstein. Si noti che per 2 bosoni l'espressione precedente diventa

$$\Psi(x_1, x_2) = \phi_1(x_1)\phi_1(x_2) . \tag{9.13}$$

Ovviamente ci sono infinite configurazioni che soddisfano la simmetria bosonica della funzione d'onda a molti corpi. Ad esempio, con 2 bosoni si può avere

$$\Psi(x_1, x_2) = \phi_4(x_1)\phi_4(x_2) , \tag{9.14}$$

che significa che i due bosoni sono entrambi nel quarto autostato; un altro esempio è

$$\Psi(x_1, x_2) = \frac{1}{\sqrt{2}}(\phi_1(x_1)\phi_2(x_2) + \phi_1(x_2)\phi_2(x_1)) , \tag{9.15}$$

dove il fattore $1/\sqrt{2}$ è stato incluso per mantenere la stessa normalizzazione della funzione d'onda a molti corpi, e in questo caso i bosoni sono nei primi due stati di singola particella disponibili.

Per N fermioni la funzione d'onda a molti corpi più semplice è invece molto diversa, ed è data da

$$\Psi(x_1, x_2, \ldots, x_N) = \frac{1}{\sqrt{N!}} \begin{pmatrix} \phi_1(x_1) & \phi_1(x_2) & \ldots & \phi_1(x_N) \\ \phi_2(x_1) & \phi_2(x_2) & \ldots & \phi_2(x_N) \\ \ldots & \ldots & \ldots & \ldots \\ \phi_N(x_1) & \phi_N(x_2) & \ldots & \phi_N(x_N) \end{pmatrix} \tag{9.16}$$

che è il cosiddetto determinante di Slater della matrice $N \times N$ ottenuta con le N funzioni d'onda di singola particella di energia più bassa $\psi_n(x)$, con $n = 1, 2, \ldots, N$, calcolate nelle N possibili coordinate generalizzate x_i, con $i = 1, 2, \ldots, N$. Notare che per 2 fermioni l'espressione precedente diventa

$$\Psi(x_1, x_2) = \frac{1}{\sqrt{2}}(\phi_1(x_1)\phi_2(x_2) - \phi_1(x_2)\phi_2(x_1)) \, . \tag{9.17}$$

Sottolineiamo che per particelle identiche non interagenti l'Hamiltoniano (9.9) è separabile, e l'energia totale associata alla funzione d'onda a molti corpi bosonica (9.12) è semplicemente

$$E = N \, \epsilon_1 \, , \tag{9.18}$$

mentre per la funzione d'onda a molti corpi fermionica (9.16) l'energia totale (in assenza di livelli di energia di singola particella degenerati e per fermioni polarizzati in spin) è

$$E = \epsilon_1 + \epsilon_2 + \ldots + \epsilon_N \, , \tag{9.19}$$

che è sicuramente superiore a quella bosonica. Il livello di energia di singola particella occupato più alto è chiamato energia di Fermi, ed è indicato come ϵ_F; nel nostro caso è ovviamente $\epsilon_F = \epsilon_N$.

9.2.1 Struttura a guscio atomico e tavola periodica degli elementi

L'Hamiltoniano quantistico non relativistico di Z elettroni identici non interagenti nell'atomo neutro è dato da

$$\hat{H}_0 = \sum_{i=1}^{Z} \hat{h}(\mathbf{r}_i) \, , \tag{9.20}$$

dove $\hat{h}(\mathbf{r})$ è l'Hamiltoniano di singola particella dato da

$$\hat{h}(\mathbf{r}) = -\frac{\hbar^2}{2m}\nabla^2 + U(\mathbf{r}) \, , \tag{9.21}$$

Tabella 9.1 Atomi più leggeri e la loro energia di stato fondamentale E sulla base delle energie delle singole particelle

Z	Atomo	Simbolo	E
1	idrogeno	H	$\epsilon_1(1)$
2	elio	He	$2\epsilon_1(2)$
3	litio	Li	$2\epsilon_1(3) + \epsilon_2(3)$
4	berillio	Be	$2\epsilon_1(4) + 2\epsilon_2(4)$
5	boro	B	$2\epsilon_1(5) + 3\epsilon_2(5)$
6	carbonio	C	$2\epsilon_1(6) + 4\epsilon_2(6)$
7	azoto	N	$2\epsilon_1(7) + 5\epsilon_2(7)$
8	ossigeno	O	$2\epsilon_1(8) + 6\epsilon_2(8)$
9	fluoro	F	$2\epsilon_1(9) + 7\epsilon_2(9)$
10	neon	Ne	$2\epsilon_1(10) + 8\epsilon_2(10)$
11	sodio	Na	$2\epsilon_1(11) + 8\epsilon_2(11) + \epsilon_3(11)$
12	magnesio	Mg	$2\epsilon_1(12) + 8\epsilon_2(12) + 2\epsilon_3(12)$
13	alluminio	Al	$2\epsilon_1(13) + 8\epsilon_2(13) + 3\epsilon_3(13)$
14	silicio	Si	$2\epsilon_1(14) + 8\epsilon_2(14) + 4\epsilon_3(14)$

con

$$U(\mathbf{r}) = -\frac{Ze^2}{4\pi\varepsilon_0\,|\mathbf{r}|} \tag{9.22}$$

il potenziale di confinamento dovuto all'interazione di Coulomb attrattiva tra il singolo elettrone e il nucleo atomico di carica positiva Ze, con $e > 0$.

Poiché il potenziale di confinamento $U(\mathbf{r})$ è sfericamente simmetrico, cioè $U(\mathbf{r}) = U(|\mathbf{r}|)$, l'Hamiltoniano di singola particella $\hat{h}$ soddisfa l'equazione agli autovalori

$$\hat{h}(\mathbf{r})\,\phi_{nlm_lm_s}(\mathbf{r}) = \epsilon_n(Z)\,\phi_{nlm_lm_s}(\mathbf{r})\,, \tag{9.23}$$

dove

$$\epsilon_n(Z) = -13.6\,eV\,\frac{Z^2}{n^2} \tag{9.24}$$

sono le energie di singola particella di Bohr dell'atomo simile all'idrogeno, e $\phi_{nlm_lm_s}(\mathbf{r}) = R_{nl}(r)Y_{lm_l}(\theta,\phi)$ sono le funzioni d'onda di singola particella, che dipendono dai numeri quantici principali $n = 1, 2, \ldots$, il numero quantico angolare $l = 0, 1, \ldots, n-1$, il numero quantico angolare terzo componente $m_l = -l, -l+1, \ldots, l-1, l$, e il numero quantico di spin terzo componente $m_s = -\frac{1}{2}, \frac{1}{2}$. Notare che qui

$$\phi_{nlm_lm_s}(\mathbf{r}) = \phi_{nlm_l}(\mathbf{r}, \sigma) \tag{9.25}$$

con $\sigma = \uparrow$ per $m_s = \frac{1}{2}$ e $\sigma = \downarrow$ per $m_s = -\frac{1}{2}$.

A causa del principio di Pauli, l'energia di stato fondamentale E di questo sistema di Z elettroni dipende fortemente dalla degenerazione dei livelli di energia delle singole particelle. Nella Tabella 9.1 riportiamo l'energia di stato fondamentale E degli atomi più leggeri sulla base dei loro livelli di energia delle singole particelle $\epsilon_n(Z)$.

La degenerazione del livello di energia delle singole particelle $\epsilon_n(Z)$ è chiaramente indipendente da Z e data da

$$deg(\epsilon_n(Z)) = \sum_{l=0}^{n-1} 2(2l + 1) = 2n^2 , \tag{9.26}$$

che è il numero massimo di elettroni con lo stesso numero quantico principale n. L'insieme di stati con lo stesso numero quantico principale è chiamato guscio teorico. Il numero di elettroni in ogni guscio teorico sono: 2, 8, 18, 32, 52. Ci si aspetta che gli atomi più stabili siano caratterizzati da gusci teorici completamente occupati. In realtà, i dati sperimentali, ovvero la tavola periodica degli elementi dovuta a Dmitri Mendeleev, suggeriscono che il vero numero di elettroni in ogni guscio sperimentale siano invece: 2, 8, 8, 18, 18, 32, perché gli atomi nobili sono caratterizzati dai seguenti numeri atomici:

$$\begin{gathered} 2, \quad 2+8=10, \quad 2+8+8=18, \quad 2+8+8+18=36, \\ 2+8+8+18+18=54, \quad 2+8+8+18+18+32=86 , \end{gathered}$$

corrispondenti a Elio ($Z = 2$), Neon ($Z = 10$), Argon ($Z = 18$), Cripto ($Z = 36$), Xenon ($Z = 54$), e Radon ($Z = 86$). La sequenza sperimentale è chiaramente simile ma non uguale a quella teorica, a causa delle ripetizioni di 8 e 18.

È importante sottolineare che la sequenza teorica è ottenuta sotto l'assunzione molto grossolana di elettroni non interagenti. Per migliorare l'accordo tra teoria ed esperimento si deve includere l'interazione tra gli elettroni.

9.3 Particelle identiche interagenti

L'hamiltoniano quantistico di N particelle identiche interagenti è dato da

$$\hat{H} = \sum_{i=1}^{N} \hat{h}(x_i) + \frac{1}{2} \sum_{\substack{i,j=1 \\ i \neq j}}^{N} V(x_i, x_j) = \hat{H}_0 + \hat{H}_I , \tag{9.27}$$

dove $\hat{h}$ è l'hamiltoniano delle singole particelle e $V(x_i, x_j)$ è il potenziale interparticelle dell'interazione reciproca. In generale, a causa del potenziale interparticelle, l'hamiltoniano (9.27) non è separabile e le funzioni d'onda del corpo molte date dalle Eq. (9.12) e (9.16) non sono autofunzioni esatte di $\hat{H}$.

9.3.1 Elettroni in atomi e molecole

È noto che una molecola generica è composta da N_n nuclei atomici con cariche elettriche $Z_\alpha e$ e masse M_α $(\alpha = 1, 2, \ldots, N_n)$ e N_e elettroni con cariche $-e$ e masse m. Trascurando la struttura finita dei nuclei atomici, l'hamiltoniano della molecola può essere scritto come

$$\hat{H} = \hat{H}_n + \hat{H}_e + V_{ne}, \tag{9.28}$$

dove

$$\hat{H}_n = \sum_{\alpha=1}^{N_n} -\frac{\hbar^2}{2M_\alpha}\nabla_\alpha^2 + \frac{1}{2}\sum_{\substack{\alpha,\beta=1\\ \alpha\neq\beta}}^{N_n} \frac{Z_\alpha Z_\beta e^2}{4\pi\varepsilon_0}\frac{1}{|\mathbf{R}_\alpha - \mathbf{R}_\beta|} \tag{9.29}$$

è l'hamiltoniano dei nuclei atomici, con $\mathbf{R}_\alpha$ la posizione del nucleo α-th,

$$\hat{H}_e = \sum_{i=1}^{N_e} -\frac{\hbar^2}{2m}\nabla_i^2 + \frac{1}{2}\sum_{\substack{i,j=1\\ i\neq j}}^{N_e} \frac{e^2}{4\pi\varepsilon_0}\frac{1}{|\mathbf{r}_i - \mathbf{r}_j|} \tag{9.30}$$

è l'hamiltoniano degli elettroni, con $\mathbf{r}_i$ la posizione dell'elettrone i-th, e

$$V_{ne} = -\sum_{\alpha,i=1}^{N_n,N_e} \frac{Z_\alpha e^2}{4\pi\varepsilon_0}\frac{1}{|\mathbf{R}_\alpha - \mathbf{r}_i|} \tag{9.31}$$

è l'energia potenziale dell'interazione di Coulomb tra nuclei atomici ed elettroni.

È chiaro che il calcolo dell'energia di stato fondamentale e la funzione d'onda del corpo molte di una molecola di dimensioni medie è un compito arduo. Ad esempio, la molecola di benzene (C_6H_6) è composta da 12 nuclei atomici e 42 elettroni, e questo significa che la sua funzione d'onda del corpo molte ha $(12 + 42) \times 3 = 162$ variabili: le coordinate spaziali degli elettroni e dei nuclei. L'equazione di Schrödinger del corpo molte esatta per lo stato fondamentale è data da

$$\hat{H}\Psi(R, r) = E\,\Psi(R, r), \tag{9.32}$$

dove $\Psi(R, r) = \Psi(\mathbf{R}_1, \ldots, \mathbf{R}_{N_n}, \mathbf{r}_1, \ldots, \mathbf{r}_{N_e})$ è la funzione d'onda dello stato fondamentale, con $R = (\mathbf{R}_1, \ldots, \mathbf{R}_{N_n})$ e $r = (\mathbf{r}_1, \ldots, \mathbf{r}_{N_e})$ multi-vettori per le coordinate nucleari ed elettroniche rispettivamente.

Nel 1927 Max Born e Julius Robert Oppenheimer hanno suggerito un'approssimazione affidabile per trattare questo problema. Il loro approccio si basa sulla separazione della dinamica rapida degli elettroni dal moto lento dei nuclei. Nell'approssimazione di Born-Oppenheimer la funzione d'onda del corpo molte della molecola è fattorizzata come

$$\Psi(R, r) = \Psi_e(r; R)\,\Psi_n(R), \tag{9.33}$$

dove $\Psi_n(R)$ è la funzione d'onda nucleare e $\Psi_e(r;R)$ è la funzione d'onda elettronica, che dipende anche dalle coordinate nucleari. Non analizziamo qui le conseguenze di questa fattorizzazione. Tuttavia, sottolineiamo che l'approssimazione di Born-Oppenheimer è fondamentale in qualsiasi contesto in cui ci sia più di un singolo atomo, che include gas atomici, cluster, cristalli e molti altri sistemi fisici.

9.4 Il metodo di Hartree-Fock

Nel 1927 Douglas Hartree e Vladimir Fock utilizzarono il principio variazionale per sviluppare un potente metodo per lo studio di particelle identiche interagenti. Analizzeremo questo metodo variazionale nelle seguenti sottosezioni.

9.4.1 Hartree per bosoni

Nel caso di N bosoni identici interagenti l'approssimazione di Hartree è semplicemente data da

$$\Psi(x_1, x_2, \ldots, x_N) = \phi(x_1)\,\phi(x_2)\ldots\phi(x_N)\;, \tag{9.34}$$

dove la funzione d'onda a singola particella $\phi(x)$ è sconosciuta, e deve essere determinata in modo autoconsistente. Si noti che, come precedentemente sottolineato, questa fattorizzazione implica che tutte le particelle appartengono allo stesso stato a singola particella, cioè stiamo supponendo che il sistema interagente sia un puro condensato di Bose-Einstein. Questa è un'assunzione piuttosto forte, che è tuttavia affidabile nella descrizione di gas ultracold e diluiti composti da atomi di metalli alcalini bosonici (nel 2001 Eric Cornell, Carl Weiman, e Wolfgang Ketterle hanno ottenuto il Premio Nobel in Fisica per i loro esperimenti con questi gas quantistici), e che deve essere rilassata nel caso di sistemi bosonici fortemente interagenti (come il superfluido ^{4}He). Nello spirito variazionale dell' approccio di Hartree la funzione d'onda sconosciuta $\phi(x)$ è determinata minimizzando il valore di aspettazione del totale Hamiltoniano, dato da

$$\langle\Psi|\hat{H}|\Psi\rangle = \int dx_1 dx_2 \ldots dx_N\, \Psi^*(x_1, x_2, \ldots, x_N)\hat{H}\Psi(x_1, x_2, \ldots, x_N)\;, \tag{9.35}$$

rispetto a $\phi(x)$. Infatti, utilizzando l'Eq. (9.27) si trova immediatamente

$$\begin{aligned}\langle\Psi|\hat{H}|\Psi\rangle = N &\int dx\, \phi^*(x)\hat{h}(x)\phi(x) \\ &+ \frac{1}{2}N(N-1)\int dx\, dx'\, |\phi(x)|^2 V(x,x')|\phi(x')|^2\;,\end{aligned} \tag{9.36}$$

che è una funzione energetica non lineare della singola particella funzione d'onda $\phi(x)$. È chiamata funzionale di Hartree a singolo orbitale per bosoni. In questo funzionale il primo termine è correlato all'Hamiltoniano a singola particella $\hat{h}(x)$ mentre il secondo termine è correlato al potenziale di interazione inter-particella $V(x, x')$. Minimizziamo questo funzionale con il seguente vincolo dovuto alla normalizzazione

$$\int dx \; |\phi(x)|^2 = 1 \; . \tag{9.37}$$

Otteniamo immediatamente la cosiddetta Hartree equazione per bosoni

$$\Big[\hat{h}(x) + U_{mf}(x)\Big]\phi(x) = \epsilon \; \phi(x) \; , \tag{9.38}$$

dove il potenziale medio $U_{mf}(x)$ è

$$U_{mf}(x) = (N-1) \int dx' \; V(x, x') \; |\phi(x')|^2 \tag{9.39}$$

e ϵ è il moltiplicatore di Lagrange fissato dalla normalizzazione. È importante osservare che il potenziale medio $U_{mf}(x)$ dipende da $\phi(x)$, e deve essere ottenuto in modo autoconsistente. In altre parole, l'equazione di Hartree dei bosoni è un'integro-differenziale equazione di Schrödinger non lineare il cui termine non lineare dà il potenziale medio del sistema.

Nel caso di bosoni senza spin, dove $|x\rangle = |\mathbf{r}\rangle$, dato la densità bosonica locale

$$\rho(\mathbf{r}) = N|\phi(\mathbf{r})|^2 \; , \tag{9.40}$$

sotto l'assunzione di un grande numero N di particelle l'energia variazionale di Hartree è

$$\begin{aligned} \langle\Psi|\hat{H}|\Psi\rangle = N \int d^3\mathbf{r} \; \phi^*(\mathbf{r})\Big[-\frac{\hbar^2}{2m}\nabla^2 + U(\mathbf{r})\Big]\phi(\mathbf{r}) \\ + \frac{1}{2}\int d^3\mathbf{r} \; d^3\mathbf{r}' \; \rho(\mathbf{r})V(\mathbf{r}-\mathbf{r}')\rho(\mathbf{r}') \end{aligned} \tag{9.41}$$

mentre l'equazione di Hartree diventa

$$\Big[-\frac{\hbar^2}{2m}\nabla^2 + U(\mathbf{r}) + \int d^3\mathbf{r}' \; V(\mathbf{r}-\mathbf{r}') \; \rho(\mathbf{r}')\Big]\phi(\mathbf{r}) = \epsilon \; \phi(\mathbf{r}) \; . \tag{9.42}$$

Per concludere questa sottosezione, osserviamo che nel caso di un potenziale di interazione a contatto, cioè

$$V(\mathbf{r}-\mathbf{r}') = g \; \delta(\mathbf{r}-\mathbf{r}') \; , \tag{9.43}$$

con la forza g data da

$$g = \int V(\mathbf{r})\, d^3\mathbf{r} \,, \tag{9.44}$$

la precedente energia variazionale di Hartree diventa

$$\langle \Psi | \hat{H} | \Psi \rangle = N \int d^3\mathbf{r}\, \phi^*(\mathbf{r}) \left[-\frac{\hbar^2}{2m} \nabla^2 + U(\mathbf{r}) \right] \phi(\mathbf{r}) + \frac{g}{2} \int d^3\mathbf{r}\, \rho(\mathbf{r})^2 \tag{9.45}$$

e la corrispondente equazione di Hartree è

$$\left[-\frac{\hbar^2}{2m} \nabla^2 + U(\mathbf{r}) + g\, \rho(\mathbf{r}) \right] \phi(\mathbf{r}) = \epsilon\, \phi(\mathbf{r}) \,, \tag{9.46}$$

che è la cosiddetta equazione di Gross-Pitaevskii, dedotta nel 1961 da Eugene Gross e Lev Pitaevskii.

9.4.2 *Hartree-Fock per fermioni*

Nel caso di N fermioni identici interagenti, il l'approssimazione sviluppata da Hartree e Fock si basa sul determinante di Slater che abbiamo visto precedentemente, ovvero

$$\Psi(x_1, x_2, \ldots, x_N) = \frac{1}{\sqrt{N!}} \begin{pmatrix} \phi_1(x_1) & \phi_1(x_2) & \ldots & \phi_1(x_N) \\ \phi_2(x_1) & \phi_2(x_2) & \ldots & \phi_2(x_N) \\ \ldots & \ldots & \ldots & \ldots \\ \phi_N(x_1) & \phi_N(x_2) & \ldots & \phi_N(x_N) \end{pmatrix} , \tag{9.47}$$

dove ora le funzioni d'onda monoparticellari $\phi_n(x)$ sono sconosciute, e vengono determinate con una procedura variazionale. Infatti, nell'approccio di Hartree-Fock le funzioni d'onda sconosciute $\phi_n(x)$ vengono ottenute minimizzando il valore di aspettazione del Hamiltoniano totale, dato da

$$\langle \Psi | \hat{H} | \Psi \rangle = \int dx_1\, dx_2 \ldots dx_N\, \Psi^*(x_1, x_2, \ldots, x_N) \hat{H} \Psi(x_1, x_2, \ldots, x_N) \,, \tag{9.48}$$

rispetto alle N funzioni d'onda monoparticellari $\phi_n(x)$. Utilizzando l'Eq. (9.27) e dopo alcuni calcoli noiosi si trova

$$\begin{aligned} \langle \Psi | \hat{H} | \Psi \rangle = & \sum_{i=1}^{N} \int dx\, \phi_i^*(x) \hat{h}(x) \phi_i(x) \\ & + \frac{1}{2} \sum_{\substack{i,j=1 \\ i \neq j}}^{N} \Bigg[\int dx\, dx'\, |\phi_i(x)|^2 V(x, x') |\phi_j(x')|^2 \\ & \qquad - \int dx\, dx'\, \phi_i^*(x) \phi_j(x) V(x, x') \phi_j^*(x') \phi_i(x') \Bigg] , \end{aligned} \tag{9.49}$$

che è una funzionale dell'energia non lineare delle N funzioni d'onda monoparticellari $\phi_i(x)$. In questa funzionale il primo termine è correlato all'Hamiltoniano monoparticellare $\hat{h}(x)$ mentre il secondo e il terzo termine sono correlati al potenziale di interazione interparticellare $V(x, x')$. Il secondo termine è chiamato termine diretto di interazione e il terzo termine è chiamato termine di scambio di interazione. Minimizziamo questa funzionale con i seguenti vincoli dovuti alla normalizzazione

$$\int dx \, |\phi_i(x)|^2 = 1 \, , \qquad i = 1, 2, \ldots, N \, , \tag{9.50}$$

dove, nel caso di particelle di spin 1/2, risulta

$$\phi_i(x) = \phi_i(\mathbf{r}, \sigma) = \tilde{\phi}_i(\mathbf{r}, \sigma) \, \chi_\sigma \tag{9.51}$$

con χ_σ lo spinore a due componenti, e l'integrazione su x significa

$$\int dx = \int d^3\mathbf{r} \sum_{\sigma=\uparrow,\downarrow} \, , \tag{9.52}$$

tale che

$$\int dx \, |\phi_i(x)|^2 = \int d^3\mathbf{r} \sum_{\sigma=\uparrow,\downarrow} |\phi_i(\mathbf{r}, \sigma)|^2 = \int d^3\mathbf{r} \sum_{\sigma=\uparrow,\downarrow} |\tilde{\phi}_i(\mathbf{r}, \sigma)|^2 \, , \tag{9.53}$$

perché $\chi_\sigma^* \chi_\sigma = 1$ e più in generale $\chi_\sigma^* \chi_{\sigma'} = \delta_{\sigma,\sigma'}$.

Dopo la minimizzazione della funzionale dell'energia otteniamo le cosiddette equazioni di Hartree-Fock

$$\left[\hat{h}(x) + \hat{U}_{mf}(x)\right]\phi_i(x) = \epsilon_i \, \phi_i(x) \tag{9.54}$$

dove ϵ_i sono i moltiplicatori di Lagrange fissati dalla normalizzazione e $\hat{U}_{mf}$ è un operatore di campo medio non locale. Questo operatore non locale è dato da

$$\hat{U}_{mf}(x) \, \phi_i(x) = U_d(x) \, \phi_i(x) - \sum_{j=1}^{N} U_x^{ji}(x)\phi_j(x) \, , \tag{9.55}$$

dove il potenziale di campo medio diretto $U_d(x)$ è

$$U_d(x) = \sum_{\substack{j=1 \\ j\neq i}}^{N} \int dx' \, V(x, x') \, |\phi_j(x')|^2 \, , \tag{9.56}$$

mentre il potenziale di campo medio di scambio $U_x^{ji}(x)$ è invece

$$U_x^{ji}(x) = \int dx' \, \phi_j^*(x') \, V(x, x') \, \phi_i(x') \, . \tag{9.57}$$

Se si trascura il termine di scambio, come fatto da Hartree nella sua derivazione originale, le cosiddette equazioni di Hartree

$$\left[\hat{h}(x) + U_d(x)\right]\phi_i(x) = \epsilon_i \, \phi_i(x) \,, \tag{9.58}$$

sono immediatamente derivate. È chiaramente molto più semplice risolvere le equazioni di Hartree invece di quelle di Hartree-Fock. Per questo motivo, in molte applicazioni queste ultime vengono spesso utilizzate. Nel caso di fermioni di spin $1/2$, data la densità fermionica locale

$$\rho(\mathbf{r}) = \sum_{\sigma=\uparrow,\downarrow} \sum_{i=1}^{N} |\phi_i(\mathbf{r},\sigma)|^2 = \sum_{\sigma=\uparrow,\downarrow} \rho(\mathbf{r},\sigma) \,, \tag{9.59}$$

sotto l'ipotesi di un grande numero N di particelle l'energia variazionale di Hartree (diretta) è

$$\begin{aligned} E_D = & \sum_{i=1}^{N} \sum_{\sigma=\uparrow,\downarrow} \int d^3\mathbf{r} \, \phi_i^*(\mathbf{r},\sigma) \left[-\frac{\hbar^2}{2m}\nabla^2 + U(\mathbf{r}) \right] \phi_i(\mathbf{r},\sigma) \\ & + \frac{1}{2} \sum_{\sigma,\sigma'=\uparrow,\downarrow} \int d^3\mathbf{r} \, d^3\mathbf{r}' \, \rho(\mathbf{r},\sigma) V(\mathbf{r}-\mathbf{r}') \rho(\mathbf{r}',\sigma') \end{aligned} \tag{9.60}$$

e la corrispondente equazione di Hartree diventa

$$\left[-\frac{\hbar^2}{2m}\nabla^2 + U(\mathbf{r}) + \sum_{\sigma'=\uparrow,\downarrow} \int d^3\mathbf{r}' \, V(\mathbf{r}-\mathbf{r}') \, \rho(\mathbf{r}',\sigma') \right] \phi_i(\mathbf{r},\sigma) = \epsilon_i \, \phi_i(\mathbf{r},\sigma) \,. \tag{9.61}$$

L'energia variazionale di Hartree-Fock è leggermente più complessa perché include anche l'energia di scambio, data da

$$E_X = -\frac{1}{2} \sum_{\substack{i,j=1 \\ i \neq j}}^{N} \sum_{\sigma=\uparrow,\downarrow} \int d^3\mathbf{r} \, d^3\mathbf{r}' \, \phi_i^*(\mathbf{r},\sigma) \phi_i(\mathbf{r}',\sigma) V(\mathbf{r}-\mathbf{r}') \phi_j^*(\mathbf{r}',\sigma) \phi_j(\mathbf{r},\sigma) \,. \tag{9.62}$$

Si noti che nell'energia di scambio tutti i termini con spin opposti sono zero a causa del prodotto scalare degli spinori: $\chi_\sigma^* \chi_{\sigma'} = \delta_{\sigma,\sigma'}$. L'esistenza di questa energia di scambio E_X è una diretta conseguenza dell'anti-simmetria della funzione d'onda a molti corpi, ovvero una conseguenza della natura fermionica delle particelle che stiamo considerando. Storicamente, questo termine E_X è stato ottenuto da Vladimir Fock per correggere la prima derivazione di Douglas Hartree che ha utilizzato una funzione d'onda a molti corpi non anti-simmetrizzata.

Per concludere questa sottosezione, osserviamo che nel caso di un potenziale inter-particle di contatto, cioè

$$V(\mathbf{r}-\mathbf{r}') = g\,\delta(\mathbf{r}-\mathbf{r}')\;, \tag{9.63}$$

l'energia variazionale di Hartree-Fock (diretta più scambio) è

$$\begin{aligned} E = & \sum_{i=1}^{N}\sum_{\sigma=\uparrow,\downarrow}\int d^3\mathbf{r}\,\phi_i^*(\mathbf{r},\sigma)\Big[-\frac{\hbar^2}{2m}\nabla^2+U(\mathbf{r})\Big]\phi_i(\mathbf{r},\sigma) \\ & +\frac{g}{2}\sum_{\substack{i,j=1\\ i\neq j}}^{N}\sum_{\sigma,\sigma'=\uparrow,\downarrow}\int d^3\mathbf{r}\,\big[|\phi_i(\mathbf{r},\sigma)|^2|\phi_j(\mathbf{r},\sigma')|^2-|\phi_i(\mathbf{r},\sigma)|^2|\phi_j(\mathbf{r},\sigma)|^2\,\delta_{\sigma,\sigma'}\big]\,. \end{aligned} \tag{9.64}$$

Segue immediatamente che i fermioni polarizzati di spin identici con interazione di contatto sono effettivamente non interagenti perché in questo caso i termini di interazione di energia diretta e di scambio si compensano esattamente a zero.

Ulteriori Letture

Un libro classico sul problema quantistico a molti corpi è:

A.L. Fetter e J.D. Walecka, Quantum Theory of Many-Particle Systems (Dover Publications, 2003).

Per l'atomo a molti elettroni e il metodo di Hartree-Fock:

B.H. Bransden e C.J. Joachain, Physics of Atoms and Molecules, (Prentice Hall, 2003).

E. Lipparini, Modern Many-Particle Physics: Atomic Gases, Quantum Dots and Quantum Fluids (World Scientific, 2003).

Capitolo 10
Meccanica statistica quantistica

In questo capitolo discutiamo gli elementi della meccanica statistica quantistica. Nel primo capitolo abbiamo visto che la meccanica statistica mira a descrivere le proprietà macroscopiche di sistemi complessi partendo dai loro componenti microscopici utilizzando le medie statistiche. La meccanica statistica quantistica è più generale della meccanica statistica classica, e riproduce tutti i risultati della termodinamica. In generale, la meccanica statistica quantistica si riduce alla meccanica statistica classica nel regime ad alta temperatura.

10.1 Insiemi statistici quantistici

Qui discutiamo solo sistemi quantistici in equilibrio termico e consideriamo un sistema quantistico a molti corpi di particelle identiche caratterizzato dall'Hamiltoniana $\hat{H}$ tale che

$$\hat{H}|E_i\rangle = E_i|E_i\rangle \,, \tag{10.1}$$

dove $|E_i\rangle$ è il i-esimo autostato di $\hat{H}$ e E_i è il corrispondente autovalore dell'energia. Il numero totale di particelle è quindi dato da

$$N = \sum_i n_i \,. \tag{10.2}$$

10.1.1 Insieme microcanonico quantistico

Nell'insieme microcanonico il sistema quantistico a molti corpi in un volume V ha un numero fisso N di particelle e anche un'energia fissa E. In questo caso l'Hamiltoniana $\hat{H}$ ammette la decomposizione spettrale

$$\hat{H} = \sum_i E_i|E_i\rangle\langle E_i| \tag{10.3}$$

L. Salasnich, F. Lorenzi, *Introduzione alla fisica moderna*,
https://doi.org/10.1007/978-3-032-17303-4_10

e si definisce l'operatore di densità microcanonica come

$$\hat{\rho} = W_0\,\delta(E - \hat{H})\,, \tag{10.4}$$

dove $\delta(x)$ è la funzione delta di Dirac e W_0 è una costante arbitraria con le unità di un'energia tale che l'operatore di densità è adimensionale. Questo operatore di densità microcanonica $\hat{\rho}$ ha la decomposizione spettrale

$$\hat{\rho} = \sum_i W_0\,\delta(E - E_i)\,|E_i\rangle\langle E_i|\,. \tag{10.5}$$

La quantità chiave nell'insieme microcanonico è la densità di stati (o volume microcanonico) W data da

$$W = \mathrm{Tr}[\hat{\rho}] = \mathrm{Tr}[W_0\,\delta(E - \hat{H})]\,, \tag{10.6}$$

ovvero

$$W = \sum_i W_0\,\delta(E - E_i)\,. \tag{10.7}$$

La media dell'insieme di un osservabile descritto dall' operatore autoaggiunto $\hat{A}$ è definita come

$$\langle \hat{A} \rangle = \frac{\mathrm{Tr}[\hat{A}\,\hat{\rho}]}{\mathrm{Tr}[\hat{\rho}]} = \frac{1}{W}\sum_i A_{ii}\;W_0\,\delta(E - E_i)\,, \tag{10.8}$$

dove $A_{ii} = \langle E_i|\hat{A}|E_i\rangle$. Come nel caso della meccanica statistica classica, la connessione con la termodinamica all'equilibrio è data dalla formula

$$S = k_B\,\ln(W)\,, \tag{10.9}$$

che introduce l'entropia S come funzione dell'energia E, del volume V e del numero N di particelle.

10.1.2 Insieme canonico quantistico

Nell'insieme canonico il sistema quantistico in un volume V ha un numero fisso N di particelle e una temperatura fissa T. In questo caso si definisce l'operatore di densità canonica come

$$\hat{\rho} = e^{-\beta\hat{H}}\,, \tag{10.10}$$

con $\beta = 1/(k_B T)$. Qui $\hat{\rho}$ ha la decomposizione spettrale

$$\hat{\rho} = \sum_i e^{-\beta E_i} |E_i\rangle\langle E_i| \,. \tag{10.11}$$

La quantità chiave nell'insieme canonico è la funzione di partizione canonica (o volume canonico) $\mathcal{Z}_N$ data da

$$\mathcal{Z}_N = \mathrm{Tr}[\hat{\rho}] = \mathrm{Tr}[e^{-\beta \hat{H}}] \,, \tag{10.12}$$

ovvero

$$\mathcal{Z}_N = \sum_i e^{-\beta E_i} \,. \tag{10.13}$$

La media dell'insieme di un osservabile $\hat{A}$ è definita come

$$\langle \hat{A} \rangle = \frac{\mathrm{Tr}[\hat{A}\,\hat{\rho}]}{\mathrm{Tr}[\hat{\rho}]} = \frac{1}{\mathcal{Z}_N} \sum_i A_{ii}\; e^{-\beta E_i} \,, \tag{10.14}$$

dove $A_{ii} = \langle E_i|\hat{A}|E_i\rangle$. Notare che la definizione della media dell'insieme canonico è la stessa della media dell'insieme microcanonico ma la densità di stato $\hat{\rho}$ è diversa nei due insiemi. La connessione con la termodinamica all'equilibrio è data dalla formula

$$\mathcal{Z}_N = e^{-\beta F} \,, \tag{10.15}$$

che introduce l'energia libera di Helmholtz F come funzione della temperatura T, del volume V e del numero N di particelle. Si prega di ricordare che in termodinamica l'energia libera di Helmholtz è definita come

$$F = E - T\,S \,, \tag{10.16}$$

dove E è l'energia interna e S è l'entropia. Per ulteriori dettagli sull'energia libera di Helmholtz vedere il Capitolo 1.

10.1.3 Insieme gran canonico quantistico

Nell'insieme gran canonico il sistema quantistico in un volume V ha una temperatura fissa T e un potenziale chimico fisso μ.

In questo caso l'Hamiltoniana $\hat{H}$ ha la decomposizione spettrale

$$\hat{H} = \sum_{N=0}^{\infty} \sum_i E_i |E_i\rangle\langle E_i| \,, \tag{10.17}$$

che è una generalizzazione dell'Eq. (10.3), e si introduce l'operatore del numero totale $\hat{N}$ tale che

$$\hat{N}|E_i\rangle = N|E_i\rangle \,, \tag{10.18}$$

e di conseguenza $\hat{N}$ ha la decomposizione spettrale

$$\hat{N} = \sum_{N=0}^{\infty} \sum_i N|E_i\rangle\langle E_i| \,. \tag{10.19}$$

Per l'insieme gran canonico si definisce l'operatore di densità gran canonica come

$$\hat{\rho} = e^{-\beta(\hat{H}-\mu\hat{N})} \,, \tag{10.20}$$

con $\beta = 1/(k_B T)$ e μ il potenziale chimico. Qui $\hat{\rho}$ ha la decomposizione spettrale

$$\hat{\rho} = \sum_{N=0}^{\infty} \sum_i e^{-\beta(E_i-\mu N)}|E_i\rangle\langle E_i| = \sum_{N=0}^{\infty} z^N \sum_i e^{-\beta E_i}|E_i\rangle\langle E_i| \,, \tag{10.21}$$

dove $z = e^{\beta\mu}$ è la fugacità. La quantità chiave nell'insieme gran canonico è la funzione di partizione gran canonica (o volume gran canonico) $\mathcal{Z}$ data da

$$\mathcal{Z} = \mathrm{Tr}[\hat{\rho}] = \mathrm{Tr}[e^{-\beta(\hat{H}-\mu\hat{N})}] \,, \tag{10.22}$$

ovvero

$$\mathcal{Z} = \sum_{N=0}^{\infty} \sum_i e^{-\beta(E_i-\mu N)} = \sum_{N=0}^{\infty} z^N \, Z_N \,. \tag{10.23}$$

La media termica (dell'insieme) di un osservabile $\hat{A}$ è definita come

$$\langle \hat{A} \rangle = \frac{\mathrm{Tr}[\hat{A}\,\hat{\rho}]}{\mathrm{Tr}[\hat{\rho}]} = \frac{1}{\mathcal{Z}} \sum_{N=0}^{\infty} \sum_i A_{ii} \, e^{-(\beta E_i-\mu N)} \,, \tag{10.24}$$

dove $A_{ii} = \langle E_i|\hat{A}|E_i\rangle$. Si noti che la definizione di media dell'insieme gran canonico è la stessa sia per la media dell'insieme microcanonico che per la media dell'insieme canonico ma la densità di stato $\hat{\rho}$ è diversa nei tre insiemi. Inoltre, qui, il collegamento con la termodinamica all'equilibrio è dato dalla stessa formula del caso classico, cioè

$$\mathcal{Z} = e^{-\beta\Omega} \,, \tag{10.25}$$

che introduce il gran potenziale Ω come funzione di temperatura T, volume V e potenziale chimico μ. In particolare, come discusso nel Capitolo 1, la termodinamica impone che

$$\Omega = E - T\,S - \mu\,\bar{N} \,, \tag{10.26}$$

dove l'energia interna E è direttamente correlata alla media termica dell'Hamiltoniana $\hat{H}$ dalla formula

$$E = \langle \hat{H} \rangle \,. \tag{10.27}$$

L'entropia S soddisfa invece la relazione

$$S = -k_B\,\mathrm{Tr}\left[\frac{\hat{\rho}}{\mathcal{Z}}\ln\left(\frac{\hat{\rho}}{\mathcal{Z}}\right)\right] = -k_B\left\langle \ln\left(\frac{\hat{\rho}}{\mathcal{Z}}\right)\right\rangle = -k_B\left\langle \ln\left(\frac{e^{-\beta(\hat{H}-\mu\hat{N})}}{\mathcal{Z}}\right)\right\rangle . \tag{10.28}$$

Infine, il numero totale termodinamico (cioè la media termica) di particelle $\bar{N}$ è dato da

$$\bar{N} = \langle \hat{N} \rangle \,. \tag{10.29}$$

Per concludere questa sezione osserviamo che nell'insieme gran canonico, invece di lavorare con gli autostati $|E_i\rangle$ di $\hat{H}$ a numero fisso N di particelle, si può lavorare con gli stati di Fock multimodali

$$|n_0\, n_1\, n_2 \ldots n_\infty\rangle = |n_0\rangle \otimes |n_1\rangle \otimes |n_2\rangle \otimes \ldots \otimes |n_\infty\rangle \,, \tag{10.30}$$

dove $|n_\alpha\rangle$ è lo stato di Fock monomodale che descrive n_α particelle nello stato monomodale $|\alpha\rangle$ con $\alpha = 0, 1, 2, \ldots$. La traccia Tr che appare nell'Eq. (10.22) è infatti indipendente dalla rappresentazione di base.

10.2 Bosoni e fermioni a temperatura finita

Consideriamo il campo di materia non interagente in equilibrio termico con un bagno alla temperatura T. La quantità rilevante per calcolare tutte le proprietà termodinamiche del sistema è la funzione di partizione gran canonica $\mathcal{Z}$, data da

$$\mathcal{Z} = \mathrm{Tr}[e^{-\beta(\hat{H}-\mu\hat{N})}] \tag{10.31}$$

dove $\beta = 1/(k_B T)$ con k_B la costante di Boltzmann,

$$\hat{H} = \sum_\alpha \epsilon_\alpha\, \hat{N}_\alpha \,, \tag{10.32}$$

è l'Hamiltoniana quantistica,

$$\hat{N} = \sum_{\alpha} \hat{N}_{\alpha} \tag{10.33}$$

è l'operatore del numero totale, e μ è il potenziale chimico, fissato dalla conservazione del numero medio di particelle. Questo implica che

$$\begin{aligned}
\mathcal{Z} &= \sum_{\{n_\alpha\}} \langle \ldots n_\alpha \ldots | e^{-\beta(\hat{H}-\mu\hat{N})} | \ldots n_\alpha \ldots \rangle \\
&= \sum_{\{n_\alpha\}} \langle \ldots n_\alpha \ldots | e^{-\beta \sum_\alpha (\epsilon_\alpha - \mu)\hat{N}_\alpha} | \ldots n_\alpha \ldots \rangle \\
&= \sum_{\{n_\alpha\}} e^{-\beta \sum_\alpha (\epsilon_\alpha - \mu) n_\alpha} = \sum_{\{n_\alpha\}} \prod_\alpha e^{-\beta(\epsilon_\alpha - \mu) n_\alpha} = \prod_\alpha \sum_{n_\alpha} e^{-\beta(\epsilon_\alpha - \mu) n_\alpha} \\
&= \prod_\alpha \sum_{n=0}^{\infty} e^{-\beta(\epsilon_\alpha - \mu) n} = \prod_\alpha \frac{1}{1 - e^{-\beta(\epsilon_\alpha - \mu)}} \qquad \text{per i bosoni} \qquad (10.34) \\
&= \prod_\alpha \sum_{n=0}^{1} e^{-\beta(\epsilon_\alpha - \mu) n} = \prod_\alpha (1 + e^{-\beta(\epsilon_\alpha - \mu)}) \qquad \text{per i fermioni} \qquad (10.35)
\end{aligned}$$

La meccanica statistica quantistica impone che la media termica di qualsiasi operatore $\hat{A}$ si ottiene come

$$\langle \hat{A} \rangle = \frac{1}{\mathcal{Z}} \mathrm{Tr}[\hat{A}\, e^{-\beta(\hat{H}-\mu\hat{N})}] . \tag{10.36}$$

Supponiamo che $\hat{A} = \hat{H}' = \hat{H} - \mu\hat{N}$, è quindi abbastanza facile mostrare che

$$\langle \hat{H}' \rangle = \frac{1}{\mathcal{Z}} \mathrm{Tr}[(\hat{H} - \mu\hat{N})\, e^{-\beta(\hat{H}-\mu\hat{N})}] = -\frac{\partial}{\partial\beta} \ln\left(\mathrm{Tr}[e^{-\beta(\hat{H}-\mu\hat{N}}]\right) = -\frac{\partial}{\partial\beta} \ln(\mathcal{Z}) . \tag{10.37}$$

Utilizzando l'Eq. (10.34) o l'Eq. (10.35) otteniamo immediatamente

$$\ln(\mathcal{Z}) = \mp \sum_\alpha \ln\left(1 \mp e^{-\beta(\epsilon_\alpha - \mu)}\right) , \tag{10.38}$$

dove $-$ è per i bosoni e $+$ per i fermioni, e infine dall'Eq. (10.37) otteniamo

$$\langle \hat{H} \rangle = \sum_\alpha \epsilon_\alpha \, \langle \hat{N}_\alpha \rangle , \tag{10.39}$$

con

$$\langle \hat{N} \rangle = \sum_\alpha \frac{1}{e^{\beta(\epsilon_\alpha - \mu)} \mp 1} . \tag{10.40}$$

Notiamo che nel limite a temperatura zero, cioè $\beta \to \infty$, per i fermioni abbiamo

$$\langle \hat{N} \rangle = \sum_{\alpha} \Theta(\mu - \epsilon_\alpha) , \tag{10.41}$$

dove $\Theta(x)$ è la funzione gradino di Heaviside e il potenziale chimico μ a temperatura zero non è altro che l'energia di Fermi ϵ_F, cioè $\epsilon_F = \mu(T = 0)$. Invece, nel regime ad alta temperatura, dove $\beta(\epsilon_\alpha - \mu) \gg 1$, l'Eq. (10.40) diventa

$$\langle \hat{N} \rangle = \sum_{\alpha} e^{-\beta(\epsilon_\alpha - \mu)} , \tag{10.42}$$

che è esattamente la distribuzione di Maxwell-Boltzmann. Quindi, quando la temperatura T è tale che anche i livelli di energia altamente eccitati ϵ_α sono occupati, allora sia la distribuzione di Bose-Einstein che quella di Fermi-Dirac si riducono a quella di Maxwell-Boltzmann.

10.2.1 Gas di fotoni all'equilibrio termico

Il potenziale chimico μ di un sistema a molti corpi è l'energia necessaria per aggiungere una particella al sistema. L'energia minima per creare una particella di massa m dal vuoto non è altro che la sua energia di riposo mc^2. Quindi, per un gas di fotoni non interagenti abbiamo $\mu = 0$ e di conseguenza il numero di fotoni non è fisso. Questo implica che

$$\langle \hat{H} \rangle = \sum_{\mathbf{k}} \sum_{s} \frac{\hbar\omega_k}{e^{\beta\hbar\omega_k} - 1} = \sum_{\mathbf{k}} \sum_{s} \hbar\omega_k \, \langle \hat{N}_{\mathbf{k}s} \rangle . \tag{10.43}$$

Nel limite continuo, dove

$$\sum_{\mathbf{k}} \to V \int \frac{d^3\mathbf{k}}{(2\pi)^3} , \tag{10.44}$$

con V il volume, e tenendo conto che $\omega_k = ck$, si può scrivere la densità di energia $\mathcal{E} = \langle \hat{H} \rangle / V$ come

$$\mathcal{E} = 2 \int \frac{d^3\mathbf{k}}{(2\pi)^3} \frac{c\hbar k}{e^{\beta c\hbar k} - 1} = \frac{c\hbar}{\pi^2} \int_0^\infty dk \frac{k^3}{e^{\beta c\hbar k} - 1} , \tag{10.45}$$

dove il fattore 2 è dovuto alle due possibili polarizzazioni ($s = 1, 2$). Utilizzando $\omega = ck$ invece di k come variabile di integrazione si ottiene

$$\mathcal{E} = \frac{\hbar}{\pi^2 c^3} \int_0^\infty d\omega \frac{\omega^3}{e^{\beta\hbar\omega} - 1} = \int_0^\infty d\omega \, \rho(\omega) , \tag{10.46}$$

dove

$$\rho(\omega) = \frac{\hbar}{\pi^2 c^3} \frac{\omega^3}{e^{\beta\hbar\omega} - 1} \tag{10.47}$$

è la densità di energia per frequenza, cioè la formula familiare della radiazione del corpo nero, ottenuta per la prima volta nel 1900 da Max Planck. L'integrale precedente può essere calcolato esplicitamente, e dà

$$\mathcal{E} = \frac{\pi^2 k_B^4}{15 c^3 \hbar^3} T^4 , \tag{10.48}$$

che non è altro che la legge di Stefan-Boltzmann. In modo simile si determina la densità media del numero di fotoni:

$$\bar{n} = \frac{\langle \hat{N} \rangle}{V} = \frac{1}{\pi^2 c^3} \int_0^\infty d\omega \, \frac{\omega^2}{e^{\beta\hbar\omega} - 1} = \frac{2\zeta(3) k_B^3}{\pi^2 c^3 \hbar^3} T^3 , \tag{10.49}$$

dove $\zeta(3) \simeq 1.202$. Notiamo che sia la densità di energia $\mathcal{E}$ che la densità di numero n di fotoni vanno a zero quando la temperatura T va a zero. Per concludere questa sezione, sottolineiamo che questi risultati sono ottenuti all'equilibrio termico e sotto la condizione di un potenziale chimico nullo, il che significa che il numero di fotoni non è conservato quando la temperatura varia.

10.2.2 Gas di bosoni massivi all'equilibrio termico

Per un gas di bosoni non interagenti, che possono occupare i livelli di energia monoparticellare ϵ_α degli stati quantistici monoparticellari $|\alpha\rangle$, abbiamo trovato che la media termica dell'energia interna è data da

$$\bar{E} = \sum_\alpha \epsilon_\alpha \, \bar{N}_\alpha , \tag{10.50}$$

dove

$$\bar{N}_\alpha = \frac{1}{e^{\beta(\epsilon_\alpha - \mu)} - 1} \tag{10.51}$$

è la media termica del numero di bosoni nello stato quantistico singolo-particella $|\alpha\rangle$. Questa è la distribuzione di Bose-Einstein. Qui, per semplificare un po' la notazione, abbiamo usato la barra sopra il simbolo per rappresentare la media termica, cioè $\bar{E} = \langle \hat{H} \rangle$ e $\bar{N}_\alpha = \langle \hat{N}_\alpha \rangle$.

La media termica $\bar{N} = \langle \hat{N} \rangle$ del numero totale di bosoni quindi è

$$\bar{N} = \sum_\alpha \bar{N}_\alpha = \sum_\alpha \frac{1}{e^{\beta(\epsilon_\alpha - \mu)} - 1} . \tag{10.52}$$

A temperatura fissa $T = 1/(k_B\beta)$, $\bar{N}$ è completamente determinato dal potenziale chimico μ.

Supponiamo per semplicità che l'insieme dei livelli di energia singolo-particella ϵ_α sia dato da

$$\epsilon_0\,,\,\epsilon_1\,,\,\epsilon_2\,,\,\epsilon_3\,,\,\ldots \tag{10.53}$$

dove

$$\epsilon_0 < \epsilon_1 \le \epsilon_2 \le \epsilon_3 \le \ldots . \tag{10.54}$$

Chiaramente deve essere

$$\mu < \epsilon_0 \tag{10.55}$$

per evitare divergenze nelle distribuzioni di Bose-Einstein di ciascuno

$$\bar{N}_\alpha = \frac{1}{e^{\beta(\epsilon_\alpha-\mu)}-1}\,. \tag{10.56}$$

Inoltre, quando $\mu \to \epsilon_0$ la distribuzione

$$\bar{N}_0 = \frac{1}{e^{\beta(\epsilon_0-\mu)}-1} \tag{10.57}$$

diventa molto grande: in queste condizioni abbiamo la condensazione di Bose-Einstein, cioè un numero macroscopico di bosoni nel livello di energia singolo-particella più basso ϵ_0.

In presenza di condensazione di Bose-Einstein (BEC) è utile scrivere il numero totale di bosoni come segue

$$\bar{N} = \bar{N}_0 + \sum_{\alpha\neq 0} \bar{N}_\alpha = \frac{1}{e^{\beta(\epsilon_0-\mu)}-1} + \sum_{\alpha\neq 0} \frac{1}{e^{\beta(\epsilon_\alpha-\mu)}-1}\,. \tag{10.58}$$

La frazione esatta del condensato è definita come

$$\frac{\bar{N}_0}{\bar{N}} = 1 - \frac{\sum_{\alpha\neq 0} \frac{1}{e^{\beta(\epsilon_\alpha-\mu)}-1}}{\sum_{\alpha} \frac{1}{e^{\beta(\epsilon_\alpha-\mu)}-1}}\,. \tag{10.59}$$

Seguendo Einstein (1924), invece di usare la formula esatta di $\bar{N}_0$ assumiamo che N_0 sia sconosciuto, ma impostiamo anche

$$\mu = \epsilon_0 \tag{10.60}$$

nella fase BEC (cioè quando $N_0 > 0$). In questo modo, nella fase BEC troviamo

$$\bar{N} = \bar{N}_0 + \sum_{\alpha\neq 0} \frac{1}{e^{\beta(\epsilon_\alpha-\epsilon_0)}-1}\,. \tag{10.61}$$

Alla temperatura critica T_{BEC} abbiamo $\bar{N}_0 = 0$ e conseguentemente

$$\bar{N} = \sum_{\alpha \neq 0} \frac{1}{e^{(\epsilon_\alpha - \epsilon_0)/(k_B T_{BEC})} - 1}, \tag{10.62}$$

mentre per $T < T_{BEC}$ abbiamo

$$\bar{N} = \bar{N}_0 + \sum_{\alpha \neq 0} \frac{1}{e^{(\epsilon_\alpha - \epsilon_0)/(k_B T)} - 1}. \tag{10.63}$$

Quindi la frazione del condensato è

$$\frac{\bar{N}_0}{\bar{N}} = 1 - \frac{\sum_{\alpha \neq 0} \frac{1}{e^{(\epsilon_\alpha - \mu)/(k_B T)} - 1}}{\sum_{\alpha \neq 0} \frac{1}{e^{(\epsilon_\alpha - \mu)/(k_B T_{BEC})} - 1}}. \tag{10.64}$$

Consideriamo ora un gas di Bose di atomi con massa m in una scatola cubica di volume L^D. Lo spettro di energia singolo-particella è

$$\epsilon_{\mathbf{q}} = \frac{\hbar^2 q^2}{2m}. \tag{10.65}$$

Nel limite continuo

$$\sum_{\mathbf{q}} \to L^D \int \frac{d^D \mathbf{q}}{(2\pi)^D} \tag{10.66}$$

e la densità di numero totale $\bar{n} = \bar{N}/L^D$ nella fase BEC è data da

$$\bar{n} = \bar{n}_0 + \int \frac{d^D \mathbf{q}}{(2\pi)^D} \frac{1}{e^{\frac{\hbar^2 q^2}{2m k_B T}} - 1}, \tag{10.67}$$

dove $\bar{n}_0 = \bar{N}_0/L^D$ è la densità di numero di condensato.

La temperatura critica T_{BEC} della condensazione di Bose-Einstein si ottiene impostando $\bar{n}_0 = 0$ nell'equazione precedente. In questo modo si trova

$$k_B T_{BEC} = \begin{cases} \frac{2\pi}{\zeta(3/2)^{2/3}} \frac{\hbar^2}{m} \bar{n}^{2/3} & \text{per } D = 3 \\ 0 & \text{per } D = 2 \\ \text{nessuna soluzione} & \text{per } D = 1 \end{cases} \tag{10.68}$$

dove $\zeta(x)$ è la funzione zeta di Riemann. Questo risultato è stato esteso ai sistemi interagenti da David Mermin e Herbert Wagner nel 1966. Il cosiddetto teorema di Mermin-Wagner afferma che non c'è condensazione di Bose-Einstein a temperatura finita in sistemi omogenei con interazioni sufficientemente a corto raggio in dimensioni $D \leq 2$.

Nel caso tridimensionale ($D = 3$) dall'equazione

$$\bar{n} = \bar{n}_0 + \int \frac{d^3\mathbf{q}}{(2\pi)^3} \frac{1}{e^{\frac{\hbar^2 q^2}{2mk_BT}} - 1}, \tag{10.69}$$

troviamo

$$\bar{n} = \bar{n}_0 + \zeta(3/2)\left(\frac{mk_BT}{2\pi\hbar^2}\right)^{3/2}. \tag{10.70}$$

Segue che

$$\frac{\bar{n}_0}{\bar{n}} = 1 - \frac{\zeta(3/2)\left(\frac{mk_B}{2\pi\hbar^2}\right)^{3/2} T^{3/2}}{\bar{n}} = 1 - \frac{\zeta(3/2)\left(\frac{mk_B}{2\pi\hbar^2}\right)^{3/2} T^{3/2}}{\zeta(3/2)\left(\frac{mk_B}{2\pi\hbar^2}\right)^{3/2} T_{BEC}^{3/2}}. \tag{10.71}$$

Quindi, la frazione di condensato è

$$\frac{\bar{n}_0}{\bar{n}} = 1 - \left(\frac{T}{T_{BEC}}\right)^{3/2}. \tag{10.72}$$

La temperatura critica dell'Eq. (10.68) e questa formula per la frazione di condensato di bosoni massivi non interagenti sono state ottenute nel 1925 da Albert Einstein estendendo i precedenti risultati derivati da Satyendra Nath Bose per un gas di fotoni (bosoni senza massa).

10.2.3 Gas di fermioni non interagenti a temperatura zero

Un sistema fisico molto importante è il gas uniforme di fermioni non interagenti. È infatti un buon punto di partenza per la descrizione di tutti i sistemi reali che hanno un'interazione finita tra i fermioni.

Il gas di Fermi uniforme non interagente si ottiene ponendo a zero il potenziale di confinamento, cioè

$$U(\mathbf{r}) = 0, \tag{10.73}$$

e imponendo condizioni di periodicità sulle funzioni d'onda monoparticellari, che sono onde piane con uno spinore

$$\phi(x) = \frac{1}{\sqrt{V}} e^{i\mathbf{k}\cdot\mathbf{r}} \chi_\sigma, \tag{10.74}$$

dove χ_σ è lo spinore per spin-up e spin-down lungo un asse z scelto:

$$\chi_\uparrow = \begin{pmatrix} 1 \\ 0 \end{pmatrix}, \qquad \chi_\downarrow = \begin{pmatrix} 0 \\ 1 \end{pmatrix}. \tag{10.75}$$

Ai confini di un cubo di volume V e lato L risulta

$$e^{ik_x(x+L)} = e^{ik_x x}, \quad e^{ik_y(y+L)} = e^{ik_y y}, \quad e^{ik_z(z+L)} = e^{ik_z z}. \tag{10.76}$$

Segue che la quantità di moto $\mathbf{k}$ può assumere solo i valori

$$k_x = \frac{2\pi}{L} n_x, \quad k_y = \frac{2\pi}{L} n_y, \quad k_z = \frac{2\pi}{L} n_z, \tag{10.77}$$

dove n_x, n_y, n_z sono numeri quantici interi. Le energie monoparticellari sono date da

$$\epsilon_{\mathbf{k}} = \frac{\hbar^2 k^2}{2m} = \frac{\hbar^2}{2m} \frac{4\pi^2}{L^2} (n_x^2 + n_y^2 + n_z^2). \tag{10.78}$$

Nel limite termodinamico $L \to \infty$, i valori consentiti sono molto ravvicinati e si può utilizzare l'approssimazione continua

$$\sum_{n_x, n_y, n_z} \to \int dn_x \, dn_y \, dn_z, \tag{10.79}$$

che implica

$$\sum_{\mathbf{k}} \to \frac{L^3}{(2\pi)^3} \int d^3\mathbf{k} = V \int \frac{d^3\mathbf{k}}{(2\pi)^3}. \tag{10.80}$$

Il numero totale medio $\bar{N}$ di particelle fermioniche è dato da

$$\bar{N} = \sum_\sigma \sum_{\mathbf{k}} \Theta(\epsilon_F - \epsilon_{\mathbf{k}}), \tag{10.81}$$

dove la funzione gradino di Heaviside $\Theta(x)$, tale che $\Theta(x) = 0$ per $x < 0$ e $\Theta(x) = 1$ per $x > 0$, tiene conto del fatto che i fermioni sono occupati solo fino all'energia di Fermi ϵ_F, che è determinata fissando N. Si noti che a temperatura finita T il numero totale N di fermioni ideali si ottiene invece dalla distribuzione di Fermi-Dirac, cioè

$$\bar{N} = \sum_\sigma \sum_{\mathbf{k}} \frac{1}{e^{\beta(\epsilon_{\mathbf{k}} - \mu)} + 1}, \tag{10.82}$$

dove $\beta = 1/(k_B T)$, con k_B la costante di Boltzmann, e μ è il potenziale chimico del sistema. Nel limite $\beta \to +\infty$, cioè per $T \to 0$, la distribuzione di Fermi-Dirac diventa la funzione gradino di Heaviside e μ è identificato come l'energia di Fermi ϵ_F.

Nel limite continuo e scegliendo fermioni di spin $1/2$ si trova

$$\bar{N} = \sum_{\sigma=\uparrow,\downarrow} V \int \frac{d^3\mathbf{k}}{(2\pi)^3}\, \Theta\left(\epsilon_F - \frac{\hbar^2 k^2}{2m}\right), \tag{10.83}$$

da cui si ottiene (la somma degli spin dà semplicemente un fattore 2) la densità uniforme

$$\bar{n} = \frac{\bar{N}}{V} = \frac{1}{3\pi^2}\left(\frac{2m\epsilon_F}{\hbar^2}\right)^{3/2}. \tag{10.84}$$

La formula può essere invertita dando l'energia di Fermi ϵ_F come funzione della densità n, cioè

$$\epsilon_F = \frac{\hbar^2}{2m}\left(3\pi^2\bar{n}\right)^{2/3}. \tag{10.85}$$

In molte applicazioni l'energia di Fermi ϵ_F è scritta come

$$\epsilon_F = \frac{\hbar^2 k_F^2}{2m}, \tag{10.86}$$

dove k_F è il cosiddetto numero d'onda di Fermi, dato da

$$k_F = \left(3\pi^2\bar{n}\right)^{1/3}. \tag{10.87}$$

L'energia totale E del sistema di Fermi uniforme e non interagente è data da

$$E = \sum_{\sigma}\sum_{\mathbf{k}} \epsilon_{\mathbf{k}}\, \Theta(\epsilon_F - \epsilon_{\mathbf{k}}), \tag{10.88}$$

e utilizzando nuovamente il limite del continuo con fermioni di spin $1/2$ diventa

$$E = \sum_{\sigma=\uparrow,\downarrow} V \int \frac{d^3\mathbf{k}}{(2\pi)^3}\, \frac{\hbar^2 k^2}{2m}\, \Theta\left(\epsilon_F - \frac{\hbar^2 k^2}{2m}\right), \tag{10.89}$$

da cui si ottiene la densità di energia

$$\mathcal{E} = \frac{E}{V} = \frac{3}{5} n\,\epsilon_F = \frac{3}{5}\frac{\hbar^2}{2m}\left(3\pi^2\right)^{2/3}\bar{n}^{5/3} \tag{10.90}$$

in termini dell'energia di Fermi ϵ_F e della densità uniforme $\bar{n}$.

10.3 Connessione tra insiemi statistici quantistici

In questa sezione analizziamo la connessione tra insiemi statistici quantistici. In particolare, consideriamo la connessione tra l'insieme gran canonico (GC) e l'insieme canonico (C) nel caso dei bosoni ideali.

10.3.1 Gran potenziale e densità media del numero

In piena generalità, il gran potenziale Ω è relazionato alla funzione di partizione GC $\mathcal{Z}$ dalla formula

$$\Omega = -\frac{1}{\beta} \ln(\mathcal{Z}) \, . \tag{10.91}$$

Quindi, per il nostro problema di bosoni non interagenti abbiamo

$$\Omega = -\frac{1}{\beta} \sum_{\alpha} \ln\left(1 - e^{-\beta(\epsilon_\alpha - \mu)}\right) . \tag{10.92}$$

Assumendo che il gas ideale di bosoni di massa m sia confinato in una scatola ipercubica d-dimensionale di dimensione L, abbiamo $|\alpha\rangle = |\mathbf{k}\rangle$ con $\mathbf{k}$ il vettore d'onda delle onde piane a singola particella, e anche

$$\epsilon_\alpha = \epsilon_{\mathbf{k}} = \frac{\hbar^2 |\mathbf{k}|^2}{2m} = \frac{\hbar^2 k^2}{2m} \, , \tag{10.93}$$

dove $k = |\mathbf{k}|$ è il numero d'onda. In questo modo, otteniamo

$$\Omega = -\frac{1}{\beta} \sum_{\mathbf{k}} \ln\left(1 - e^{-\beta(\frac{\hbar^2 k^2}{2m} - \mu)}\right) . \tag{10.94}$$

Nel limite del continuo, dove

$$\sum_{\mathbf{k}} \to L^d \int \frac{d^d \mathbf{k}}{(2\pi)^d} \, , \tag{10.95}$$

troviamo

$$\begin{aligned} \frac{\Omega}{L^d} &= \frac{\Omega_0}{L^d} - \frac{1}{\beta} \int \frac{d^d \mathbf{k}}{(2\pi)^d} \ln\left(1 - e^{-\beta(\frac{\hbar^2 k^2}{2m} - \mu)}\right) \\ &= \frac{\Omega_0}{L^d} - \frac{1}{\beta} \frac{2^{1-d}}{\Gamma[\frac{d}{2}] \pi^{d/2}} \int_0^{+\infty} dk \, k^{d-1} \ln\left(1 - e^{-\beta(\frac{\hbar^2 k^2}{2m} - \mu)}\right) , \end{aligned} \tag{10.96}$$

dove $\Gamma[x]$ è la funzione gamma di Euler e

$$\frac{\Omega_0}{L^d} = -\frac{1}{\beta L^d} \ln\left(1 - e^{\beta\mu}\right) \tag{10.97}$$

è il contributo dovuto alla modalità $\mathbf{k} = \mathbf{0}$. Impostando $\xi = k\sqrt{\beta\hbar^2/(2m)}$ l'espressione precedente diventa

$$\frac{\Omega}{L^d} = \frac{\Omega_0}{L^d} - \frac{2^{1-d}}{\Gamma[\frac{d}{2}]\pi^{d/2}} \left(\frac{\hbar^2}{2m\beta}\right)^{d/2} \int_0^{+\infty} d\xi\ \xi^{d-1}\ \ln\left(1 - e^{-\xi^2+\beta\mu}\right) \tag{10.98}$$

e infine

$$\frac{\Omega}{L^d} = -\frac{1}{\beta L^d} \ln\left(1 - e^{\beta\mu}\right) - \frac{1}{\beta\lambda^d}\, g_{1+\frac{d}{2}}[e^{\beta\mu}]\,, \tag{10.99}$$

dove

$$\lambda = \sqrt{\frac{2\pi\hbar^2\beta}{m}} \tag{10.100}$$

è la lunghezza d'onda termica di De Broglie e $g_n[z]$ è il polilogaritmo, chiamato anche funzione di Bose, definito come

$$g_n[z] = \sum_{k=1}^{\infty} \frac{z^k}{k^n}\,. \tag{10.101}$$

Nell'insieme GC la densità media del numero è definita come

$$\bar{n} = \frac{\langle \hat{N} \rangle_{GC}}{L^d}\,. \tag{10.102}$$

Può essere facilmente derivata dal gran potenziale Ω utilizzando la seguente formula della termodinamica

$$\bar{n} = -\frac{1}{L^d}\left(\frac{\partial \Omega}{\partial \mu}\right)_{T,L^d}. \tag{10.103}$$

Da questa equazione e dall'Eq. (10.99) otteniamo quindi

$$\bar{n} = \frac{1}{L^d}\frac{e^{\beta\mu}}{1 - e^{\beta\mu}} + \frac{1}{\lambda^d} g_{\frac{d}{2}}[e^{\beta\mu}]\,. \tag{10.104}$$

Notare che questa formula è la generalizzazione d-dimensionale dell'Eq. (10.70) con un potenziale chimico generico μ.

10.3.2 Insieme canonico e densità di numero

La funzione di partizione GC $\mathcal{Z}$ può essere scritta in termini della funzione di partizione Canonica (C) $\mathcal{Z}_N$ come

$$\mathcal{Z} = \sum_{N=0}^{\infty} e^{\beta\mu N} \mathcal{Z}_N \ , \tag{10.105}$$

La funzione di partizione canonica è definita come

$$\mathcal{Z}_N = \mathrm{Tr}_N[e^{-\beta \hat{H}}] \tag{10.106}$$

dove la traccia è vincolata dalla condizione che tutti gli stati di Fock $|n_0, n_1, n_2, \ldots\rangle$ utilizzati per calcolare questa traccia devono avere i numeri di occupazione che soddisfano la condizione

$$\sum_\alpha n_\alpha = N \ . \tag{10.107}$$

Questo vincolo rende, in generale, piuttosto difficile il calcolo delle medie termiche. Infatti, la meccanica statistica quantistica impone che la media termica canonica di qualsiasi operatore $\hat{A}$ sia data da

$$\langle \hat{A} \rangle_C = \frac{1}{\mathcal{Z}_N} \mathrm{Tr}_N[\hat{A}\, e^{-\beta \hat{H}}] \ . \tag{10.108}$$

Solo poche medie termiche possono essere calcolate esplicitamente nell'insieme C. Tra queste la media termica dell'operatore del numero totale, con il risultato banale

$$\langle \hat{N} \rangle_C = N \ . \tag{10.109}$$

Nel problema del gas ideale di bosoni in una scatola, il potenziale chimico è sempre negativo. È quindi utile introdurre

$$s = -\mu \ . \tag{10.110}$$

In questo modo, l'Eq. (10.105) diventa

$$\mathcal{Z} = \sum_{N=0}^{\infty} e^{-s\beta N} \mathcal{Z}_N \ . \tag{10.111}$$

Tenendo conto che $\mathcal{Z}$ dipende da β e s, cioè $\mathcal{Z} = \mathcal{Z}(\beta, s)$, mentre $\mathcal{Z}_N$ dipende da β e N, cioè $\mathcal{Z}_N = \mathcal{Z}_N(\beta)$, possiamo invertire la formula sopra ottenendo

$$\mathcal{Z}_N(\beta) = \frac{1}{2\pi i} \int_{s_0 - i\infty}^{s_0 + i\infty} ds\, e^{s\beta N}\, \mathcal{Z}(\beta, s) \ , \tag{10.112}$$

dove $i = \sqrt{-1}$ è l'unità immaginaria e l'integrale è fatto assumendo che s_0 e s siano numeri complessi. Chiaramente, questa formula può essere riscritta come

$$\mathcal{Z}_N(\beta) = \frac{1}{2\pi i} \int_{s_0 - i\infty}^{s_0 + i\infty} ds\; e^{s\beta N + \ln(\mathcal{Z}(\beta, s))} \tag{10.113}$$

o, equivalentemente

$$\mathcal{Z}_N(\beta) = \frac{1}{2\pi i} \int_{s_0 - i\infty}^{s_0 + i\infty} ds\; e^{\beta(sN - \Omega(\beta, s))} \tag{10.114}$$

con $\Omega(\beta, s)$ il gran potenziale dato da

$$\Omega(\beta, s) = -\frac{1}{\beta} \ln\left(1 - e^{-\beta s}\right) - \frac{L^d}{\beta \lambda^d} g_{1+\frac{d}{2}}[e^{-\beta s}] \, . \tag{10.115}$$

Introducendo la densità di numero

$$n = \frac{N}{L^d} \tag{10.116}$$

e la densità del gran potenziale dell'energia

$$\omega(\beta, s) = \frac{\Omega(\beta, s)}{L^D} = -\frac{1}{\beta L^d} \ln\left(1 - e^{-\beta s}\right) - \frac{1}{\beta \lambda^d} g_{1+\frac{d}{2}}[e^{-\beta s}] \, , \tag{10.117}$$

l'Eq. (10.114) può essere riscritta come

$$\mathcal{Z}_N(\beta) = \frac{1}{2\pi i} \int_{s_0 - i\infty}^{s_0 + i\infty} ds\; e^{L^D \beta(sn - \omega(\beta, s))} \tag{10.118}$$

o, equivalentemente, come

$$\mathcal{Z}_N(\beta) = \frac{1}{2\pi i} \int_{s_0 - i\infty}^{s_0 + i\infty} ds\; e^{L^D h(\beta, s)} \, , \tag{10.119}$$

dove

$$h(\beta, s) = \beta s n - \beta \omega(\beta, s) \tag{10.120}$$

è una funzione con le unità di L^{-d}.

Sotto l'ipotesi che L^D diventi molto grande, si ottiene

$$\frac{\partial h(\beta, s)}{\partial s} = 0 \tag{10.121}$$

e di conseguenza

$$n = \frac{\partial \omega(\beta, s)}{\partial s} = -\frac{1}{\beta \lambda^d} \frac{\partial}{\partial s} \, . \tag{10.122}$$

Da questa espressione otteniamo infine

$$n = \frac{1}{L^d} \frac{e^{\beta\mu}}{1 - e^{\beta\mu}} + \frac{1}{\lambda^d} g_{\frac{d}{2}}[e^{\beta\mu}] \, . \tag{10.123}$$

Questa è praticamente la stessa formula che abbiamo trovato nell'insieme GC, Eq. (10.104). L'unico avvertimento è che nell'insieme GC n è sostituito dalla densità di numero medio termico $\bar{n}$.

Di conseguenza, confrontando l'Eq. (10.104) con l'Eq. (10.123), concludiamo che collegando l'insieme GC con l'insieme C si deve impostare

$$\bar{n} = n \tag{10.124}$$

o, equivalentemente,

$$\langle \hat{N} \rangle_{GC} = N = \langle \hat{N} \rangle_C \ , \tag{10.125}$$

nel regime in cui L^D è molto grande.

Ulteriori Letture

Due libri classici in cui viene introdotto il formalismo della meccanica statistica quantistica sono:

A.L. Fetter e J.D. Walecka, Quantum Theory of Many-Particle Systems (Dover Publications, 2003).

K. Huang, Meccanica Statistica (Zanichelli, 1997).

Un libro orientato matematicamente sullo stesso argomento è:

W.C. Schieve e L.P. Horwitz, Quantum Statistical Mechanics (Cambridge Univ. Press, 2009).

Capitolo 11
Informazione quantistica

In questo capitolo presentiamo la teoria di base e gli strumenti dell'informazione quantistica. Tra gli scienziati fondatori di questa disciplina emergente ci sono Feynman, Stratonovich, Helstrom, Gordon, Holevo e Bell. Iniziamo dalla definizione di un qubit, ricordando le proprietà dei vettori di base che rappresentano il suo stato quantico. Poi discutiamo il processo di misurazione per uno stato quantico, identificando i gate rilevanti che agiscono su un singolo qubit. Introducendo sistemi a molti qubit, presentiamo il ruolo dell'*entanglement* nella computazione quantistica, definiamo l'entropia di von Neumann e l'entropia di *entanglement* e descriviamo gli stati puri e misti. Infine, introduciamo il problema della computazione quantistica, discutendo un esempio di un algoritmo quantistico, ovvero l'algoritmo di Deutsch-Jozsa.

11.1 Il qubit

È l'unità di informazione quantistica, ovvero uno stato quantico a due livelli. La computazione quantistica utilizza i qubit per memorizzare le informazioni, e, implementando operazioni che coinvolgono lo stato di più qubit, le informazioni possono essere manipolate per risolvere problemi computazionali. Ci sono molti esempi di sistemi a due livelli, per esempio:

- {orizzontale, verticale} polarizzazioni della luce.
- {fondamentale, eccitato} autostati in un atomo o nucleo.
- {sinistra, destra} autofunzioni localizzate nei siti in un potenziale a doppia buca.
- {su, giù} spin in una particella.

I due stati di base del qubit sono solitamente denotati come

$$\{|0\rangle, |1\rangle\} \quad \text{tali che} : \begin{cases} \langle 0 \mid 0\rangle = \langle 1 \mid 1\rangle = 1 \\ \langle 0 \mid 1\rangle = \langle 1 \mid 0\rangle = 0. \end{cases} \tag{11.1}$$

L. Salasnich, F. Lorenzi, *Introduzione alla fisica moderna*,
https://doi.org/10.1007/978-3-032-17303-4_11

Un qubit puro è una sovrapposizione lineare (stato di sovrapposizione) di questi due stati di base:

$$|\psi\rangle = \alpha|0\rangle + \beta|1\rangle \tag{11.2}$$

dove α e β sono le ampiezze di probabilità, solitamente numeri complessi, tali che

$$|\alpha|^2 + |\beta|^2 = 1. \tag{11.3}$$

I due stati di base di un qubit possono essere espressi utilizzando diverse scelte. Ogni scelta della base è utile in alcune rappresentazioni. Ad esempio, possiamo scrivere

$$|0\rangle = \begin{pmatrix} 1 \\ 0 \end{pmatrix}, \quad |1\rangle = \begin{pmatrix} 0 \\ 1 \end{pmatrix}, \tag{11.4}$$

utilizzando una rappresentazione $\mathbb{C}^2 = \mathbb{C} \times \mathbb{C}$. Un'altra scelta è per esempio:

$$\begin{cases} |+\rangle = \dfrac{1}{\sqrt{2}}(|0\rangle + |1\rangle) = \dfrac{1}{\sqrt{2}}\begin{pmatrix} 1 \\ 1 \end{pmatrix} \\ |-\rangle = \dfrac{1}{\sqrt{2}}(|0\rangle - |1\rangle) = \dfrac{1}{\sqrt{2}}\begin{pmatrix} 1 \\ -1 \end{pmatrix} \end{cases}. \tag{11.5}$$

Un'altra base utile è

$$\begin{cases} |+i\rangle = \dfrac{1}{\sqrt{2}}(|0\rangle + i|1\rangle) = \dfrac{1}{\sqrt{2}}\begin{pmatrix} 1 \\ i \end{pmatrix} \\ |-i\rangle = \dfrac{1}{\sqrt{2}}(|0\rangle - i|1\rangle) = \dfrac{1}{\sqrt{2}}\begin{pmatrix} 1 \\ -i \end{pmatrix} \end{cases}. \tag{11.6}$$

Un esempio molto importante dell'uso di questi ultimi vettori di base si trova nell'ottica quantistica. Dati gli stati di base $|H\rangle$ e $|V\rangle$ di polarizzazione orizzontale e verticale della luce, spesso si utilizzano

$$\begin{cases} |\mathrm{CW}\rangle = \dfrac{1}{\sqrt{2}}(|H\rangle + i|V\rangle) \\ |\mathrm{CCW}\rangle = \dfrac{1}{\sqrt{2}}(|H\rangle - i|V\rangle) \end{cases}$$

Dove CW sta per orario, e CCW per antiorario. Questi stati rappresentano luce polarizzata circolarmente con polarizzazione destra e sinistra, legata agli stati in senso orario e antiorario dalla direzione di propagazione.

Da una particolare rappresentazione dei vettori di base, si possono calcolare i prodotti scalari e i proiettori relativi all'insieme di base. Per il nostro primo insieme di base $\{|0\rangle, |1\rangle\}$ abbiamo

$$\begin{aligned} \langle 0 \mid 0\rangle &= (1,0)\begin{pmatrix}1\\0\end{pmatrix} = 1 \\ \langle 0 \mid 1\rangle &= (1,0)\begin{pmatrix}0\\1\end{pmatrix} = 0 \\ \langle 1 \mid 0\rangle &= (0,1)\begin{pmatrix}1\\0\end{pmatrix} = 0 \\ \langle 1 \mid 1\rangle &= (0,1)\begin{pmatrix}0\\1\end{pmatrix} = 1 \end{aligned} \tag{11.7}$$

e anche i proiettori

$$\begin{aligned} |0\rangle\langle 0| &= \begin{pmatrix}1\\0\end{pmatrix}(1,0) = \begin{pmatrix}1 & 0\\0 & 0\end{pmatrix} \\ |0\rangle\langle 1| &= \begin{pmatrix}1\\0\end{pmatrix}(0,1) = \begin{pmatrix}0 & 1\\0 & 0\end{pmatrix} \\ |1\rangle\langle 0| &= \begin{pmatrix}0\\1\end{pmatrix}(1,0) = \begin{pmatrix}0 & 0\\1 & 0\end{pmatrix} \\ |1\rangle\langle 1| &= \begin{pmatrix}0\\1\end{pmatrix}(0,1) = \begin{pmatrix}0 & 0\\0 & 1\end{pmatrix} \end{aligned} \tag{11.8}$$

Un calcolo simile può essere fatto per gli altri insiemi di base, che sono anch'essi ortonormali. Sottolineiamo che la scelta della base può essere fatta tenendo a mente alcune proprietà del problema pratico che si vuole risolvere. La base scelta, in cui sono rappresentati tutti gli stati, è spesso chiamata base computazionale. Una rappresentazione utile dello stato del qubit è la sfera di Bloch. Ogni stato di un singolo qubit è associato a un punto nella sfera. Con uno stato nella forma (11.2), il punto associato ha le coordinate date dai cosiddetti parametri di Stokes[1]

$$\begin{cases} s_1 = |\alpha|^2 - |\beta|^2 \\ s_2 = 2\,\mathrm{Re}[\alpha\beta^*] \\ s_3 = 2\,\mathrm{Im}[\alpha\beta^*]. \end{cases} \tag{11.9}$$

[1] L'insieme completo dei parametri di Stokes contiene anche $s_0 = |\alpha|^2 + |\beta|^2$, ma nel nostro caso è fisso, $s_0 = 1$.

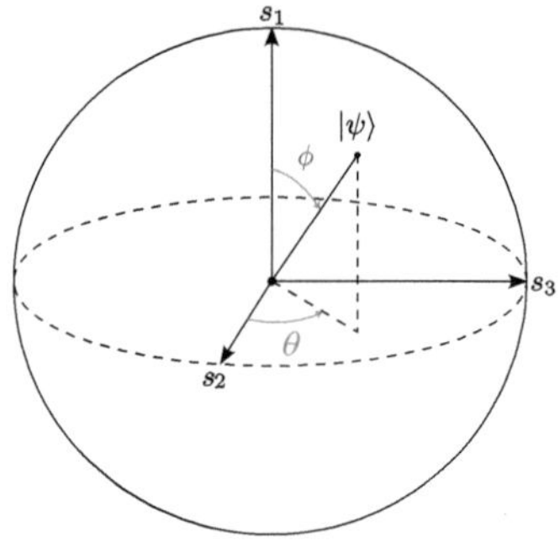

Figura 11.1 Rappresentazione della sfera di Bloch dello stato del qubit

Ogni punto è collegato a due coordinate θ e ϕ, ed è possibile scrivere lo stato come

$$|\psi\rangle = \cos\left(\frac{\phi}{2}\right)|0\rangle + \sin\left(\frac{\phi}{2}\right)e^{i\theta}|1\rangle. \tag{11.10}$$

La sfera di Bloch è utile per comprendere il concetto di misurazione, come vedremo nella prossima sezione.

11.1.1 Qubit e misure

Affermiamo che una misurazione è un'operazione su uno stato quantistico che fornisce come output "informazioni classiche". Una rappresentazione di questo processo è data in Fig. 11.2.

Si può associare a qualsiasi apparecchio di misurazione una misura a operatori positivi (POVM), ovvero un insieme $\{\hat{\mathrm{P}}_0, \hat{\mathrm{P}}_1, \hat{\mathrm{P}}_2, \ldots\}$ di operatori positivi[2] tali che

$$\sum_k \hat{\mathrm{P}}_k = \hat{\mathbf{1}} \tag{11.11}$$

dove $\hat{\mathbf{1}}$ è l'operatore identità. Forniamo ora alcuni esempi di POVM nel caso dei qubit. La misurazione del "valore di un qubit" è definita tramite il POVM

$$\{\hat{\mathrm{P}}_0 = |0\rangle\langle 0|, \hat{\mathrm{P}}_1 = |1\rangle\langle 1|\} \text{ con } \{l_0 = \text{“zero”}, l_1 = \text{“uno”}\}. \tag{11.12}$$

Abbiamo che la probabilità P_0 di ottenere l'informazione classica $l_0 =$ "zero" è

$$P_0 = \langle\psi|\hat{\mathrm{P}}_0|\psi\rangle = \langle\psi|0\rangle\langle 0|\psi\rangle = |\langle 0|\psi\rangle|^2, \tag{11.13}$$

e la probabilità P_1 di ottenere l'informazione classica $l_1 =$ "uno" è

$$P_1 = \langle\psi|\hat{\mathrm{P}}_1|\psi\rangle = \langle\psi|1\rangle\langle 1|\psi\rangle = |\langle 1|\psi\rangle|^2. \tag{11.14}$$

[2] Operatori con autovalori positivi.

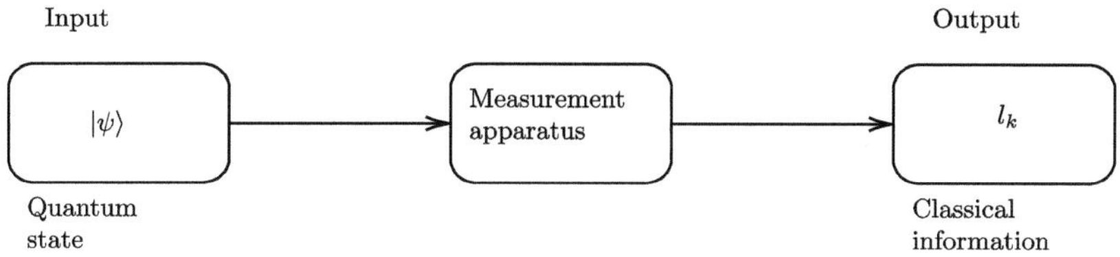

Figura 11.2 Rappresentazione del processo di misurazione. Uno stato quantistico viene misurato e come risultato si raccolgono informazioni classiche

In pratica, dato $|\psi\rangle = \alpha|0\rangle + \beta|1\rangle$ abbiamo $|\alpha|^2 = P_0$ e $|\beta|^2 = P_1$, come deve essere.

Il POVM relativo alla misurazione di una "fase di un qubit" è definito come

$$\{\hat{\mathrm{P}}_0 = |+\rangle\langle+|, \hat{\mathrm{P}}_1 = |-\rangle\langle-|\} \text{ con } \{l_0 = \text{“più”}, l_1 = \text{“meno”}\}, \tag{11.15}$$

dove la probabilità P_k di ottenere l'informazione classica l_k dallo stato quantistico $|\psi\rangle$ è

$$P_k = \langle\psi|\hat{\mathrm{P}}_k|\psi\rangle. \tag{11.16}$$

Ricordiamo la definizione di tali stati Eq. (11.5).

I risultati del processo di misurazione su un dato stato utilizzando diversi POVM non sono indipendenti. Ad esempio, dato $|\psi\rangle = |0\rangle$ la probabilità di ottenere "zero" è ovviamente 1, tuttavia, poiché $|0\rangle = \frac{1}{\sqrt{2}}(|+\rangle + |-\rangle)$ la probabilità di ottenere "più" è $\frac{1}{2}$. Questo mostra che il "valore" e la "fase" del singolo qubit sono complementari. Gli stati quantistici hanno un insieme di proprietà, ma ogni coppia di proprietà può essere mutuamente esclusiva nel senso che è impossibile conoscere entrambi gli elementi della coppia con certezza. Questo è una conseguenza del principio di indeterminazione.

La sfera di Bloch è utile nella rappresentazione delle misure su un qubit, poiché il valore della misura dello stato $|\psi\rangle$ può essere correlato alla proiezione su un asse sulla sfera. Ad esempio, il valore atteso di $\hat{\mathrm{P}}_0$ rispetto allo stato può essere interpretato come la lunghezza della proiezione di $|\psi\rangle$ sull'asse s_1, opportunamente scalata per soddisfare la condizione (11.11), ovvero $P_0 = (s_1 + 1)/2$. Una procedura di proiezione simile sull'asse s_2 corrisponde alla misura della fase. Usando questa immagine, il significato dell'incompatibilità è chiaro: non appena lo stato del qubit è fissato per avere un "valore" determinato, cioè per essere nel punto di intersezione della sfera con l'asse s_1, la sua posizione sulla sfera di Bloch implica che qualsiasi misura della fase darà un valore di $1/2$ (corrispondente all'origine degli assi).

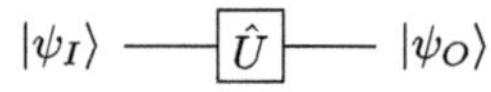

Figura 11.3 Una porta quantistica associata all'operatore $\hat{U}$, che agisce sullo stato di ingresso $|\psi_I\rangle$ e con stato di uscita $|\psi_O\rangle$

11.1.2 Porte quantistiche per un singolo qubit

Una porta quantistica (o porta logica quantistica) è un operatore su un certo insieme di qubit. Per un singolo qubit, è in generale un operatore unitario $\hat{\mathrm{U}}$, cioè un operatore tale che

$$\hat{\mathrm{U}}^\dagger\hat{\mathrm{U}} = \hat{\mathrm{U}}\hat{\mathrm{U}}^\dagger = \hat{\mathbf{1}}. \tag{11.17}$$

L'azione di questo operatore su un qubit nello stato $|\psi_I\rangle$ è solitamente rappresentata tramite un "circuito quantistico" come in Fig. 11.3. Facendo riferimento alla rappresentazione (11.4), possiamo esprimere gli operatori unitari come matrici 2×2. Ad esempio, tra le porte quantistiche che agiscono su un singolo qubit, ci sono:

- Porta dell'identità

$$\hat{\mathbf{1}} = \begin{pmatrix} 1 & 0 \\ 0 & 1 \end{pmatrix} \qquad \begin{matrix} |0\rangle \to |0\rangle \\ |1\rangle \to |1\rangle \end{matrix} \tag{11.18}$$

- Porta Not (chiamata anche porta Pauli X)

$$\hat{\mathrm{X}} = \begin{pmatrix} 0 & 1 \\ 1 & 0 \end{pmatrix} \qquad \begin{matrix} |0\rangle \to |1\rangle \\ |1\rangle \to |0\rangle \end{matrix} \tag{11.19}$$

- Porta di Hadamard

$$\hat{\mathrm{H}} = \frac{1}{\sqrt{2}}\begin{pmatrix} 1 & 1 \\ 1 & -1 \end{pmatrix} \qquad \begin{matrix} |0\rangle \to \frac{1}{\sqrt{2}}(|0\rangle + |1\rangle) \\ |1\rangle \to \frac{1}{\sqrt{2}}(|0\rangle - |1\rangle) \end{matrix} \tag{11.20}$$

Notiamo che la porta Not si comporta come la matrice di Pauli $\hat{\sigma}_1$ come definito nell'Eq. (8.56),

$$\hat{\mathrm{X}} = \hat{\sigma}_1 = \begin{pmatrix} 0 & 1 \\ 1 & 0 \end{pmatrix}, \tag{11.21}$$

ovvero inverte $|0\rangle$ in $|1\rangle$, e viceversa. Questo nome alternativo della porta Not suggerisce la relazione con le tre matrici di Pauli, per le quali possiamo definire due porte simili aggiuntive:

- Porta Y

$$\hat{\mathrm{Y}} = \hat{\sigma}_2 = \begin{pmatrix} 0 & -i \\ i & 0 \end{pmatrix} \qquad \begin{array}{l} |0\rangle \to i\,|1\rangle \\ |1\rangle \to -i\,|0\rangle \end{array} \tag{11.22}$$

- Porta Z

$$\hat{\mathrm{Z}} = \hat{\sigma}_3 = \begin{pmatrix} 1 & 0 \\ 0 & -1 \end{pmatrix} \qquad \begin{array}{l} |0\rangle \to |0\rangle \\ |1\rangle \to -|1\rangle \end{array} \tag{11.23}$$

La rappresentazione matriciale è specifica per una particolare scelta del set di base. Infatti, la scelta degli stati "valore" di un qubit come set di base corrisponde a una tra infinite scelte equivalenti, e in questo scritto le altre porte sono espresse come abbiamo riportato. Notiamo che la porta di Hadamard ha una proprietà interessante chiamata proprietà di involuzione, ovvero

$$\hat{\mathrm{H}}|+\rangle = |0\rangle \quad \text{e} \quad \hat{\mathrm{H}}|-\rangle = |1\rangle. \tag{11.24}$$

Infatti,

$$\begin{aligned} \hat{\mathrm{H}}|+\rangle &= \frac{1}{\sqrt{2}}\{\hat{\mathrm{H}}|0\rangle + \hat{\mathrm{H}}|1\rangle\} = \frac{1}{\sqrt{2}}\left\{\frac{1}{\sqrt{2}}(|0\rangle + |1\rangle) + \frac{1}{\sqrt{2}}(|0\rangle - |1\rangle\,|\right\} \\ &= \frac{1}{2}\{|0\rangle + |1\rangle + |0\rangle - |1\rangle\} = |0\rangle, \end{aligned} \tag{11.25}$$

e in modo simile,

$$\begin{aligned} \hat{\mathrm{H}}|-\rangle &= \frac{1}{\sqrt{2}}\{\hat{\mathrm{H}}|0\rangle - \hat{\mathrm{H}}|1\rangle\} = \frac{1}{\sqrt{2}}\left\{\frac{1}{\sqrt{2}}(|0\rangle + |1\rangle) - \frac{1}{\sqrt{2}}(|0\rangle - |1\rangle)\right\} \\ &= \frac{1}{2}\{|0\rangle + |1\rangle - |0\rangle + |1\rangle\} = |1\rangle. \end{aligned} \tag{11.26}$$

Tutte le porte descritte in precedenza sono unitarie, il che significa che sono descritte da una matrice unitaria. Questa è un'ipotesi importante relativa all'indipendenza dal tempo dell'Hamiltoniana di evoluzione. Ciò significa che, se $\hat{\mathrm{U}}$ è una qualsiasi delle porte descritte prima, soddisfa l'Eq. (11.17).

11.1.3 Qubit multipli

Le operazioni su un singolo qubit possono essere naturalmente generalizzate a più qubit. Questo è il caso di interesse per il calcolo quantistico: modellando le interazioni tra molti sistemi a due livelli, possiamo progettare un circuito logico quantistico in cui costruiamo algoritmi composti da istruzioni elementari. Un multi-qubit N è uno stato quantistico caratterizzato da

$$|\Phi_N\rangle = \sum_{\substack{\{\alpha_1\alpha_2\ldots\alpha_N\} \\ \in\{0,1\}^n}} A_{\alpha_1\alpha_2\ldots\alpha_N} |\alpha_1\rangle \otimes |\alpha_2\rangle \otimes \ldots \otimes |\alpha_N\rangle, \tag{11.27}$$

dove

$$\begin{aligned} |\alpha_i\rangle \quad i &= 1, \ldots, N \\ \alpha_i &= 0, 1 \ , \end{aligned} \tag{11.28}$$

è un singolo qubit, e $\otimes$ è il prodotto tensoriale. Quindi, l'N-qubit descrive N sistemi a due stati. Spesso un multiplo N-qubit è anche chiamato "registro quantistico" perché può essere considerato l'analogo quantistico di un registro del processore classico.

Ci concentriamo ora sul caso di un 2-qubit, per il quale possiamo definire i gate più importanti. Il 2-qubit più generale è dato da

$$|\Phi_2\rangle = A_{00}|0\rangle \otimes |0\rangle + A_{01}|0\rangle \otimes |1\rangle + A_{10}|1\rangle \otimes |0\rangle + A_{11}|1\rangle \otimes |1\rangle, \tag{11.29}$$

per semplificare la notazione, definiamo $|ab\rangle = |a\rangle \otimes |b\rangle$ in questo modo possiamo scrivere $|\Psi_2\rangle$ come

$$|\Phi_2\rangle = A_{00}|00\rangle + A_{01}|01\rangle + A_{10}|10\rangle + A_{11}|11\rangle. \tag{11.30}$$

Useremo anche la notazione $|a\rangle|b\rangle = |a\rangle \otimes |b\rangle$ nei casi di operazioni più complesse.

11.1.4 Gate quantistici per 2-qubit

Un gate generale per N-qubit è rappresentato con il circuito in Fig. 11.4. Nel caso di 2-qubit, ci sono alcuni esempi notevoli. Introduciamo uno stato base per 2-qubit analogamente al caso del singolo qubit. Questa è infatti la base naturale dello stato del prodotto tensoriale.

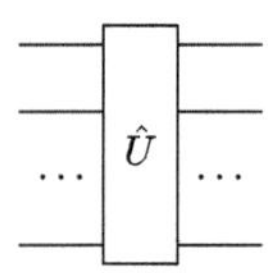

Figura 11.4 Una porta quantistica multi-qubit associata all'operatore $\hat{U}$

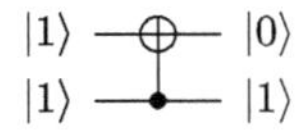

Figura 11.5 Il gate CNOT. Il qubit target è in alto, quello di controllo è in basso. Gli ingressi mostrano come, essendo il qubit di controllo $|1\rangle$, il qubit target passa da $|1\rangle$ a $|0\rangle$

$$
\begin{aligned}
|00\rangle &= \begin{pmatrix} 1 \\ 0 \\ 0 \\ 0 \end{pmatrix}, \quad |01\rangle = \begin{pmatrix} 0 \\ 1 \\ 0 \\ 0 \end{pmatrix}, \\
|10\rangle &= \begin{pmatrix} 0 \\ 0 \\ 1 \\ 0 \end{pmatrix}, \quad |11\rangle = \begin{pmatrix} 0 \\ 0 \\ 0 \\ 1 \end{pmatrix},
\end{aligned}
\tag{11.31}
$$

sono i 4 stati base di un generico 2-qubit. Tra i gate quantistici che agiscono su un 2-qubit c'è l'importante coppia di gate

- Gate Identità

$$
\hat{\mathbf{1}} = \begin{pmatrix} 1 & 0 & 0 & 0 \\ 0 & 1 & 0 & 0 \\ 0 & 0 & 1 & 0 \\ 0 & 0 & 0 & 1 \end{pmatrix} \qquad \begin{array}{l} |00\rangle \to |00\rangle \\ |01\rangle \to |01\rangle \\ |10\rangle \to |10\rangle \\ |11\rangle \to |11\rangle \end{array} \tag{11.32}
$$

- Gate CNOT

$$
\hat{\mathrm{C}} = \begin{pmatrix} 1 & 0 & 0 & 0 \\ 0 & 1 & 0 & 0 \\ 0 & 0 & 0 & 1 \\ 0 & 0 & 1 & 0 \end{pmatrix} \qquad \begin{array}{l} |00\rangle \to |00\rangle \\ |01\rangle \to |01\rangle \\ |10\rangle \to |11\rangle \\ |11\rangle \to |10\rangle \end{array} \tag{11.33}
$$

Il gate CNOT può essere semplicemente compreso in termini dei cosiddetti qubit target e di controllo: dato $|ct\rangle = |c\rangle \otimes |t\rangle$ il qubit target $|t\rangle$ cambia solo se il qubit di controllo $|c\rangle$ è impostato su $|1\rangle$, altrimenti rimane lo stesso, come rappresentato in Fig. 11.5.

11.2 *Entanglement*

Lo stato di 2-qubit $|\Phi_2\rangle$ è chiamato separabile se può essere scritto come il prodotto tensoriale di due singoli qubit generici $|\Psi_A\rangle$ e $|\Psi_B\rangle$, cioè

$$
|\Phi_2\rangle = |\Psi_A\rangle \otimes |\Psi_B\rangle. \tag{11.34}
$$

Se ciò non è possibile, lo stato $|\Phi_2\rangle$ è chiamato *entangled*. Siamo concreti con questo semplice esempio: il più semplice stato di 2-qubit

$$|\Phi_2\rangle = A_{01}|01\rangle + A_{10}|10\rangle, \tag{11.35}$$

è separabile solo se $A_{01} = 0$ o $A_{10} = 0$. Infatti, impostiamo

$$|\psi_A\rangle = \alpha_A|0\rangle + \beta_A|1\rangle, \quad |\psi_B\rangle = \alpha_B|0\rangle + \beta_B|1\rangle \tag{11.36}$$

Una condizione necessaria per lo stato $|\Phi_2\rangle$ da scrivere come $|\psi_A\rangle \otimes |\psi_B\rangle$ è

$$\begin{cases} \alpha_A\alpha_B = 0 \\ \beta_A\beta_B = 0 \end{cases} \tag{11.37}$$

queste equazioni possono essere soddisfatte solo se almeno uno dei coefficienti è zero. Poiché $A_{01} = \alpha_A\beta_B$ e $A_{10} = \beta_A\alpha_B$, concludiamo che almeno uno di questi due coefficienti è nullo.

11.2.1 Esempi di stati separabili e entangled

Dalla nostra precedente discussione è chiaro che i seguenti stati sono *entangled*:

$$\frac{1}{\sqrt{2}}(|01\rangle \pm |10\rangle) = |\Psi^\pm\rangle, \tag{11.38}$$

ma anche

$$\frac{1}{\sqrt{2}}(|00\rangle \pm |11\rangle) = |\Phi^\pm\rangle. \tag{11.39}$$

Invece, esempi di stati separabili sono

$$|01\rangle, \quad |00\rangle, \tag{11.40}$$

ma anche

$$\frac{1}{\sqrt{2}}(|01\rangle + |11\rangle), \tag{11.41}$$

perché è dato da

$$\frac{1}{\sqrt{2}}(|0\rangle + |1\rangle)|1\rangle. \tag{11.42}$$

Gli stati *entangled* sono estremamente importanti nell'informazione quantistica. I quattro stati (11.38) e (11.39) sono anche chiamati stati di Bell. Quando si misura un singolo qubit su uno stato *entangled*, la misurazione determinerà lo stato dell'altro qubit. Prima della misurazione, d'altra parte, nessuno dei qubit ha una proprietà definita.

11.2.2 Porta CNOT e entanglement

Mostriamo ora che una porta CNOT che agisce su uno stato separabile può produrre uno stato *entangled*. Lasciamo che lo stato di ingresso sia nello stato separabile

$$|\psi_0\rangle = \frac{1}{\sqrt{2}}(|0\rangle + |1\rangle)|0\rangle = \frac{1}{\sqrt{2}}(|00\rangle + |10\rangle), \tag{11.43}$$

applicando la porta CNOT

$$\begin{aligned} |\psi_1\rangle = \hat{\mathrm{C}}|\psi_0\rangle &= \frac{1}{\sqrt{2}}(\hat{\mathrm{C}}|00\rangle + \hat{\mathrm{C}}|10\rangle) \\ &= \frac{1}{\sqrt{2}}(|00\rangle + |11\rangle) = |\Phi^+\rangle, \end{aligned} \tag{11.44}$$

Quindi

$$\hat{\mathrm{C}}|\psi_0\rangle = |\Phi^+\rangle, \tag{11.45}$$

dove $|\Phi^+\rangle$ è uno stato di Bell *entangled* come definito nell'Eq. (11.39). Ora mostriamo che una porta CNOT che agisce su uno stato *entangled* può produrre uno stato separabile. Infatti

$$\begin{aligned} \hat{\mathrm{C}}|\Phi^+\rangle &= \hat{\mathrm{C}}\frac{1}{\sqrt{2}}(|00\rangle + |11\rangle) \\ &= \frac{1}{\sqrt{2}}(\hat{\mathrm{C}}|00\rangle + \hat{\mathrm{C}}|11\rangle) \\ &= \frac{1}{\sqrt{2}}(|00\rangle + |10\rangle) = \frac{1}{\sqrt{2}}(|0\rangle + |1\rangle)|0\rangle. \end{aligned} \tag{11.46}$$

Sorprendentemente, abbiamo dimostrato che applicando la porta CNOT due volte si ottiene lo stato iniziale. Infatti è semplice mostrare che $\hat{\mathrm{C}}^2 = \hat{\mathbf{1}}$, utilizzando la definizione Eq.(11.33).

11.2.3 Stati puri e misti

Lo stato di un sistema quantistico è solitamente descritto utilizzando un "singolo ket" (stato puro):

$$|\psi\rangle, \tag{11.47}$$

ovvero un vettore di uno spazio di Hilbert $\mathcal{H}$. A volte non si conosce lo stato esatto del sistema, che, sottolineiamo, può essere separabile o *entangled*, ma solo le probabilità $\{P_i\}$ che il sistema sia tra un insieme di stati $\{|\psi_i\rangle\}$ dove ovviamente

$$\sum_i P_i = 1. \tag{11.48}$$

Quando la distribuzione di probabilità è diversa da zero su più di uno stato, il sistema è in uno stato misto. Per descrivere lo stato misto si deve utilizzare la matrice di densità

$$\hat{\rho} = \sum_i P_i |\psi_i\rangle\langle\psi_i|, \tag{11.49}$$

che ha la proprietà importante

$$\mathrm{Tr}[\hat{\rho}] = \sum_i P_i = 1. \tag{11.50}$$

Sottolineiamo che anche uno stato puro $|\psi\rangle$ può essere descritto da una matrice di densità, che è data da

$$\hat{\rho} = |\psi\rangle\langle\psi|. \tag{11.51}$$

Come esempio, consideriamo un sistema caratterizzato da probabilità $1/3$ di essere nel qubit $|0\rangle$ e probabilità $2/3$ di essere nel qubit $|1\rangle$. Lo stato del sistema è descritto dalla matrice di densità

$$\hat{\rho}_m = \frac{1}{3}|0\rangle\langle 0| + \frac{2}{3}|1\rangle\langle 1|. \tag{11.52}$$

Utilizzando la notazione vettoriale, la matrice di densità può essere anche scritta come una matrice 2×2,

$$\begin{aligned}
\hat{\rho}_m &= \frac{1}{3}\begin{pmatrix}1\\0\end{pmatrix}(1,0) + \frac{2}{3}\begin{pmatrix}0\\1\end{pmatrix}(0,1) \\
&= \frac{1}{3}\begin{pmatrix}1 & 0\\0 & 0\end{pmatrix} + \frac{2}{3}\begin{pmatrix}0 & 0\\0 & 1\end{pmatrix} \\
&= \frac{1}{3}\begin{pmatrix}1 & 0\\0 & 2\end{pmatrix}.
\end{aligned} \tag{11.53}$$

Sottolineiamo che lo stato misto dato da $\hat{\rho}_m$ è molto diverso rispetto allo stato puro

$$|\psi\rangle = \sqrt{\frac{1}{3}}|0\rangle + \sqrt{\frac{2}{3}}|1\rangle \tag{11.54}$$

che è semplicemente uno stato di sovrapposizione, la cui matrice di densità è

$$\begin{aligned}\hat{\rho}_s &= |\psi\rangle\langle\psi| = \left(\sqrt{\frac{1}{3}}|0\rangle + \sqrt{\frac{2}{3}}|1\rangle\right)\left(\sqrt{\frac{1}{3}}\langle 0| + \sqrt{\frac{2}{3}}\langle 1|\right) \\ &= \frac{1}{3}\begin{pmatrix}1 & 0\\ 0 & 0\end{pmatrix} + \frac{2}{3}\begin{pmatrix}0 & 0\\ 0 & 1\end{pmatrix} + \frac{\sqrt{2}}{3}\begin{pmatrix}0 & 1\\ 0 & 0\end{pmatrix} + \frac{\sqrt{2}}{3}\begin{pmatrix}0 & 0\\ 1 & 0\end{pmatrix} \\ &= \frac{1}{3}\begin{pmatrix}1 & \sqrt{2}\\ \sqrt{2} & 2\end{pmatrix}.\end{aligned} \tag{11.55}$$

11.2.4 Entropia di von Neumann

L'entropia di von Neumann per uno stato quantistico descritto dalla matrice di densità $\hat{\rho}$, è data da

$$S(\hat{\rho}) = -\mathrm{Tr}[\hat{\rho}\log_2(\hat{\rho})]. \tag{11.56}$$

Se $\{\lambda_i\}$ sono le autofunzioni di $\hat{\rho}$, allora

$$S(\hat{\rho}) = -\sum_i \lambda_i \log_2(\lambda_i). \tag{11.57}$$

Per giustificare la sua definizione, procediamo ora fornendo alcuni esempi.

1. Per lo stato $|0\rangle$ abbiamo $\hat{\rho} = |0\rangle\langle 0|$ i cui autovalori sono $\{1, 0\}$. Segue immediatamente che $S(\hat{\rho}) = 0$.
2. Per lo stato $\sqrt{1/3}|0\rangle + \sqrt{2/3}|1\rangle$ abbiamo

$$\hat{\rho}_s = \frac{1}{3}\begin{pmatrix}1 & \sqrt{2}\\ \sqrt{2} & 2\end{pmatrix} \tag{11.58}$$

   i cui autovalori sono ancora $\{1, 0\}$. Ancora una volta abbiamo che $S(\hat{\rho}_s) = 0$.
3. Per lo stato descritto da $\hat{\rho}_m = \frac{1}{3}|0\rangle\langle 0| + \frac{2}{3}|1\rangle\langle 1| = \frac{1}{3}\left(\begin{smallmatrix}1 & 0\\ 0 & 2\end{smallmatrix}\right)$ gli autovalori di $\hat{\rho}_m$ sono $\left\{\frac{1}{3}, \frac{2}{3}\right\}$. Segue che $S(\hat{\rho}_m) = -\frac{1}{3}\log_2\left(\frac{1}{3}\right) - \frac{2}{3}\log_2\left(\frac{2}{3}\right) = \log_2(3) - \frac{2}{3}$.

In generale si può dimostrare che, per un dato $\hat{\rho}$,

- $S(\hat{\rho}) \geq 0$.
- $S(\hat{\rho}) = 0$ se e solo se $\hat{\rho}$ descrive uno stato puro.
- il valore massimo di $S(\hat{\rho})$ è $\log_2(N)$ con $N = \dim(\mathcal{H})$, la dimensione dello spazio di Hilbert.

Il concetto di entropia di von Neumann è utile per quantificare l'*entanglement*.

11.2.5 Stato ridotto di un sistema: traccia parziale

Consideriamo il caso di un sistema composto da due sottosistemi A e B. Lo stato generico del sistema è $|\psi\rangle_{AB} \in \mathcal{H}_A \otimes \mathcal{H}_B = \mathcal{H}$. La sua matrice di densità è

$$\hat{\rho}_{AB} = |\psi\rangle_{AB\,AB}\langle\psi|. \tag{11.59}$$

La matrice di densità $\hat{\rho}_{AB}$ del "sottosistema A" dello spazio di Hilbert $\mathcal{H}_A$ è definita come

$$\hat{\rho}_A = \mathrm{Tr}_B[\hat{\rho}_{AB}] = \sum_K {}_B\langle\phi|\hat{\rho}_{AB}|\phi\rangle_B, \tag{11.60}$$

ovvero la "traccia parziale" rispetto al "sottosistema B", dove $\{|\phi\rangle_B\}$ è una base di $\mathcal{H}_B$. Notiamo che lo stato del sottosistema relativo a uno stato puro può essere uno stato misto. Infatti, se consideriamo lo stato puro, ma *entangled*,

$$|\psi\rangle_{AB} = \frac{1}{\sqrt{2}}(|0\rangle_A|0\rangle_B + |1\rangle_A|1\rangle_B), \tag{11.61}$$

ha matrice di densità

$$\begin{aligned}\hat{\rho}_{AB} &= |\psi\rangle_{AB\,AB}\langle\psi| \\ &= \frac{1}{2}\{|0\rangle_A|0\rangle_{B\,A}\langle 0|_B\langle 0| + |0\rangle_A|0\rangle_{B\,A}\langle 1|_B\langle 1| \\ &\quad + |1\rangle_A|1\rangle_{B\,A}\langle 0|_B\langle 0| + |1\rangle_A|1\rangle_{B\,A}\langle 1|_B\langle 1|\},\end{aligned} \tag{11.62}$$

e il suo sottosistema A ha matrice di densità

$$\hat{\rho}_A = {}_B\langle 0|\hat{\rho}_{AB}|0\rangle_B + {}_B\langle 1|\hat{\rho}_{AB}|1\rangle_B = \frac{1}{2}|0\rangle_{A\,A}\langle 0| + \frac{1}{2}|1\rangle_{A\,A}\langle 1|, \tag{11.63}$$

corrispondente a uno stato misto.

11.2.6 Entropia di entanglement

Mentre la proprietà di *entanglement* di uno stato dato è categorica, ovvero possiamo averla o no, possiamo andare oltre e quantificare l'*entanglement* tramite l'entropia di von Neumann. In generale, ci possono essere molti modi diversi per quantificare l'*entanglement* che sono utili in problemi diversi. Ci concentreremo solo su quello dato dall'entropia di von Neumann. Per misurare l'*entanglement* di uno stato puro

$$|\psi\rangle_{AB} \in \mathcal{H}_A \otimes \mathcal{H}_B, \tag{11.64}$$

il primo passo è scrivere la sua matrice di densità data da

$$\hat{\rho}_{AB} = |\psi\rangle_{AB\,AB}\langle\psi|. \tag{11.65}$$

Il secondo passo è ottenere le matrici di densità parziali

$$\begin{aligned} \hat{\rho}_A &= \mathrm{Tr}_B[\hat{\rho}_{AB}] \\ \hat{\rho}_B &= \mathrm{Tr}_A[\hat{\rho}_{AB}] \end{aligned} \tag{11.66}$$

Il terzo, e ultimo, passo è calcolare l'entropia di entanglement $\varepsilon(\hat{\rho}_{AB})$ definita come

$$\varepsilon(\hat{\rho}_{AB}) = S(\hat{\rho}_A) = S(\hat{\rho}_B) \tag{11.67}$$

dove $S(\hat{\rho}_A)$ e $S(\hat{\rho}_A)$ sono le entropie di von Neumann delle densità parziali $\hat{\rho}_A$ e $\hat{\rho}_B$, ovvero

$$\begin{cases} S(\hat{\rho}_A) = -\mathrm{Tr}[\hat{\rho}_A \log_2(\hat{\rho}_A)] \\ S(\hat{\rho}_B) = -\mathrm{Tr}[\hat{\rho}_B \log_2(\hat{\rho}_B)]. \end{cases} \tag{11.68}$$

Per uno stato separabile si trova $\varepsilon(\hat{\rho}_{AB}) = 0$. Per uno stato *entangled* si trova $\varepsilon(\hat{\rho}_{AB}) > 0$. Per uno stato massimamente *entangled* si trova $\varepsilon(\hat{\rho}_{AB}) = \log_2 N$, con $N = \min\{\dim(\mathcal{H}_A), \dim(\mathcal{H}_B)\}$. Questo è il caso degli stati di Bell (11.38) e (11.39): essi raggiungono il massimo dell'entropia per un sistema a 2-qubit. Infatti, sono spesso definiti come stati massimamente *entangled*.

11.2.7 Teorema di non-clonazione

Si potrebbe pensare che esista un operatore unitario $\hat{\mathrm{U}}_{\mathrm{copy}}$ tale che

$$\hat{\mathrm{U}}_{\mathrm{copy}}|\psi\varphi\rangle = |\psi\psi\rangle \tag{11.69}$$

per qualsiasi scelta di $|\psi\rangle$ e $|\varphi\rangle$ normalizzati a uno. Qui $|\psi\rangle$ è lo stato da copiare, mentre $|\varphi\rangle$ è lo stato iniziale che deve diventare uguale a $|\psi\rangle$.

Teorema L'operatore $\hat{\mathrm{U}}_{\mathrm{copy}}$ non esiste.

Dimostrazione Dati due stati $|\psi_1\rangle$ e $|\psi_2\rangle$, normalizzati a uno, deve essere

$$\hat{\mathrm{U}}_{\mathrm{copy}}\,|\psi_1\varphi\rangle = |\psi_1\psi_1\rangle, \qquad \hat{\mathrm{U}}_{\mathrm{copy}}\,|\psi_2\varphi\rangle = |\psi_2\psi_2\rangle, \tag{11.70}$$

Consideriamo ora il prodotto scalare

$$S = \langle\psi_2\varphi|\hat{\mathrm{U}}^\dagger_{\mathrm{copy}}\hat{\mathrm{U}}_{\mathrm{copy}}|\psi_1\varphi\rangle \tag{11.71}$$

Poiché $\hat{U}_{copy}$ è unitario, ovvero $\hat{U}^\dagger_{copy}\hat{U}_{copy} = \hat{\mathbf{1}}$, abbiamo

$$S = \langle \psi_2\varphi|\psi_1\varphi\rangle = \langle \psi_2|\psi_1\rangle, \tag{11.72}$$

inoltre, poiché $\hat{U}_{copy}$ è l'"operatore di copia", abbiamo

$$S = \langle \psi_2|\psi_1\rangle^2. \tag{11.73}$$

Concludendo, deve essere $\langle \psi_1|\psi_2\rangle = \langle \psi_1|\psi_2\rangle^2$ ma questa formula è corretta solo se

$$\langle \psi_1|\psi_2\rangle = \begin{cases} 0 \\ 1 \end{cases}. \tag{11.74}$$

Si noti che il teorema di non-clonazione è solitamente enunciato nel seguente modo: "È impossibile creare una copia identica di uno stato quantistico sconosciuto"[3] Uno stato quantistico sconosciuto in questo contesto è da intendersi come uno stato

$$|\psi\rangle = \alpha|0\rangle + \beta|1\rangle \tag{11.75}$$

dove α e β sono sconosciuti. In questo caso il teorema di non-clonazione ci dice che possiamo fare una copia esatta di $|\psi\rangle$ solo se $\beta = 0$ o $\alpha = 0$, cioè solo se $|\psi\rangle = |0\rangle$ di $|\psi\rangle = |1\rangle$. Dato lo stato quantistico sconosciuto nella forma di Eq. (11.75), una misura di esso non ci dà tutte le proprietà di $|\psi\rangle$. Infatti, una singola misura dà solo $|0\rangle$ o $|1\rangle$. Avendo N copie - ma non possiamo - di $|\psi\rangle$, potremmo eseguire N misure, ottenendo $|\alpha|^2$ e $|\beta|^2$, ma non α e β e le loro fasi relative. Facendo qualcosa di meglio possiamo ottenere anche la fase relativa come ora mostreremo.

11.2.8 Teletrasporto quantistico

Il singolo qubit sconosciuto

$$|\chi\rangle_A = \alpha|0\rangle_A + \beta|1\rangle_A \tag{11.76}$$

deve essere "teletrasportato" dall'osservatore A all'osservatore B. I due osservatori condividono lo stato di Bell *entangled*

$$|\Psi^-\rangle_{AB} = \frac{1}{\sqrt{2}}(|0\rangle_A|1\rangle_B - |1\rangle_A|0\rangle_B). \tag{11.77}$$

[3] Wotters, Zurek, *Nature* **299**, 802 (1982).

Notiamo che lo stato a 3-qubit $|\chi\rangle_A|\Psi^-\rangle_{AB}$ può essere scritto come

$$
\begin{aligned}
|\chi\rangle_A|\Psi^-\rangle_{AB} =& (\alpha|0\rangle_A + \beta|1\rangle_A)\frac{1}{\sqrt{2}}(|0\rangle_A|1\rangle_B - |1\rangle_A|0\rangle_B) \\
=& \frac{1}{\sqrt{2}}\{\alpha|00\rangle_A|1\rangle_B - \alpha|01\rangle_A|0\rangle_B + \beta|10\rangle_A|1\rangle_B - \beta|11\rangle_A|0\rangle_B\} \\
=& \frac{1}{2}\Big\{|\Phi^+\rangle_{AA}(\alpha|1\rangle_B - \beta|0\rangle_B) + |\Phi^-\rangle_{AA}(\alpha|1\rangle_B + \beta|0\rangle_B) \\
& + |\Psi^+\rangle_{AA}(-\alpha|0\rangle_B + \beta|1|\rangle_B) + |\Psi^-\rangle_{AA}(-\alpha|0\rangle_B - \beta|1\rangle_B)\Big\}
\end{aligned}
\tag{11.78}
$$

dove gli stati di Bell sono definiti nelle equazioni (11.38) e (11.39). L'osservatore A esegue una "misura di Bell", ovvero una POVM con $\{\hat{\mathrm{P}}_0 = |\Phi^+\rangle\langle\Phi^+|$, $\hat{\mathrm{P}}_1 = |\Phi^-\rangle\langle\Phi^-|$, $\hat{\mathrm{P}}_2 = |\Psi^+\rangle\langle\Psi^+|$, $\hat{\mathrm{P}}_3 = |\Phi^-\rangle\langle\Phi^-|\}$. A seconda dello stato di Bell trovato, l'osservatore invia una "informazione classica" a B, ovvero un'istruzione per applicare un cancello allo stato risultante. I cancelli da applicare sono dati dalla seguente regola

1. se $|\Phi^+\rangle$, allora applica $\hat{\mathrm{X}}$;
2. se $|\Phi^-\rangle$, allora applica $\hat{\mathrm{Y}}$;
3. se $|\Psi^+\rangle$, allora applica $\hat{\mathrm{Z}}$;
4. se $|\Psi^-\rangle$, allora applica $\hat{\mathbf{1}}$;

dove $\hat{\mathrm{X}}, \hat{\mathrm{Y}}, \hat{\mathrm{Z}}$ sono gli operatori di Pauli. In ognuno di questi casi, lo stato finale di B è

$$
|\chi\rangle_B = \alpha|0\rangle_B + \beta|1\rangle_B. \tag{11.79}
$$

Concludendo, lo stato $|\chi\rangle$ è stato teletrasportato dal qubit di A al qubit di B. Notiamo che la misura di A non fornisce alcuna informazione sullo stato teletrasportato $|\chi\rangle$. Inoltre, il teorema di non-clonazione è soddisfatto: $|\chi\rangle$ non ha una copia sopravvissuta.

11.3 Calcolo quantistico

Il calcolo quantistico è la soluzione di problemi computazionali utilizzando computer quantistici, che sono sistemi di qubit e cancelli quantistici, spesso progettati per essere programmabili. I problemi possono avere origini molto diverse e sono posti in modo astratto, in termini di istanze di input e soluzioni di output. La procedura che fornisce la sequenza di istruzioni da realizzare per risolvere il problema computazionale in un computer quantistico è chiamata algoritmo quantistico. Per confronto, gli algoritmi che si basano sulla logica booleana sono chiamati algoritmi classici. È stato dimostrato che gli algoritmi quantistici possono risolvere certe classi di problemi più efficientemente degli algoritmi classici. In particolare, esempi di compiti per i quali è stato sviluppato un algoritmo quantistico efficiente sono:

- il problema di determinare se una funzione dicotomica è costante può essere risolto utilizzando l'algoritmo di Deutsch-Jozsa;
- il problema di trovare i fattori primi di un intero può essere risolto con l'algoritmo di Shor;
- il problema di trovare la posizione di un elemento in un database non ordinato può essere risolto con l'algoritmo di Grover.

Quando si parla dell'efficienza degli algoritmi, per confrontare gli algoritmi quantistici e classici, non ci riferiamo semplicemente al tempo computazionale, che dipende fortemente dall'hardware utilizzato, ma alla complessità asintotica associata all'algoritmo, ovvero a come si prevede che il tempo computazionale cresca quando la dimensione del problema di input aumenta. Infatti, per ogni problema, possiamo definire una dimensione dell'input e ottenere una legge di scala per il tempo di calcolo, che può essere espressa in unità di passaggi elementari o istruzioni, opportunamente scelti. In questo contesto, si può dire che un algoritmo è più efficiente rispetto a un altro se il numero di passaggi elementari del primo è asintoticamente inferiore rispetto all'ultimo. Ad esempio, se risolve il problema in un tempo polinomiale nella dimensione dell'input, rispetto a un tempo esponenziale. Potrebbe accadere che, in una reale implementazione, per una data istanza, il tempo effettivo non segua la stessa disuguaglianza, soprattutto quando si tratta di hardware fisicamente diverso come nel nostro caso. Notiamo che esiste una legge empirica riguardante lo sviluppo dell'elettronica digitale integrata, chiamata legge di Moore, che afferma che la densità dei transistor dei circuiti integrati raddoppia ogni 18 mesi. L'elettronica tradizionale, ad esempio la circuitazione CMOS, è stata soggetta a un rapido aumento delle capacità, e la legge di Moore si è saturata solo all'inizio degli anni 2000, a causa dell'eccessiva densità di potenza dissipata dovuta alle dimensioni molto piccole degli elementi del circuito. La saturazione della legge di Moore ha segnato l'inizio della progettazione di macchine multi-processore, le cui capacità stanno ancora aumentando a un ritmo veloce, anche se non esattamente quello previsto da Moore. Tuttavia, per certe classi di problemi, gli algoritmi classici noti forniscono soluzioni solo in tempo esponenziale nella dimensione dell'input, quindi la possibilità di avere un algoritmo quantistico efficiente per gli stessi problemi, anche se eseguito su un hardware relativamente limitato, può essere un grande vantaggio. Discuteremo ora un esempio.

11.3.1 Algoritmo di Deutsch-Jozsa

Consideriamo la funzione (dicotomica o booleana)

$$f : \{0, 1\} \to \{0, 1\} \tag{11.80}$$

f è chiamata costante se $f(0) = f(1)$. f è chiamata bilanciata (non costante) se $f(0) \neq f(1)$.

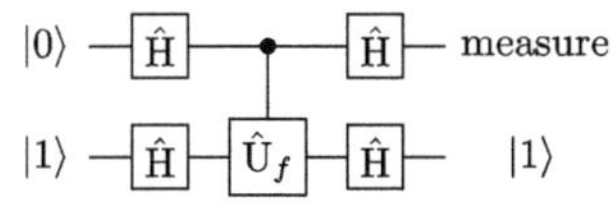

Figura 11.6 Rappresentazione del circuito quantistico dell'algoritmo di Deutsch-Jozsa

Per sapere se f è costante, un algoritmo classico può procedere in 3 passaggi totali, due valutazioni:

- valuta $f(0)$,
- valuta $f(1)$,

e un passaggio aggiuntivo di confronto:

- se $f(0) = f(1)$ allora f è costante.

L'algoritmo quantistico di Deutsch-Jozsa sfrutta il fatto che la funzione f può essere realizzata non solo utilizzando la logica booleana, ma anche utilizzando un circuito quantistico. In questo caso, la funzione agisce su un singolo qubit, che può essere $|0\rangle$, $|1\rangle$, o anche uno stato di sovrapposizione. Questo algoritmo richiede solo 2 passaggi, come rappresentato nel circuito in Fig. 11.6:

- valuta $\hat{\mathrm{W}}_f|01\rangle = |n\rangle|1\rangle$. L'operatore $\hat{\mathrm{W}}_f$ è dato da

$$\hat{W}_f = \hat{\mathrm{H}}^{\otimes 2}\,\hat{\mathrm{U}}_f\,\hat{\mathrm{H}}^{\otimes 2}, \tag{11.81}$$

dove con il simbolo $\hat{\mathrm{H}}^{\otimes 2}$ indichiamo l'applicazione del cancello di Hadamard a un 2-qubit, e $\hat{\mathrm{U}}_f$ è definito come

$$\hat{\mathrm{U}}_f|n\rangle|m\rangle = |n\rangle|m \boxplus f(n)\rangle, \tag{11.82}$$

con $\boxplus$ l'addizione modulo 2, ovvero

$$0 \boxplus 0 = 1 \boxplus 1 = 0, \tag{11.83}$$

$$0 \boxplus 1 = 1 \boxplus 0 = 1. \tag{11.84}$$

- esegui una misura sul primo qubit. Se $|n\rangle = |0\rangle$ allora f è costante.

Il problema principale dell'algoritmo di Deutsch-Jozsa è l'operatore unitario $\hat{\mathrm{W}}_f$, che agisce sullo stato iniziale di 2-qubit $|01\rangle$ dando lo stato finale $|n\rangle|1\rangle$.

Analizziamo ora la procedura computazionale, iniziando con l'applicazione di $\hat{\mathrm{H}}^{\otimes 2}$:

$$\begin{aligned}\hat{\mathrm{H}}^{\otimes 2}|01\rangle = \hat{\mathrm{H}}|0\rangle \otimes \hat{\mathrm{H}}|1\rangle &= \frac{1}{\sqrt{2}}(|0\rangle + |1\rangle) \otimes \frac{1}{\sqrt{2}}(|0\rangle - |1\rangle)\\ &= \frac{1}{2}[|1\rangle(|0\rangle - |1\rangle) + |0\rangle(|0\rangle - |1\rangle)],\end{aligned} \tag{11.85}$$

e poi usando l'operatore $\hat{U}_f$,

$$\begin{aligned}\hat{U}_f\hat{H}^{\otimes 2}|01\rangle &= \frac{1}{2}\hat{U}_f[|10\rangle - |11\rangle + |00\rangle - |01\rangle] \\ &= \frac{1}{2}[|1\rangle|0 \boxplus f(1)\rangle - |1\rangle|1 \boxplus f(1)\rangle + |0\rangle|0 \boxplus f(0)\rangle - |0\rangle|1 \boxplus f(0)\rangle].\end{aligned} \tag{11.86}$$

A causa del fatto che $0 \boxplus 0 = 0$, $0 \boxplus 1 = 1$ segue

$$|0 \boxplus f(m)\rangle = |f(m)\rangle \tag{11.87}$$

di conseguenza,

$$\hat{U}_f\hat{H}^{\otimes 2}|01\rangle = \frac{1}{2}\big[|1\rangle|f(1)\rangle - |1\rangle|1 \boxplus f(1)\rangle + |0\rangle|f(0)\rangle - |0\rangle|1 \boxplus f(0)\rangle\big] \tag{11.88}$$

e ricordando

$$|+\rangle = \frac{1}{\sqrt{2}}(|0\rangle + |1\rangle), \quad |-\rangle = \frac{1}{\sqrt{2}}(|0\rangle - |1\rangle), \tag{11.89}$$

si trova che

$$\hat{U}_f\hat{H}^{\otimes 2}|01\rangle = \begin{cases} \left.\begin{array}{lll} |+-\rangle & \text{se} & f(0) = f(1) = 0 \\ -|+-\rangle & \text{se} & f(0) = f(1) = 1 \end{array}\right\} & \text{costante} \\ \left.\begin{array}{lll} -|--\rangle & \text{se} & f(0) = 1, f(1) = 0 \\ |--\rangle & \text{se} & f(0) = 0, f(1) = 1 \end{array}\right\} & \text{bilanciato} \end{cases} \tag{11.90}$$

Infine, osservando che $\hat{H}|+\rangle = |0\rangle$, otteniamo

$$\hat{W}_f|01\rangle = \hat{H}^{\otimes 2}\,\hat{U}_f\,\hat{H}^{\otimes 2}|01\rangle = \begin{cases} \left.\begin{array}{lll} |01\rangle & \text{se} & f(0) = f(1) = 0 \\ -|01\rangle & \text{se} & f(0) = f(1) = 1 \end{array}\right\} & \text{costante} \\ \left.\begin{array}{lll} -|11\rangle & \text{se} & f(0) = 1, f(1) = 0 \\ |11\rangle & \text{se} & f(0) = 0, f(1) = 1 \end{array}\right\} & \text{bilanciato} \end{cases} \tag{11.91}$$

Concludendo:

$$\hat{W}_f|01\rangle = \begin{cases} \pm|01\rangle & \text{se } f \text{ è costante} \\ \pm|11\rangle & \text{se } f \text{ è bilanciato} \end{cases} \tag{11.92}$$

Quindi è sufficiente eseguire una misurazione sul primo qubit per ottenere il risultato.

Consideriamo la legge di scala del costo computazionale quando la dimensione dell'input cambia. Sia f una funzione

$$f : \{0,1\}^n \to \{0,1\}, \tag{11.93}$$

con la restrizione che f sia costante o bilanciata. In questo caso bilanciato significa che la sua immagine è composta dallo stesso numero di valori 0 e valori 1. Con questa definizione, chiamiamo n la dimensione dell'input. L'algoritmo classico che abbiamo dalla sezione precedente si generalizza, quindi dobbiamo eseguire nel caso peggiore $2^{n-1}+1$ valutazioni della funzione, e confrontare i risultati 2^{n-1} volte per determinare se la funzione è costante o no. Concentrandoci sul numero di valutazioni della funzione, diciamo che la complessità è esponenziale nella dimensione dell'input. Con un algoritmo quantistico questo numero è drasticamente ridotto a una costante, corrispondente a una singola valutazione. Commentiamo la generalizzazione dell'algoritmo precedente. Con il simbolo $\hat{H}^{\otimes n}$ indichiamo l'applicazione del cancello di Hadamard a un n-qubit. L'algoritmo consiste nel calcolare

$$|\xi_3\rangle = \hat{H}^{\otimes(n+1)}\hat{U}_f\hat{H}^{\otimes(n+1)}|\xi_0\rangle|1\rangle, \tag{11.94}$$

dove $|\xi_0\rangle$ è l'n-qubit di tutti gli zeri, e in questo caso l'operatore $\hat{U}_f$ è tale che

$$\hat{U}_f|y\rangle|m\rangle = |y\rangle|m \boxplus f(y)\rangle. \tag{11.95}$$

Il corrispondente circuito quantistico è rappresentato in Fig. 11.7. Il primo cancello di Hadamard (nel caso di n-qubit è anche chiamato trasformata di Hadamard), abbiamo lo stato $|\xi_1\rangle$ dopo il primo cancello

$$|\xi_1\rangle = \hat{H}^{\otimes(n+1)}|x\rangle|1\rangle = \frac{1}{\sqrt{2^{(n+1)}}}\sum_{y\in\{0,1\}^n}|y\rangle\,(|0\rangle-|1\rangle) \tag{11.96}$$

dove la somma è estesa a tutte le possibili sequenze di n cifre. Dopo l'operatore $\hat{U}_f$ abbiamo lo stato $|\xi_2\rangle$

$$|\xi_2\rangle = \frac{1}{\sqrt{2^n}}\sum_{y\in\{0,1\}^n}(-1)^{f(y)}|y\rangle \tag{11.97}$$

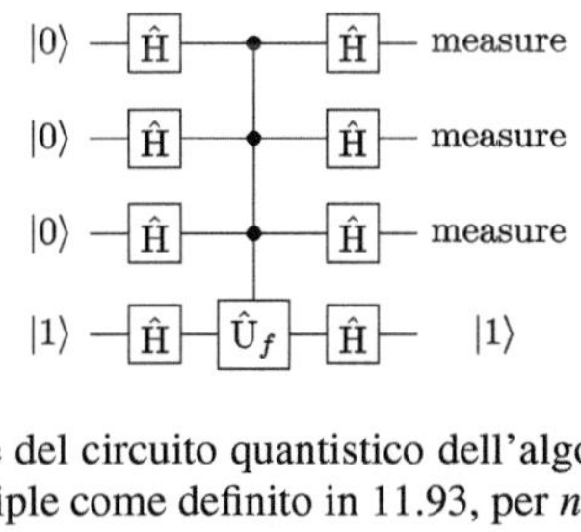

Figura 11.7 Rappresentazione del circuito quantistico dell'algoritmo di Deutsch-Jozsa nel caso di una funzione a variabili multiple come definito in 11.93, per $n = 3$

Ricordiamo ora il risultato dell'applicazione della trasformata di Hadamard alla sovrapposizione di tutti i possibili n-qubits

$$\hat{\mathrm{H}}^{\otimes(n)}\frac{1}{\sqrt{2^n}}\sum_{y\in\{0,1\}^n}|y\rangle=\frac{1}{2^n}\sum_{y,y'\in\{0,1\}^n}(-1)^{y\cdot y'}|y'\rangle \tag{11.98}$$

dove $y \cdot y'$ è il prodotto interno canonico tra le due stringhe. Questo risultato si ottiene facilmente considerando la porta di Hadamard applicata a ciascun qubit, e poi facendo il prodotto tensoriale tenendo conto dei diversi segni. Quindi, infine, applicando la porta di Hadamard allo stato $|\xi_2\rangle$, otteniamo lo stato finale

$$|\xi_3\rangle=\frac{1}{2^n}\sum_{y,y'\in\{0,1\}^n}(-1)^{y'\cdot y+f(y)}|y'\rangle|1\rangle. \tag{11.99}$$

Misurando i primi n qubits dello stato finale, si può dedurre che, se f è costante, tutti i qubits devono essere uguali a 0. Questo perché ogni termine della somma eccetto quello corrispondente allo stato tutto-zero è una somma di termini che si annullano esattamente. Altrimenti, f è necessariamente bilanciata.

Quindi diciamo che l'algoritmo di Deutsch-Jozsa è estremamente efficiente rispetto al nostro algoritmo classico proposto.

11.3.2 Una nota sull'hardware quantistico

Lo stato dell'hardware quantistico per il calcolo sta evolvendo rapidamente. I calcoli classici sono realizzati utilizzando una vasta varietà di fenomeni fisici, ad esempio fenomeni elettronici e fotonici o anche semplici dispositivi meccanici. Storicamente, il substrato fisico preferito per il calcolo classico è stato realizzato in tecnologia integrata al silicio, per la quale è stata enunciata la legge empirica di Moore. Come il calcolo classico, anche il calcolo quantistico è ora realizzato utilizzando diversi dispositivi, ad esempio giunzioni Josephson superconduttive, o atomi neutri e ionizzati ultrafreddi.

Ulteriori Letture

Un testo standard in informazione e calcolo quantistico, che abbraccia una vasta varietà di argomenti è:

D. Heiss ed., Fundamentals of Quantum Information: Quantum computation, Communication, Decoherence and All That (Springer, 2008).

Inoltre, un riferimento completo è:

G. Benenti, G. Casati, G. Strini, Principles of Quantum Computation and Information (vol. I and II) (World Scientific, 2004).

Dettagli matematici e formalismi possono essere trovati in:

A. Y. Kitaev, A. Shen, M. N. Vyalyi, Classical and Quantum Computation (American Mathematical Society, 2002).

Alcuni libri orientati verso le telecomunicazioni, che si concentrano anche su argomenti più sofisticati, come codici e correzione degli errori, sono:

E. Desurvire, Classical and Quantum Information Theory: An Introduction for the Telecom Scientist (Cambridge Univ. Press, 2009).

G. Cariolaro, Quantum Communications (Springer, 2015).

Per una vasta panoramica dell'hardware di calcolo quantistico, e calcolo quantistico applicato:

J. D. Hidary, Quantum Computing: An Applied Approach (Springer, 2021),

e la review

De Leon et al., Materials challenges and opportunities for quantum computing hardware, Science **372**, 253 (2021).

Infine, qualsiasi studente interessato al campo ben sviluppato dell'algoritmica classica, può trovare un eccellente riferimento in:

T. H. Cormen, C. E. Leiserson, R. L. Rivest, e C. Stein, Introduzione agli algoritmi e strutture dati (McGraw-Hill, 2023).

Capitolo 12
Formulazione dell'integrale sui cammini

In questo capitolo, illustreremo che è possibile descrivere la meccanica quantistica utilizzando integrali funzionali, cioè integrali sul dominio delle funzioni, chiamati anche integrali sui cammini, piuttosto che fare affidamento sugli operatori. Questa idea è stata sviluppata da Richard Feynman nel 1948 sulla base di un'intuizione precedente di Paul Dirac. Discutiamo la struttura dell'approccio dell'integrale sui cammini, prendendo come riferimento lo studio della meccanica quantistica di una singola particella. Come strumento computazionale molto importante per gli integrali funzionali, introduciamo l'approssimazione del punto di sella e l'approssimazione della fase stazionaria, che viene risolta utilizzando gli integrali di Gauss. Investighiamo la descrizione della dinamica di una particella libera e di una particella in un potenziale armonico, e discutiamo il problema del tunneling quantistico.

12.1 Costruzione dell'integrale sui cammini del propagatore

Considereremo ora, per semplicità, la descrizione di un sistema meccanico quantistico unidimensionale di una singola particella, in cui x sarà la nostra variabile spaziale. L'evoluzione temporale di uno stato quantistico $|\psi(t)\rangle$ nella rappresentazione di Schrödinger, dove $\psi(x,t) = \langle x|\psi(t)\rangle$ è la funzione d'onda al tempo t, è dettata dall'equazione di Schrödinger:

$$i\hbar \frac{d}{dt}|\psi(t)\rangle = \hat{H}|\psi(t)\rangle \tag{12.1}$$

con una condizione iniziale scelta $|\psi(t_I)\rangle$ al tempo iniziale t_I. L'effetto dell'evoluzione dello stato può essere rappresentato riscrivendo l'equazione nella forma

$$|\psi(t_F)\rangle = \hat{U}(t_F - t_I)|\psi(t_I)\rangle \ , \tag{12.2}$$

L. Salasnich, F. Lorenzi, *Introduzione alla fisica moderna*,
https://doi.org/10.1007/978-3-032-17303-4_12

dove

$$\hat{U}(t_F - t_I) = e^{-i\hat{H}(t_F - t_I)/\hbar}\,, \tag{12.3}$$

è l'operatore unitario che rappresenta l'evoluzione dal tempo iniziale t_I al tempo finale t_F. Notiamo che abbiamo l'esponenziale dell'Hamiltoniano, che è un operatore hermitiano. L'esponenziale è ben definito dalla serie di espansione in potenze di tale operatore,

$$\exp[-i\hat{H}(t_F - t_I)/\hbar] := \sum_n \left(\frac{-i(t_F - t_I)}{\hbar}\right)^n \frac{\hat{H}^n}{n!}\,. \tag{12.4}$$

Consideriamo l'effetto dell'operatore di evoluzione sulla funzione d'onda iniziale $\psi(x_I, t_I) = \langle x_I|\psi(t_I)\rangle$ per ottenere la funzione d'onda finale $\psi(x_F, t_F) = \langle x_F|\psi(t_F)\rangle$. Proiettando l'Eq.(12.2) nello spazio, e inserendo l'operatore identità

$$\hat{\mathbf{1}} = \int dx|x\rangle\langle x| \tag{12.5}$$

tra $|\psi(t_I)\rangle$ e $\hat{U}(t_F - t_I)$, otteniamo

$$\psi(x_F, t_F) = \int dx_I \langle x_F|\hat{U}(t_F - t_I)|x_I\rangle\psi(x_I, t_I). \tag{12.6}$$

L'elemento di matrice dell'operatore di evoluzione

$$K(x_F, t_F|x_I, t_I) = \langle x_F|\hat{U}(t_F - t_I)|x_I\rangle \tag{12.7}$$

è solitamente chiamato propagatore o, in alternativa, kernel. Questa notazione evidenzia l'interpretazione fisica del propagatore: da questo operatore possiamo dedurre la densità di probabilità di trovare la particella alla posizione x_F al tempo t_F, dato che si trova alla posizione x_I al tempo t_I. Notiamo che il propagatore è un operatore unitario, quindi preserva la probabilità totale. In questo senso, l'equazione sopra può essere vista come una versione quantistica della formula della probabilità totale.

Consideriamo ora l'operazione di suddividere l'intervallo di tempo $[t_I, t_F]$ in N sottointervalli di lunghezza $\epsilon = (t_F - t_I)/N$, e guardiamo alla posizione della particella ad ogni istante di tempo $t_k = t_I + k\epsilon$, $k \in 0, \ldots, N$, denotata da x_k. Per fare questo, inseriamo $N - 1$ operatori di identità nell'espressione del propagatore, indicizzati dalle variabili $x_1, \ldots, x_{N-1}$. Per comodità di notazione, assumiamo $x_0 = x_I$ e $x_N = x_F$. Usando questa notazione, otteniamo

$$\begin{aligned} K(x_F, t_F|x_I, t_I) &= \langle x_F|e^{-i\hat{H}(t_F - t_I)/\hbar}|x_I\rangle \\ &= \int \prod_{j=1}^{N-1} dx_j \prod_{k=0}^{N-1} \langle x_{k+1}|e^{-i\hat{H}\epsilon/\hbar}|x_k\rangle. \end{aligned} \tag{12.8}$$

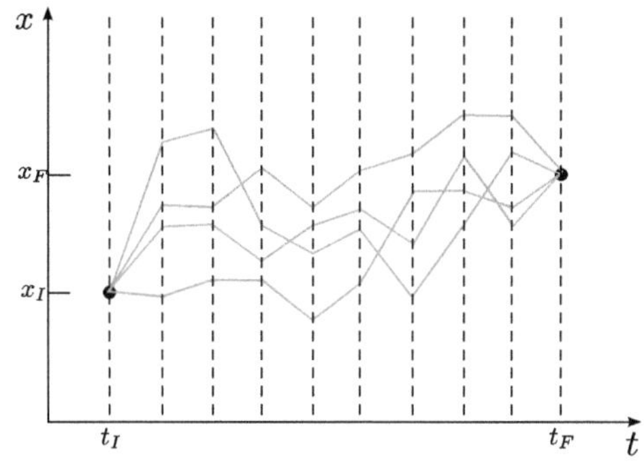

Figura 12.1 Rappresentazione schematica dei percorsi che collegano lo stato iniziale e finale

Ricordiamo che la decomposizione dell'operatore $\exp[-i\hat{H}(t_F - t_I)/\hbar]$ in N prodotti di $\exp[-i\hat{H}\epsilon/\hbar]$ è possibile poiché $\hat{H}$ ovviamente commuta con se stesso. L'integrazione viene eseguita sullo spazio delle possibili configurazioni del percorso della particella campionato in tutti i punti t_k. Questa procedura ci porta a una somma pesata su tutti i possibili percorsi, quindi ci porta a un integrale sui cammini, come rappresentato in Fig. 12.1.

Il nostro obiettivo è ottenere un'espressione esplicita per il propagatore che ci permetta di calcolare l'evoluzione della funzione d'onda. Per fare questo, dobbiamo valutare l'elemento di matrice $\langle x_{k+1}|e^{-i\hat{H}\epsilon/\hbar}|x_k\rangle$ per ogni passo temporale, e poi eseguire l'integrazione su tutti i possibili percorsi. La forma dell'Hamiltoniano per una particella che si muove in un potenziale è

$$\hat{H} = \frac{\hat{p}^2}{2m} + U(\hat{x}), \tag{12.9}$$

dove m è la massa della particella, $\hat{p}$ è l'operatore di quantità di moto, e $U(\hat{x})$ è l'operatore del potenziale esterno. Se inseriamo questa espressione nel propagatore, otteniamo un operatore di evoluzione per ogni passo temporale che contiene in generale gli operatori non commutanti di posizione e quantità di moto. Per calcolare il propagatore in Eq. (12.8), è necessario che le esponenziali contenenti operatori non commutanti siano separate in un prodotto, in modo da poter lavorare, separatamente, con gli autostati di ciascuno di essi. La necessità di separare l'operatore di evoluzione in un prodotto di esponenziali rappresentanti separatamente le parti cinetiche e potenziali è soddisfatta utilizzando il teorema di decomposizione di Trotter-Suzuki che afferma che, dati due operatori $\hat{A}$ e $\hat{B}$, con relazione di commutazione arbitraria, vale la seguente identità

$$e^{-i(\hat{A}+\hat{B})\epsilon} = e^{-i\hat{A}\epsilon}e^{-i\hat{B}\epsilon} + O(\epsilon^2). \tag{12.10}$$

L'errore in questa decomposizione è quadratico nel passo temporale, quindi la convergenza della somma è assicurata poiché l'errore nella somma tende a zero. Assumendo un piccolo ϵ, possiamo sfruttare questa decomposizione e scrivere

$$K(x_F, t_F|x_I, t_I) = \int \prod_{j=1}^{N-1} dx_j \prod_{k=0}^{N-1} \langle x_{k+1}|e^{-i\epsilon\hat{p}^2/(2m\hbar)}|x_k\rangle e^{-i\epsilon U(x_k)/\hbar} + O(\epsilon^2). \tag{12.11}$$

Nel seguito, trascureremo il contributo $O(\epsilon^2)$. Concentriamoci sull'elemento di matrice relativo all'operatore di quantità di moto: trasformandolo in Fourier tramite il cambio di base

$$|x\rangle = \int \frac{dp}{2\pi\hbar} e^{-ipx/\hbar}|p\rangle, \tag{12.12}$$

otteniamo

$$\begin{aligned}
&\langle x_{k+1}|e^{-i\epsilon\hat{p}^2/(2\pi\hbar)}|x_k\rangle \\
&\quad = \int \frac{dp_{k+1}dp_k}{(2\pi\hbar)^2}\,\delta(p_{k+1}-p_k)\exp\left[-i\epsilon\frac{p_k^2}{2m\hbar} + \frac{i}{\hbar}p_{k+1}x_{k+1} - \frac{i}{\hbar}p_k x_k\right] \\
&\quad = \int \frac{dp_k}{2\pi\hbar}\exp\left[-i\epsilon\frac{p_k^2}{2m\hbar} + \frac{i}{\hbar}p_k(x_{k+1}-x_k)\right].
\end{aligned} \tag{12.13}$$

A questo punto il propagatore può essere espresso da un integrale multiplo sulle variabili di posizione e di quantità di moto, quindi abbiamo un integrale nello spazio delle fasi, per ogni istante di tempo discretizzato:

$$K(x_F, t_F|x_I, t_I) = \int \prod_{j=1}^{N-1} dx_j \frac{dp_j}{2\pi\hbar} \prod_{k=0}^{N-1} \exp\left[\frac{i}{\hbar}\epsilon\left(p_k\frac{x_{k+1}-x_k}{\epsilon} - H(x_k, p_k)\right)\right], \tag{12.14}$$

dove ovviamente

$$H(x_k, p_k) = \frac{p_k^2}{2m} + U(x_k). \tag{12.15}$$

Notare la somiglianza dell'argomento dell'esponenziale con il lagrangiano, ottenuto tramite la trasformazione di Legendre. Mostriamo ora come esprimere il propagatore come un'integrazione sullo spazio delle configurazioni, calcolando esplicitamente gli integrali della quantità di moto. L'integrale nello spazio della quantità di moto assume una forma speciale: l'esponente in Eq. (12.13) è un polinomio quadratico in p_k. Questo può essere mappato tramite completamento del quadrato in un cosiddetto integrale di Fresnel, che è strettamente correlato agli integrali gaussiani, come mostrato nell'Appendice B

$$\begin{aligned}
&\int \frac{dp_k}{2\pi\hbar}\exp\left[-i\frac{\epsilon}{2m\hbar}\left(p_k - \frac{m}{\epsilon}(x_{k+1}-x_k)\right)^2\right]\exp\left[\frac{i}{\hbar}\frac{m}{2}\frac{(x_{k+1}-x_k)^2}{\epsilon}\right] \\
&\quad = \sqrt{\frac{m}{2\pi i\hbar\epsilon}}\exp\left[\frac{i}{\hbar}\frac{m}{2}\frac{(x_{k+1}-x_k)^2}{\epsilon}\right].
\end{aligned} \tag{12.16}$$

Ora possiamo usare questa espressione di nuovo in Eq. (12.11), e ottenere un'espressione molto utile

$$K(x_F, t_F|x_I, t_I) = A_\epsilon^N \int \prod_{j=1}^{N-1} dx_j e^{\frac{i}{\hbar} S_\epsilon[x]}, \tag{12.17}$$

dove

$$A_\epsilon = \sqrt{\frac{m}{2\pi i \hbar \epsilon}}, \tag{12.18}$$

e la funzionale $S_\epsilon[x]$

$$S_\epsilon[x] = \sum_{k=0}^{N} \epsilon \Big(\frac{m}{2} \Big(\frac{x_{k+1} - x_k}{\epsilon} \Big)^2 - U(x_k) \Big), \tag{12.19}$$

dipende da tutte le posizioni intermedie x_i. Possiamo ora considerare il limite di piccolo ϵ, che ci porta all'espressione dell'azione classica S come un integrale di Riemann

$$\lim_{\epsilon \to 0} S_\epsilon[x] = S[x] = \int_{t_I}^{t_F} dt \, \Big(\frac{m}{2} (\dot{x}(t))^2 - U(x(t)) \Big). \tag{12.20}$$

Prendendo il limite per $\epsilon \to 0$ nell'espressione del propagatore, definiamo un nuovo tipo di integrale, chiamato integrale funzionale, con la seguente notazione

$$K(x_F, t_F|x_I, t_I) = \int_{(x_I, t_I)}^{(x_F, t_F)} \mathcal{D}[x] \, e^{\frac{i}{\hbar} S[x]}, \tag{12.21}$$

rappresentando la somma su tutti i possibili percorsi continui da x_I a x_F, nel tempo tra t_I e t_F. Dichiareremo il significato fisico di Eq. (12.21). Indica che il propagatore viene calcolato integrando su tutte le possibili traiettorie che la particella può occupare durante l'intervallo di tempo, e pesando ogni configurazione tramite la sua corrispondente azione. Alcuni integrali di questo tipo, che abbiamo introdotto come un limite formale, possono essere formalizzati nella teoria dei processi stocastici sotto il nome di integrale di Wiener, e la corrispondente misura è chiamata misura di Wiener. Non tratteremo il suo formalismo matematico qui.

12.1.1 Rotazione di Wick e termodinamica

C'è un'equivalenza formale tra il propagatore e la funzione di partizione che permette di collegare la meccanica statistica quantistica e la dinamica quantistica.

Mostriamo come derivare questa connessione usando gli integrali sui cammini. Le statistiche nell'insieme canonico e nell'insieme gran canonico saranno trattate insieme, poiché condividono lo stesso formalismo. Ricordiamo la definizione di una funzione di partizione per un sistema quantistico, data in termini dell'operatore Hamiltoniano

$$Z = \mathrm{Tr}[e^{-\beta \hat{H}}] = \int dx \langle x|e^{-\beta \hat{H}}|x\rangle, \tag{12.22}$$

nell'insieme canonico, e con $\hat{H}$ sostituito con $\hat{H} - \mu \hat{N}$ nell'insieme gran canonico. Notiamo la possibilità di eseguire una decomposizione simile a quella del caso di Eq. (12.8), introducendo un nuova variabile "tempo" τ, che varia da 0 a $\hbar\beta$, e rimuovendo l'unità immaginaria dall'esponente in Eq. (12.8). Questa intuizione può essere attuata eseguendo una complessificazione della variabile temporale come $\tau = it$. Questa sostituzione è chiamata rotazione di Wick, il nome indica la rotazione di $\pi/2$ del percorso di integrazione nel piano complesso. Quindi la funzione di partizione può essere correlata al propagatore come

$$Z = \int dx\, K(x, -i\beta\hbar|x, 0). \tag{12.23}$$

La procedura di divisione può essere utilizzata di nuovo nello stesso modo, e dà l'espressione

$$\begin{aligned} Z &= \int dx \int_{(x_I=x,\, t_I)}^{(x_F=x,\, t_F)} \mathcal{D}[x] \exp\left[-\frac{1}{\hbar}\int_0^{\hbar\beta} d\tau \Big(\frac{m}{2}(\dot{x})^2 + U(x)\Big)\right] \\ &\equiv \int_{x_I=x_F} \mathcal{D}[x] \exp\left[-\frac{1}{\hbar}\int_0^{\hbar\beta} d\tau \Big(\frac{m}{2}(\dot{x})^2 + U(x)\Big)\right], \end{aligned} \tag{12.24}$$

dove la differenziazione in $\dot{x}$ è intesa rispetto a τ. Seguendo ulteriormente l'analogia, definiamo una nuova quantità chiamata azione euclidea come

$$S_E[x] = \int_0^{\hbar\beta} d\tau \Big(\frac{m}{2}(\dot{x})^2 + U(x)\Big), \tag{12.25}$$

di conseguenza la funzione di partizione è espressa in modo compatto come

$$Z = \int_{x_I=x_F} \mathcal{D}[x] e^{-\frac{1}{\hbar}S_E[x]}. \tag{12.26}$$

Il nome azione euclidea si riferisce alla firma del tensore metrico dello spaziotempo in presenza della variabile temporale immaginaria τ, che corrisponde a quella di uno spazio euclideo, in contrasto con la firma di Minkowski, che porta a una geometria iperbolica.

12.2 Punto di sella e fase stazionaria

La valutazione del propagatore è solitamente molto difficile. Sfruttando alcuni casi importanti in cui la valutazione risulta fattibile, sviluppiamo qui una utile strategia di approssimazione. Consideriamo l'espressione generale del propagatore data dall'Eq. (12.21). L'intuizione indica che il contributo principale all'integrale complessivo si ottiene per un valore stazionario dell'azione. Questo è spiegato come segue. I percorsi che si trovano in regioni in cui l'azione non è stazionaria contribuiscono con pesi che oscillano nel cerchio unitario complesso, quindi ci aspettiamo una cancellazione reciproca dei corrispondenti valori. Se consideriamo invece i percorsi vicino all'argomento stazionario dell'azione, i loro effetti si sommano. Questo principio di stazionarietà è affermato imponendo che la prima variazione di S sia zero

$$\delta S[x] = 0. \tag{12.27}$$

Sia $q(t)$ la soluzione di questa equazione, tale che $q(t_I) = x_I$ e $q(t_F) = x_F$. Questa funzione deve soddisfare l'equazione di Euler-Lagrange: infatti la traiettoria $q(t)$ con $t \in [t_I, t_F]$ è spesso chiamata la soluzione "classica". All'ordine principale, si può esprimere l'integrale funzionale complessivo mantenendo solo il valore stazionario

$$K(x_F, t_F | x_I, t_I) \approx e^{\frac{i}{\hbar} S[q]} . \tag{12.28}$$

Infatti, la stazionarietà dell'azione deve risultare in un punto di sella, dove la parola sella indica l'estremizzazione dell'azione. Pertanto, i nomi dati a questa approssimazione sono sia fase stazionaria che approssimazione del punto di sella. Il contributo dell'ordine successivo consiste nell'integrale del termine di espansione quadratico dell'azione, poiché ci aspettiamo, per stazionarietà, di avere un contributo del primo ordine nullo. Sia $y = x - q$

$$S[x] = S[q] + \frac{1}{2} \int dt dt' y(t') A(t, t') y(t) + \dots, \tag{12.29}$$

con

$$A(t, t') = \left. \frac{\delta^2 S[x]}{\delta x(t)\, \delta x(t')} \right|_{x=q}. \tag{12.30}$$

Quindi, inserendo l'Eq. (12.29) in Eq. (12.21), e notando che la misura è invariante sotto spostamenti, possiamo sostituire $\mathcal{D}[y]$ a $\mathcal{D}[x]$ e otteniamo

$$K(x_F, t_F | x_I, t_I) \approx e^{\frac{i}{\hbar} S[q]} \int \mathcal{D}[y] \exp\left[\frac{i}{2\hbar} \int dt dt' y(t') A(t, t') y(t) \right], \tag{12.31}$$

rappresentando così il propagatore come un prodotto della soluzione del punto di sella e un termine chiamato termine di fluttuazioni gaussiane. La teoria degli integrali gaussiani ci fornisce strumenti per valutare questo termine, che alla fine è collegato a molti effetti fisici importanti, come le eccitazioni elementari e le transizioni di fase quantistiche.

12.2.1 Integrali gaussiani

Ricordiamo ora, senza dimostrazioni, alcuni risultati di base sull'integrazione gaussiana. Per sviluppare un'intuizione consideriamo prima l'integrale gaussiano unidimensionale , costituito da una parte quadratica e una parte lineare nella variabile di integrazione

$$\int dx\ \exp\left[-\frac{1}{2}\,ax^2+bx\right]=\sqrt{\frac{2\pi}{a}}\exp\left[\frac{1}{2}\frac{b^2}{a}\right]. \tag{12.32}$$

Questo risultato è facile da ottenere completando il quadrato nell'esponenziale. Per quanto riguarda gli integrali multidimensionali, per una matrice A definita positiva, seguendo una procedura analoga, abbiamo

$$\begin{aligned}\int dx_1\ldots dx_N \exp\left[-\frac{1}{2}\sum_{i,j=1}^{N} x_i\ A_{i,j}\ x_j+\sum_{i=1}^{N} b_i x_i\right]\\ =\sqrt{\frac{(2\pi)^N}{\det A}}\exp\left[\frac{1}{2}\sum_{i,j=1}^{N} b_i A^{-1}_{i,j} b_j\right].\end{aligned} \tag{12.33}$$

Lo stesso risultato può essere scritto in modo più economico utilizzando l'algebra delle matrici

$$\int d^N\mathbf{x}\ \exp\left[-\frac{1}{2}\mathbf{x}^\top A\mathbf{x}+\mathbf{b}^\top\mathbf{x}\right]=\sqrt{\frac{(2\pi)^N}{\det A}}e^{\frac{1}{2}\mathbf{b}^\top A^{-1}\mathbf{b}}, \tag{12.34}$$

dove il simbolo $\mathbf{v}^\top$ rappresenta la trasposta del vettore $\mathbf{v}$. Ricordando la definizione dell'integrale funzionale come un limite di un integrale multidimensionale per il numero di dimensioni che tende all'infinito, abbiamo una espressione simile

$$\begin{aligned}\int \mathcal{D}[x]\exp\left[-\frac{1}{2}\int dt dt'\ x(t)A(t,t')x(t')+\int dt\ b(t)x(t)\right]\\ =C\ \det(A)^{-1/2}\exp\left[\frac{1}{2}\int dt dt'\ b(t)A^{-1}(t,t')b(t')\right],\end{aligned} \tag{12.35}$$

dove C è una costante che possiamo determinare caso per caso, ad esempio utilizzando la normalizzazione della funzione d'onda quando trattiamo i propagatori.

12.2.2 Particella libera

Considerare una particella libera corrisponde all'assunzione che $U(\hat{x}) = \hat{0}$, o

$$\hat{H} = \frac{\hat{p}^2}{2m}. \tag{12.36}$$

Il propagatore ha una forma molto semplice in questo caso: consiste esattamente in un integrale gaussiano

$$K_{\text{free}}(x_F, t_F | x_I, t_I) = \int_{(x_F,t_F)}^{(x_I,t_I)} \mathcal{D}[x] \exp\left[\frac{i}{\hbar}\int_{t_I}^{t_F} dt\, \frac{m}{2}(\dot{x}(t))^2\right]. \tag{12.37}$$

Per evitare il calcolo del determinante di un operatore su uno spazio di funzioni, come per Eq. (12.35), utilizziamo la definizione dell'integrale sui cammini

$$K_{\text{free}}(x_F, t_F | x_I, t_I) = A_\epsilon^N \int \prod_{j=1}^{N-1} dx_j \exp\left[\frac{i}{\hbar}\epsilon \sum_{k=0}^{N} \frac{m}{2}\left(\frac{x_{k+1} - x_k}{\epsilon}\right)^2\right]. \tag{12.38}$$

Calcoliamo gli integrali sequenzialmente, partendo da x_1 fino a x_{N-1}. Possiamo selezionare negli esponenziali solo i termini contenenti x_1, che sono due. Usiamo ancora una volta il completamento del quadrato

$$\begin{aligned}&\int dx_1 \exp\left[\frac{i}{\hbar}\frac{m}{2\epsilon}\left((x_1 - x_0)^2 + (x_2 - x_1)^2\right)\right]\\ &\quad = A_\epsilon^{-1}\sqrt{\frac{1}{2}}\exp\left[\frac{i}{\hbar}\frac{m}{2\epsilon}\frac{1}{2}(x_2 - x_0)^2\right].\end{aligned} \tag{12.39}$$

Notiamo che l'espressione rimanente avrà un fattore aggiuntivo $1/2$ all'esponenziale e al prefattore. Procedendo all'integrale in x_2, i termini contenenti x_2 sono ancora due, uno di essi con il prefattore $1/2$

$$\begin{aligned}&\int dx_2 \exp\left[\frac{i}{\hbar}\frac{m}{2\epsilon}\left(\frac{1}{2}(x_2 - x_0)^2 + (x_3 - x_2)^2\right)\right]\\ &\quad = A_\epsilon^{-1}\sqrt{\frac{2}{3}}\exp\left[\frac{i}{\hbar}\frac{m}{2\epsilon}\frac{1}{3}(x_3 - x_0)^2\right].\end{aligned} \tag{12.40}$$

Seguendo questa procedura, è semplice verificare che il n^{th} integrale è

$$A_\epsilon^{-1}\sqrt{\frac{n}{n+1}}\exp\left[\frac{i}{\hbar}\frac{m}{2\epsilon}\frac{1}{n+1}(x_{n+1} - x_0)^2\right], \tag{12.41}$$

e per completare l'induzione. Infine, calcolando tutti gli $N-1$ integrali, possiamo valutare il propagatore prendendo il limite $\epsilon \to 0$

$$K_{\text{free}}(x_F, t_F | x_I, t_I) = \sqrt{\frac{m}{2\pi i\hbar(t_F - t_I)}}\exp\left[\frac{i}{\hbar}\frac{m(x_F - x_I)^2}{2(t_F - t_I)}\right], \tag{12.42}$$

dove abbiamo utilizzato il fatto che

$$\epsilon N = t_F - t_I. \tag{12.43}$$

Il propagatore (12.42) è spesso indicato come propagatore gaussiano, ed è strettamente correlato alla soluzione di diffusione nei processi stocastici. Infatti, l'esponenziale ha un argomento complesso che rappresenta una fase che è quadratica nella differenza di posizione.

La versione tridimensionale del propagatore può essere calcolata in modo simile, ed è

$$K_{\text{free},3D}(\mathbf{r}_F, t_F|\mathbf{r}_I, t_I) = \left(\frac{m}{2\pi i\hbar(t_F - t_I)}\right)^{3/2} \exp\left[\frac{i}{\hbar}\frac{m|\mathbf{r}_F - \mathbf{r}_I|^2}{2(t_F - t_I)}\right]. \tag{12.44}$$

Eseguendo la rotazione di Wick dell'Eq. 12.37, possiamo derivare la funzione di partizione di una particella libera all'equilibrio termico a una temperatura $T = 1/(k_B\beta)$,

$$Z_{\text{free}} = \int_{x_I = x_F} \mathcal{D}[x] \exp\left[-\frac{1}{\hbar}\int_0^{\hbar\beta} d\tau \, \frac{m}{2}(\dot{x}(\tau))^2\right]. \tag{12.45}$$

Possiamo valutare la funzione di partizione utilizzando il risultato in tempo reale 12.42 e la relazione 12.23. Dobbiamo anche assumere una lunghezza finita L dello spazio in cui la particella può muoversi, per ottenere un risultato finito. Nell'approssimazione che L è grande rispetto alla diffusione della funzione d'onda data dal propagatore, l'Eq. (12.42) è una buona approssimazione nel caso di lunghezza finita. Quindi otteniamo:

$$Z_{\text{free}} = L\sqrt{\frac{m}{2\pi\hbar^2\beta}}. \tag{12.46}$$

Il risultato in tre dimensioni ha la stessa struttura, ed è ottenuto utilizzando l'Eq. (12.44) invece del propagatore unidimensionale.

12.2.3 Particella in un potenziale armonico

I potenziali armonici forniscono un eccellente esempio dell'efficacia del formalismo dell'integrale sui cammini, e allo stesso tempo non sono un mero caso speciale: se un potenziale differenziabile qualsiasi ha un minimo, il primo termine rilevante nella sua espansione in serie di potenze è proprio un potenziale armonico. L'azione in questo caso è scritta come

$$S[x] = \frac{m}{2}\int_{t_I}^{t_F} dt\big((\dot{x}(t))^2 - \omega^2 x(t)^2\big), \tag{12.47}$$

e possiamo riscriverla in questo modo utilizzando l'integrazione per parti e trascurando le costanti

$$S[x] = -\frac{m}{2}\int_{t_I}^{t_F} dt\ x(t)\big(\partial_t^2 + \omega^2\big)x(t), \tag{12.48}$$

quindi anche in questo caso abbiamo una struttura quadratica dell'integrale, e l'integrale sui cammini è determinato da un integrale gaussiano nella forma dell'Eq. (12.35). Per generalizzare il calcolo, è utile fattorizzarlo come

$$K_H(x_F, t_F|x_I, t_I) = e^{\frac{i}{\hbar}S[q]}K_H(0, t_F|0, t_I), \tag{12.49}$$

con q la soluzione del punto di sella. Quest'ultimo risultato deriva dal fatto che

$$K_H(0, t_F|0, t_I) = \int_{(0,t_I)}^{(0,t_F)} \mathcal{D}[y]\exp\left[\frac{i}{\hbar}\frac{m}{2}\int_{t_I}^{t_F} dt\ (\dot{y}^2 - \omega^2 y^2)\right] \tag{12.50}$$

e la separazione delle azioni $S[x] = S[q] + S[y]$. Notiamo che l'azione del punto di sella, derivante dalla traiettoria classica q, è

$$S[q] = \frac{m\omega}{2}\left[(x_F^2 + x_I^2)\cot(\omega(t_F - t_I)) - \frac{2x_F x_I}{\sin(\omega(t_F - t_I))}\right]. \tag{12.51}$$

Quindi possiamo calcolare il propagatore totale come il prodotto di un propagatore "stazionario" e l'azione classica esponenziata. Il determinante funzionale

$$K_H(0, t_F|0, t_I) = C\ \det[\partial_t^2 + \omega^2]^{-\frac{1}{2}}, \tag{12.52}$$

viene calcolato con l'aiuto di una diagonalizzazione utilizzando i modi di Fourier. Consideriamo un operatore

$$\hat{O} = \big(\partial_t^2 + \omega^2\big) \tag{12.53}$$

e i modi di Fourier ortonormali come base dello spazio delle funzioni nell'intervallo $[t_I, t_F]$, soggetti alle condizioni al contorno di Dirichlet $y_n(t_I) = y_n(t_F) = 0,\ \forall n = 1, \ldots$

$$y_n(t) = \sqrt{\frac{2}{(t_F - t_I)}}\sin\left(\frac{n\pi}{t_F - t_I}t\right) \quad n \in \mathbb{N}. \tag{12.54}$$

Questa base diagonalizza l'operatore, che ha uno spettro discreto corrispondente a

$$\lambda_n = \left[\left(\frac{\pi n}{(t_F - t_I)}\right)^2 - \omega^2\right] \quad n \in \mathbb{N}. \tag{12.55}$$

Prendendo il prodotto di tutti gli autovalori, si ottiene il determinante. Tuttavia, tale prodotto diverge a causa della struttura degli autovalori. Pertanto, per calcolare esplicitamente il propagatore è necessario richiamare la soluzione nel caso di una particella libera ($\omega = 0$). Prendiamo il rapporto tra i due propagatori:

$$\frac{K_H(0, t_F|0, t_I)}{K_{\text{free}}(0, t_F|0, t_I)} = \left[\prod_{n=1}^{\infty} \frac{\left(\frac{\pi n}{(t_F - t_I)}\right)^2 - \omega^2}{\left(\frac{\pi n}{(t_F - t_I)}\right)^2}\right]^{-\frac{1}{2}} = \left[\prod_{n=1}^{\infty}\left(1 - \left(\frac{\omega(t_F - t_I)}{\pi n}\right)^2\right)\right]^{-\frac{1}{2}}$$
$$= \left[\frac{\sin(\omega(t_F - t_I))}{\omega(t_F - t_I)}\right]^{-\frac{1}{2}}. \tag{12.56}$$

Confrontando con questa soluzione, otteniamo

$$K_H(0, t_F|0, t_I) = K_{\text{free}}(0, t_F|0, t_I)\sqrt{\frac{\omega(t_F - t_I)}{\sin(\omega(t_F - t_I))}} = \sqrt{\frac{m\omega}{2\pi i\hbar}\,\frac{1}{\sin(\omega(t_F - t_I))}}. \tag{12.57}$$

Analogamente a quanto fatto nel caso di una particella libera, possiamo eseguire la rotazione di Wick, e ottenere la funzione di partizione associata alla particella in un potenziale armonico in equilibrio alla temperatura $T = 1/(k_B\beta)$. Utilizzando i risultati in Eq. 12.49, e impostando $x_I = x_F$, la valutazione dell'integrale sullo spazio dà

$$Z_H = (2\cosh(\beta\hbar\omega) - 1)^{-\frac{1}{2}} = \frac{e^{-\beta\hbar\omega/2}}{1 - e^{-\beta\hbar\omega}}. \tag{12.58}$$

Questa espressione può essere scritta come una somma su tutti i livelli dell'oscillatore armonico riconoscendo la forma della serie geometrica nell'espressione sopra

$$Z_H = \sum_{n=0}^{\infty} \exp\left[-\beta\hbar\omega\left(n + \frac{1}{2}\right)\right], \tag{12.59}$$

dove n è interpretato come il numero di occupazione dell'oscillatore.

12.3 Tunneling quantistico

Il problema del tunneling quantistico può essere studiato utilizzando l'approccio dell'integrale sui cammini, che è molto utile per determinare la probabilità di tunneling di una particella in una regione classicamente proibita.

Abbiamo visto che l'approssimazione del punto di sella del propagatore di Feynman dà

$$K(x_F, t_F | x_I, t_I) = A\, e^{\frac{i}{\hbar} S[q]} \,, \tag{12.60}$$

dove $q(t)$ è la traiettoria classica che minimizza l'azione classica funzionale con le condizioni al contorno $q(t_I) = x_I$ e $q(t_F) = x_F$. Consideriamo una particella classica di massa m e coordinata $q(t)$ in presenza di un potenziale esterno $U(q)$. L'azione classica è

$$S[q] = \int_{t_F}^{t_F} L(q, \dot{q})\, dt, \tag{12.61}$$

dove

$$L(q, \dot{q}) = \frac{m}{2}\dot{q}^2 - U(q) \tag{12.62}$$

è la funzione lagrangiana con $\dot{q}(t)$ la velocità al tempo t. Quindi, $q(t)$ deve soddisfare l'equazione di Newton

$$m\ddot{q} = -\frac{\partial U(q)}{\partial q} \tag{12.63}$$

e l'energia

$$E = \frac{m}{2}\dot{q}^2 + U(q) \tag{12.64}$$

è una costante del moto. Considerando la quantità di moto

$$p = m\dot{q} \tag{12.65}$$

possiamo scrivere

$$E = \frac{p^2}{2m} + U(q) \tag{12.66}$$

dove

$$H(q, p) = \frac{p^2}{2m} + U(q) \tag{12.67}$$

è l'Hamiltoniana classica del sistema. Dall'Eq. (12.66) abbiamo anche

$$p = \sqrt{2m(E - U(q))}\,. \tag{12.68}$$

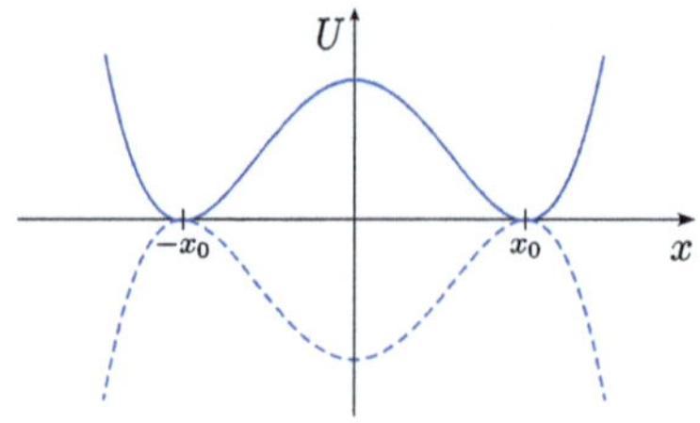

Figura 12.2 Effetto della rotazione di Wick sul potenziale esterno a doppio buca $U(x)$. Eseguendo la rotazione, il potenziale in linea continua viene mappato in un potenziale di segno opposto (linea tratteggiata)

Ricordando la trasformazione di Legendre tra il lagrangiano L e l'Hamiltoniana H, cioè

$$L = p\dot{q} - H = p\dot{q} - E \,, \tag{12.69}$$

il funzionale d'azione (12.62) può essere riscritto come

$$\begin{aligned} S[q] = \int_{t_I}^{t_F} \left(p\frac{dq}{dt} - E \right) dt &= \int_{x_I}^{x_F} p\, dq - E(t_F - t_I) \\ &= \int_{x_I}^{x_F} \sqrt{2m(E - U(q))}\, dq - E(t_F - t_I) \,. \end{aligned} \tag{12.70}$$

Supponiamo che x_I e x_F siano i punti di inversione di una regione classicamente proibita dove $E < U(q)$. In questa regione è conveniente scrivere

$$p = \sqrt{2m(E - U(q))} = i\sqrt{2m(U(q) - E)} \,. \tag{12.71}$$

Tenendo conto di questa formula e dell'Eq. (12.70) il propagatore dell'Eq. (12.60) diventa

$$K(x_F, t_F|x_I, t_I) = A\, e^{-(1/\hbar)\int_{x_I}^{x_F} \sqrt{2m(U(q)-E)}\, dq}\, e^{-iE(t_F - t_I)/\hbar} \tag{12.72}$$

In definitiva, la probabilità di tunneling risulta essere

$$P_T = \frac{|K(x_F, t_F|x_I, t_I)|^2}{|K(x_I, t_F|x_I, t_I)|^2} = e^{-(2/\hbar)\int_{x_I}^{x_F} \sqrt{2m(U(q)-E)}\, dq} \,. \tag{12.73}$$

Questo è lo stesso risultato che abbiamo ottenuto nella Sezione 6, con una notazione leggermente diversa, utilizzando l'approccio WKB di ordine zero.

È importante sottolineare che, nell'approssimazione del punto di sella, le Eq. (12.70), (12.72) e (12.73) sono spesso chiamate risultati di singolo istantone.

Le soluzioni istantoniche sono soluzioni di tempo immaginario dell'Eq. (12.63) tra i punti di inversione della regione classicamente proibita, adottando il tempo immaginario τ con rotazione di Wick $t = -i\tau$. L'effetto della rotazione di Wick sul potenziale esterno è rappresentato in Fig. 12.2: il problema del tempo immaginario corrisponde a un problema in cui il segno del potenziale è invertito. Siamo interessati a trovare la soluzione $q(\tau)$. Per semplicità, consideriamo una condizione iniziale $q(\tau_I)$ leggermente maggiore rispetto al punto $-x_0$, e con un'energia $E \approx 0$. L'equazione di Newton diventa analoga all'Eq.(12.63), eccetto per un segno meno, dovuto al fatto che ora la notazione del punto $\dot{q}$ significa una differenziazione rispetto a τ:

$$m\ddot{q} = \frac{\partial U(q)}{\partial q}. \tag{12.74}$$

Approssimando il potenziale esterno con un potenziale armonico,

$$U(x) = \frac{m\omega^2}{2}(x + x_0)^2, \tag{12.75}$$

l'equazione di Newton ammette, per piccoli τ, la soluzione classica

$$q + x_0 \propto e^{\omega\tau}, \tag{12.76}$$

che corrisponde a una transizione rapida da $-x_0$ a x_0. Inoltre, ci aspettiamo che a un certo tempo τ_F, la soluzione raggiungerà la sua distanza minima rispetto a x_0. Chiamiamo la traiettoria $q(\tau)$ da τ_I a τ_F un istantone. L'azione corrispondente a questo percorso è, considerando il limite in cui il percorso è da $-x_0$ a x_0,

$$S_E[q] = \int_{\tau_I}^{\tau_F} d\tau \left(\frac{m}{2}(\dot{q})^2 + U(q)\right) \tag{12.77}$$

$$= \int_{\tau_I}^{\tau_F} d\tau\, m(\dot{q})^2 \tag{12.78}$$

$$= \int_{-x_0}^{x_0} dq\, m\dot{q} = \int_{-x_0}^{x_0} dq\, \sqrt{2mU(q)}. \tag{12.79}$$

Possiamo calcolare la probabilità di tunneling da $-x_0$ a x_0 considerando l'Eq. (12.60), con l'esponente rotato di Wick $S_E[q]/\hbar$, e il risultato corrisponde all'Eq. (12.73) nel caso $E = 0$. Concludendo, considerando solo l'azione classica associata a un singolo istantone, la corrispondente probabilità di tunneling fornisce lo stesso risultato fornito dall'approssimazione del punto di sella e la sostituzione (12.71). Le soluzioni istantoniche sono periodiche e il singolo istantone corrisponde a prendere in considerazione solo un periodo della soluzione periodica del tempo immaginario.

12.4 Integrale sui cammini per lo spin

Consideriamo un sistema in cui l'unico grado di libertà è lo spin, cioè un sistema il cui stato è descritto da

$$|\mathbf{x}\rangle = \alpha|\uparrow\rangle + \beta|\downarrow\rangle \quad \text{con} \quad \alpha, \beta \in \mathbb{C} \tag{12.80}$$

Lo stato può essere descritto, come abbiamo mostrato nel Capitolo 11, nella sfera di Bloch, con un tripletto di numeri b, θ, ϕ, come

$$|\mathbf{x}\rangle = |b, \theta, \phi\rangle = e^{ib}\big(e^{-\phi/2}\cos(\theta/2)|\uparrow\rangle + e^{i\phi/2}|\downarrow\rangle\big). \tag{12.81}$$

L'insieme di numeri b, θ, ϕ è completo, tuttavia, gli stati con variabili angolari diverse non sono ortogonali. Consideriamo l'evoluzione temporale dello stato $|\mathbf{x}(t)\rangle = |b(t), \theta(t), \phi(t)\rangle$ in base all'Hamiltoniana $\hat{H}$ per un piccolo tempo ϵ

$$\begin{aligned}\langle\mathbf{x}(t+\epsilon)|e^{-i\hat{H}\epsilon/\hbar}|\mathbf{x}(t)\rangle &\approx \langle\mathbf{x}(t+\epsilon)|\left(1-\frac{i\hat{H}\epsilon}{\hbar}\right)|\mathbf{x}(t)\rangle \\ &\approx 1+\epsilon\left(\langle\dot{\mathbf{x}}|\mathbf{x}\rangle - \frac{i}{\hbar}\langle\mathbf{x}|\hat{H}|\mathbf{x}\rangle\right),\end{aligned} \tag{12.82}$$

questa espressione può essere approssimata con un esponenziale

$$\langle\mathbf{x}(t+\epsilon)|e^{-i\hat{H}\epsilon/\hbar}|\mathbf{x}(t)\rangle \approx \exp\left[\epsilon\left(\langle\dot{\mathbf{x}}|\mathbf{x}\rangle - \frac{i}{\hbar}\langle\mathbf{x}|\hat{H}|\mathbf{x}\rangle\right)\right]. \tag{12.83}$$

Calcolando il primo termine nell'esponenziale in termini delle coordinate della sfera, notiamo

$$\langle\dot{\mathbf{x}}|\mathbf{x}\rangle = i\left(\dot{b} - \frac{1}{2}\dot{\phi}\cos(\theta)\right). \tag{12.84}$$

Poiché abbiamo la libertà di scegliere b nell'Eq. (12.81) senza influenzare la fisica, possiamo fissarlo a $b = \phi/2$. Con questa scelta, l'espressione dello stato si semplifica, e siamo in grado di calcolare l'integrale sui cammini utilizzando una collezione di percorsi sulla sfera unitaria, coperti dal vettore di spin $\mathbf{n}(t)$. Con uno spin di $I = 1/2$, l'azione corrispondente, dall'Eq. (12.83), è

$$S[\mathbf{n}] = I\int_{t_I}^{t_F} dt\ (1-\cos(\theta(t)))\dot{\phi}(t) - \int_{t_I}^{t_F} dt\ H(I\mathbf{n}(t)). \tag{12.85}$$

Il primo termine ha un importante significato geometrico, ed è chiamato fase di Berry. Corrisponde all'angolo solido ω coperto dal vettore di spin lungo la sua traiettoria chiusa. Infatti, l'angolo solido tra l'asse verticale della sfera di Bloch, e il percorso da $\mathbf{n}(t)$ a $\mathbf{n}(t+\epsilon)$ è dato da $\epsilon(1-\cos(\theta))\dot{\phi}$. L'angolo solido totale ω è determinato fino a traslazioni dall'angolo solido totale 4π. Poiché $2I$ è un intero, il contributo all'integrale sui cammini è sempre ben determinato, poiché $e^{i\ 4\pi I} = 1$, quindi questa scelta non influisce sulla fisica. Per ottenere l'integrale sui cammini, è sufficiente calcolare l'integrale funzionale su tutti i percorsi sulla sfera di Bloch.

Le equazioni classiche per lo spin possono essere ricavate dall'azione. Prendendo la variazione dell'azione, decomponiamo nella variazione dell'angolo solido e la variazione dell'Hamiltoniana

$$\delta S[\mathbf{n}] = I\delta\omega[\mathbf{n}] - \int_{t_I}^{t_F} dt\ \frac{\partial H(I\mathbf{n}(t))}{\partial\mathbf{n}(t)}\cdot\delta\mathbf{n}(t), \tag{12.86}$$

dove, trascurando come al solito le costanti

$$\begin{aligned}\delta\omega[\mathbf{n}] &= \int_{t_I}^{t_F} dt\ (\dot{\phi}(t)\delta\theta(t)\sin\theta(t) - \delta\dot{\phi}(t)\cos\phi(t)) \\ &= \int_{t_I}^{t_F} dt\ (\dot{\phi}(t)\delta\theta(t) - \dot{\theta}(t)\delta\phi(t))\sin\theta(t) \\ &= \int_{t_I}^{t_F} dt\left(\frac{d\mathbf{n}(t)}{dt}\times\mathbf{n}(t)\right)\cdot\delta\mathbf{n}(t). \end{aligned}\tag{12.87}$$

Quindi l'equazione di Euler-Lagrange è espressa ponendo il fattore di $\delta\mathbf{n}$ uguale a zero, e, prendendo il prodotto vettoriale su entrambi i lati per $\mathbf{n}(t)$, otteniamo

$$I\frac{d\mathbf{n}(t)}{dt} = \mathbf{n}(t)\times\frac{\partial H(I\mathbf{n}(t))}{\partial\mathbf{n}(t)},\tag{12.88}$$

che è l'equazione classica del moto per lo spin.

Ulteriori Letture

Due riferimenti standard che utilizzano la formulazione dell'integrale sui cammini sono:

R.P. Feynman e A.R. Hibbs, Quantum Mechanics and Path Integrals (Dover, 2010)

J.W. Negele e H. Orland, Quantum many-particle systems (CRC Press, 2018)

dove vengono discussi molti esempi fisicamente rilevanti. Una vasta e dettagliata esposizione dell'applicazione della fisica delle molte particelle in argomenti di materia condensata, che contiene anche un'introduzione approfondita della formulazione dell'integrale sui cammini, è:

A. Altland e B.D. Simons, Condensed matter field theory (Cambridge Univ. Press, 2010).

Appendice A. Funzione delta di Dirac

A.1 La funzione gradino di Heaviside

Nel 1880 lo scienziato autodidatta dell'elettricità Oliver Heaviside ha introdotto la seguente funzione

$$\Theta(x) = \begin{cases} 1 & \text{per } x > 0 \\ 0 & \text{per } x < 0 \end{cases} \tag{A.1}$$

che ora è chiamata funzione gradino di Heaviside. Questa è una funzione discontinua, con una discontinuità di primo tipo (salto) a $x = 0$, che è spesso usata nel contesto dell'analisi dei segnali elettrici.

Inoltre, è importante sottolineare che la funzione gradino di Heaviside appare anche nel contesto della fisica statistica quantistica. Infatti, la funzione di Fermi-Dirac (o distribuzione di Fermi-Dirac)

$$F_\beta(x) = \frac{1}{e^{\beta x} + 1} , \tag{A.2}$$

proposta nel 1926 da Enrico Fermi e Paul Dirac per descrivere la distribuzione statistica quantistica degli elettroni nei metalli, dove $\beta = 1/(k_B T)$ è l'inverso della temperatura assoluta T (con k_B la costante di Boltzmann) e $x = \epsilon - \mu$ è l'energia ϵ dell'elettrone rispetto al potenziale chimico μ, diventa la funzione $\Theta(-x)$ nel limite di temperatura molto bassa T, cioè

$$\lim_{\beta \to +\infty} F_\beta(x) = \Theta(-x) = \begin{cases} 0 & \text{per } x > 0 \\ 1 & \text{per } x < 0 \end{cases} . \tag{A.3}$$

L. Salasnich, F. Lorenzi, *Introduzione alla fisica moderna*,
https://doi.org/10.1007/978-3-032-17303-4

A.2 La funzione delta di Dirac

Ispirato dal lavoro di Heaviside, con lo scopo di descrivere una densità di carica estremamente localizzata, nel 1930 Paul Dirac ha studiato la seguente "funzione"

$$\delta(x) = \begin{cases} +\infty & \text{per } x = 0 \\ 0 & \text{per } x \neq 0 \end{cases} \tag{A.4}$$

imponendo che

$$\int_{-\infty}^{+\infty} \delta(x)\, dx = 1\,. \tag{A.5}$$

Sfortunatamente, questa proprietà di $\delta(x)$ non è compatibile con la definizione (A.4). Infatti, dall'Eq. (A.4) segue che l'integrale deve essere uguale a zero. In altre parole, non esiste una funzione $\delta(x)$ che soddisfa sia l'Eq. (A.4) che l'Eq. (A.5). Dirac ha suggerito che un modo per aggirare questo problema è interpretare l'integrale dell'Eq. (A.5) come

$$\int_{-\infty}^{+\infty} \delta(x)\, dx = \lim_{\epsilon \to 0^+} \int_{-\infty}^{+\infty} \delta_\epsilon(x)\, dx\,, \tag{A.6}$$

dove $\delta_\epsilon(x)$ è una funzione generica di sia x che ϵ tale che

$$\lim_{\epsilon \to 0^+} \delta_\epsilon(x) = \begin{cases} +\infty & \text{per } x = 0 \\ 0 & \text{per } x \neq 0 \end{cases}, \tag{A.7}$$

$$\int_{-\infty}^{+\infty} \delta_\epsilon(x)\, dx = 1\,. \tag{A.8}$$

Quindi, la funzione delta di Dirac $\delta(x)$ è una "funzione generalizzata" (ma, rigorosamente parlando, non una funzione) che soddisfa le Eq. (A.4) e (A.5) con la precisazione che l'integrale in Eq. (A.5) deve essere interpretato secondo Eq. (A.6) dove le funzioni $\delta_\epsilon(x)$ soddisfano le Eq. (A.7) e (A.8).

Ci sono infinite funzioni $\delta_\epsilon(x)$ che soddisfano le Eq. (A.7) e (A.8). Tra queste c'è, per esempio, la seguente Gaussiana

$$\delta_\epsilon(x) = \frac{1}{\epsilon\sqrt{\pi}}\, e^{-x^2/\epsilon^2}\,, \tag{A.9}$$

che soddisfa chiaramente l'Eq. (A.7) e la cui integrale è uguale a 1 per qualsiasi valore di ϵ. Un altro esempio è la funzione

$$\delta_\epsilon(x) = \begin{cases} \frac{1}{\epsilon} & \text{per } |x| \leq \epsilon/2 \\ 0 & \text{per } |x| > \epsilon/2 \end{cases}, \tag{A.10}$$

che soddisfa ancora l'Eq. (A.7) e la cui integrale è uguale a 1 per qualsiasi valore di ϵ. Nel seguito useremo l'Eq. (A.10) per studiare le proprietà della funzione delta di Dirac.

A.2.1 Funzione di Dirac e gli integrali

Secondo l'approccio di Dirac, l'integrale che coinvolge $\delta(x)$ deve essere interpretato come il limite del corrispondente integrale che coinvolge $\delta_\epsilon(x)$, cioè

$$\int_{-\infty}^{+\infty} \delta(x)\, f(x)\, dx = \lim_{\epsilon\to 0^+} \int_{-\infty}^{+\infty} \delta_\epsilon(x)\, f(x)\, dx\,, \tag{A.11}$$

per qualsiasi funzione $f(x)$. È quindi facile dimostrare che

$$\int_{-\infty}^{+\infty} \delta(x)\, f(x)\, dx = f(0)\,. \tag{A.12}$$

usando l'Eq. (A.10) e il teorema del valore medio. Allo stesso modo si trova

$$\int_{-\infty}^{+\infty} \delta(x-c)\, f(x)\, dx = f(c)\,. \tag{A.13}$$

Diverse altre proprietà della funzione delta di Dirac $\delta(x)$ derivano dalla sua definizione. In particolare

$$\delta(-x) = \delta(x)\,, \tag{A.14}$$

$$\delta(a\,x) = \frac{1}{|a|}\,\delta(x) \qquad \text{con } a \neq 0\,, \tag{A.15}$$

$$\delta(f(x)) = \sum_i \frac{1}{|f'(x_i)|}\,\delta(x-x_i) \qquad \text{con } f(x_i) = 0\,. \tag{A.16}$$

A.3 Funzione di Dirac in *d* dimensioni spaziali

Fino ad ora abbiamo considerato la funzione delta di Dirac $\delta(x)$ con solo una variabile x. Non è difficile definire una funzione delta di Dirac $\delta^{(D)}(\mathbf{r})$ nel caso di un dominio D-dimensionale $\mathbb{R}^D$, dove $\mathbf{r} = (x_1, x_2, \ldots, x_D) \in \mathbb{R}^D$ è un vettore D-dimensionale:

$$\delta^{(D)}(\mathbf{r}) = \begin{cases} +\infty & \text{per } \mathbf{r} = \mathbf{0} \\ 0 & \text{per } \mathbf{r} \neq \mathbf{0} \end{cases} \tag{A.17}$$

e

$$\int_{\mathbb{R}^D} \delta^{(D)}(\mathbf{r})\, d^D\mathbf{r} = 1\,. \tag{A.18}$$

Notare che a volte $\delta^{(D)}(\mathbf{r})$ è scritto usando la notazione più semplice $\delta(\mathbf{r})$. Chiaramente, anche in questo caso si deve interpretare l'integrale dell'Eq. (A.18) come

$$\int_{\mathbb{R}^D} \delta^{(D)}(\mathbf{r})\, d^D\mathbf{r} = \lim_{\epsilon\to 0^+} \int_{\mathbb{R}^D} \delta_\epsilon^{(D)}(\mathbf{r})\, d^D\mathbf{r}\,, \tag{A.19}$$

dove $\delta_\epsilon^{(D)}(\mathbf{r})$ è una funzione generica di sia $\mathbf{r}$ che ϵ tale che

$$\lim_{\epsilon\to 0^+} \delta_\epsilon^{(D)}(\mathbf{r}) = \begin{cases} +\infty & \text{per } \mathbf{r} = \mathbf{0} \\ 0 & \text{per } \mathbf{r} \neq \mathbf{0} \end{cases}, \tag{A.20}$$

$$\lim_{\epsilon\to 0^+} \int \delta_\epsilon^{(D)}(\mathbf{r})\, d^D\mathbf{r} = 1\,. \tag{A.21}$$

Diverse proprietà di $\delta(x)$ rimangono valide anche per $\delta^{(D)}(\mathbf{r})$. Tuttavia, alcune proprietà di $\delta^{(D)}(\mathbf{r})$ dipendono dalla dimensione spaziale D. Ad esempio, si può dimostrare la notevole formula

$$\delta^{(D)}(\mathbf{r}) = \begin{cases} \frac{1}{2\pi}\nabla^2(\ln|\mathbf{r}|) & \text{per } D = 2 \\ -\frac{1}{D(D-2)V_D}\nabla^2\left(\frac{1}{|\mathbf{r}|^{D-2}}\right) & \text{per } D \geq 3 \end{cases}, \tag{A.22}$$

dove $\nabla^2 = \frac{\partial^2}{\partial x_1^2} + \frac{\partial^2}{\partial x_2^2} + \ldots + \frac{\partial^2}{\partial x_D^2}$ e $V_D = \pi^{D/2}/\Gamma(1 + D/2)$ è il volume di una ipersfera D-dimensionale di raggio unitario, con $\Gamma(x)$ la funzione Gamma di Euler. Nel caso $D = 3$ la formula precedente diventa

$$\delta^{(3)}(\mathbf{r}) = -\frac{1}{4\pi}\nabla^2\left(\frac{1}{|\mathbf{r}|}\right), \tag{A.23}$$

che può essere utilizzata per trasformare la legge di Gauss dell'elettromagnetismo dalla sua forma integrale alla sua forma differenziale.

Appendice B. Numeri complessi

B.1 Insieme dei numeri complessi

I numeri complessi furono introdotti nel 1545 da Girolamo Cardano come uno strumento ausiliario per determinare le soluzioni reali di alcune equazioni algebriche di terzo grado. A quel tempo, i numeri complessi furono utilizzati anche da altri matematici italiani come Scipione del Ferro, Raffaele Bombelli, Niccolò Tartaglia e Ludovico Ferrari, per determinare le soluzioni reali non solo delle equazioni algebriche di terzo grado ma anche di quelle di quarto grado. Come accennato, i numeri complessi inizialmente non venivano considerati come numeri seri ma solo come strumenti utili per risolvere le equazioni. Nel XVIII secolo Abraham de Moivre e Leonhard Euler iniziarono a fornire ai numeri complessi una base teorica, fino a quando assunsero piena cittadinanza nel mondo matematico con i lavori di Carl Friedrich Gauss.

L'insieme dei numeri complessi $\mathbb{C}$ è definito come

$$\mathbb{C} = \left\{ z : z = x + i\ y, \text{ dove } x, y \in \mathbb{R} \text{ mentre } i = \sqrt{-1} \right\} . \tag{B.1}$$

Ne segue che un generico numero complesso z è dato da

$$z = x + i\ y , \tag{B.2}$$

dove x e y sono numeri reali mentre i non è un numero reale. Il numero intrinsecamente complesso i, chiamato unità immaginaria, è definito come

$$i = \sqrt{-1} , \tag{B.3}$$

ovvero la radice quadrata di -1, che ovviamente non è un numero reale. Infatti, non esiste un numero reale tale che il suo quadrato sia uguale a -1. I numeri reali x e y del numero complesso $z = x + iy$ sono detti rispettivamente parte reale e parte immaginaria del numero complesso z. A volte si scrive $x = \text{Re}[z]$ e $y = \text{Im}[z]$.

L. Salasnich, F. Lorenzi, *Introduzione alla fisica moderna*,
https://doi.org/10.1007/978-3-032-17303-4

L'insieme dei numeri reali $\mathbb{R}$ è un sottoinsieme dell'insieme dei numeri complessi $\mathbb{C}$, cioè

$$\mathbb{R} \subset \mathbb{C} . \tag{B.4}$$

Infatti, se la parte immaginaria del numero complesso è zero, il numero complesso è in realtà un numero reale. Al contrario, se la parte reale del numero complesso è zero, il numero complesso non è un numero reale ed è anche chiamato immaginario puro. Ad esempio, $z = i\ 3$ è un numero complesso puramente immaginario, mentre $z = 2$ è un numero complesso ma anche un numero reale.

Per definizione, le proprietà algebriche che si utilizzano nei numeri complessi sono le stesse dei numeri reali. Pertanto, ad esempio,

$$x + i\ y = x + y\ i = i\ y + x = y\ i + x . \tag{B.5}$$

È molto importante ricordare che il quadrato dell'unità immaginaria i è uguale a -1, cioè

$$i^2 = -1 . \tag{B.6}$$

Ovviamente ne segue che

$$i^3 = i^2\, i = (-1)\, i = -i , \tag{B.7}$$

e similmente

$$i^4 = i^2\, i^2 = (-1)\,(-1) = +1 = 1 . \tag{B.8}$$

Il coniugato complesso di un numero complesso $z = x + iy$ è indicato con z^* (a volte anche con $\bar{z}$) ed è definito come segue

$$z^* = x - iy . \tag{B.9}$$

Quindi, il coniugato complesso z^* ha la stessa parte reale di z ma una parte immaginaria con segno opposto. Il modulo, o valore assoluto, di un numero complesso $z = x + iy$ è denotato da $|z|$, ed è definito come segue

$$|z| = \sqrt{x^2 + y^2} . \tag{B.10}$$

Quindi il modulo $|z|$ è sicuramente un numero reale non negativo. Ad esempio, dato il numero complesso $z = 2 - 3i$, il suo modulo è

$$|z| = \sqrt{2^2 + (-3)^2} = \sqrt{4 + 9} = \sqrt{13} . \tag{B.11}$$

È poi abbastanza facile dimostrare che per un generico numero complesso z valgono le seguenti uguaglianze

$$|z|^2 = z^* z = z z^* . \tag{B.12}$$

B.2 Piano di Gauss

Come visto in precedenza, il numero complesso $z = x + iy$ è caratterizzato da due numeri reali x e y che determinano univocamente z. Pertanto, è possibile introdurre un piano cartesiano, chiamato piano di Gauss o piano complesso, tale che sull'asse orizzontale delle ascisse, chiamato asse reale, mettiamo $x = \mathrm{Re}[z]$ mentre sull'asse verticale delle ordinate, detto asse immaginario, impostiamo $y = \mathrm{Im}[z]$. In questo modo ogni punto P sul piano di Gauss è caratterizzato da due coordinate x e y, cioè

$$P = (x, y) , \tag{B.13}$$

dove x e y sono ovviamente la parte reale e la parte immaginaria del numero complesso $z = x + iy$. Quindi, ogni numero complesso z è in corrispondenza biunivoca con un punto P del piano di Gauss. Formalmente si può scrivere

$$z = x + iy \leftrightarrow P = (x, y) . \tag{B.14}$$

Il significato geometrico del modulo $|z|$ di un numero complesso z è quindi evidente: $|z| = \sqrt{x^2 + y^2}$ rappresenta la distanza del numero z dal numero complesso 0, che si trova nell'origine degli assi del piano di Gauss, cioè $0 \leftrightarrow (0, 0)$.

B.2.1 Rappresentazione polare

Abbiamo visto che il numero complesso $z = x + iy$ è in corrispondenza biunivoca con un punto $P = (x, y)$ del piano gaussiano. Esiste anche una rappresentazione polare $[r, \phi]$, dove

$$x = r\cos(\phi) \qquad y = r\sin(\phi) \tag{B.15}$$

con $r = \sqrt{x^2 + y^2}$ il raggio (distanza) e $\phi = \arctan(y/x)$ l'angolo mostrato nella figura.

La rappresentazione cartesiana di un numero complesso z è

$$z = x + iy . \tag{B.16}$$

Poiché possiamo scrivere

$$x = r\cos(\phi) \tag{B.17}$$

$$y = r\sin(\phi) \tag{B.18}$$

ne segue che

$$z = r\cos(\phi) + i\ r\sin(\phi) = r(\cos(\phi) + i\ \sin(\phi)) \tag{B.19}$$

è la rappresentazione polare del numero complesso z. Evidentemente il modulo $|z|$ di z è proprio il raggio r:

$$|z| = r = \sqrt{x^2 + y^2}\,. \tag{B.20}$$

B.3 Formula di Euler

Un risultato estremamente importante dovuto a Leonard Euler è la formula

$$e^{i\phi} = \cos(\phi) + i\,\sin(\phi)\,. \tag{B.21}$$

Segue che la rappresentazione polare del numero complesso z può essere scritta in modo compatto come

$$z = r\,e^{i\phi}\,. \tag{B.22}$$

Dalla formula di Euler (B.21) segue che

$$e^{i\pi} = \cos(\pi) + i\,\sin(\pi) = -1$$

ovvero

$$e^{i\pi} + 1 = 0$$

che è considerata la formula più bella della matematica perché collega 5 oggetti fondamentali della matematica: 0, 1, e, π, e i.

B.3.1 Dimostrazione della formula di Euler

Per dimostrare la formula di Euler dobbiamo assumere che possiamo fare uno sviluppo in serie di Taylor-MacLaurin sulla funzione $e^{i\phi}$ intorno a $\phi = 0$. Cioè

$$\begin{aligned} e^{i\phi} &= 1 + (i\phi) + \frac{1}{2!}(i\phi)^2 + \frac{1}{3!}(i\phi)^3 + \frac{1}{4!}(i\phi)^4 + \frac{1}{5!}(i\phi)^5 + \ldots \\ &= 1 + i\phi - \frac{1}{2!}\phi^2 - i\frac{1}{3!}\phi^3 + \frac{1}{4!}\phi^4 + i\frac{1}{5!}\phi^5 + \ldots \\ &= \left(1 - \frac{1}{2!}\phi^2 \frac{1}{4!}\phi^4 + \ldots\right) + i\left(\phi - \frac{1}{3!}\phi^3 + \frac{1}{5!}\phi^5 + \ldots\right) \\ &= \cos(\phi) + i\,\sin(\phi)\,, \end{aligned} \tag{B.23}$$

ricordando le serie di Taylor-MacLaurin di $\cos(\phi)$ e $\sin(\phi)$.

B.3.2 Formula di De Moivre

La formula di De Moivre

$$(\cos(\phi) + i\,\sin(\phi))^n = \cos(n\phi) + i\,\sin(n\phi) \tag{B.24}$$

è una diretta conseguenza della formula di Euler e del fatto di usare le regole dell'algebra per i numeri complessi. Infatti

$$(\cos(\phi) + i\,\sin(\phi))^n = \left(e^{i\phi}\right)^n = e^{in\phi} = \cos(n\phi) + i\,\sin(n\phi) \tag{B.25}$$

La formula di De Moivre può essere utilizzata per trovare soluzioni complesse di semplici equazioni algebriche. Per esempio, l'equazione

$$z^3 = 2 \tag{B.26}$$

può essere risolta scrivendo $z = re^{i\phi}$ in modo che

$$r^3\, e^{3i\phi} = 2\, e^{i2\pi n}\,, \tag{B.27}$$

con n un intero arbitrario. Segue che $r^3 = 2$ ma anche che $\phi = 2\pi n/3$. E quindi otteniamo $r = 2^{1/3}$ e tre valori di ϕ dati da

$$\phi_1 = 0\,, \qquad \phi_2 = -\frac{2\pi}{3}\,, \qquad \phi_3 = 2\,. \tag{B.28}$$

B.4 Teorema fondamentale dell'algebra

Il teorema fondamentale dell'algebra afferma che l'equazione algebrica

$$a_n z^n + a_{n-1} z^{n-1} + \ldots + a_1 z + a_0 = 0\,, \tag{B.29}$$

con z incognita e coefficienti $a_0, a_1, \ldots, a_{n-1}, a_n$ noti, ammette sempre n soluzioni complesse.

Per esempio, l'equazione

$$z^2 + 4 = 0$$

ammette le due soluzioni complesse $z_1 = -2i$ e $z_2 = 2i$.

Un altro esempio, l'equazione

$$z(z^2 + 3) = 0$$

ammette le tre soluzioni complesse $z_1 = 0$, $z_2 = -i\sqrt{3}$ e $z_3 = i\sqrt{3}$.

B.5 Funzioni complesse

Una funzione $\zeta = f(z)$ con dominio complesso $\mathbb{C}$ e codominio complesso $\mathbb{C}$ può essere formalmente scritta come

$$f : \mathbb{C} \to \mathbb{C} . \tag{B.30}$$

Una funzione $\zeta = f(x, y, z)$ con dominio reale $\mathbb{R}^3$ e codominio reale $\mathbb{R}$ può essere formalmente scritta come

$$f : \mathbb{R}^3 \to \mathbb{R} . \tag{B.31}$$

Come vedremo nel testo principale, le soluzioni dell'equazione di Schrödinger indipendente, chiamata anche equazione di Schrödinger stazionaria, sono esattamente di questo tipo.

Una funzione $\zeta = f(x, y, z, t)$ con dominio reale $\mathbb{R}^4$ e codominio complesso $\mathbb{C}$ può essere formalmente scritta come

$$f : \mathbb{R}^4 \to \mathbb{C} . \tag{B.32}$$

Come vedremo, le soluzioni dell'equazione di Schrödinger dipendente dal tempo sono esattamente di questo tipo.

B.6 Integrali di Gauss e Fresnel

Nella teoria dell'integrazione sui cammini, in particolare nella valutazione degli integrali in tempo reale, un tipo di integrale frequentemente incontrato è della forma

$$I = \int_{\mathbb{R}} dx\, e^{-i\lambda x^2} . \tag{B.33}$$

Per valutare questo integrale, complessifichiamo il dominio di integrazione, e otteniamo il risultato tramite il teorema dei residui. Scegliamo un percorso di integrazione fatto dalla concatenazione di tre curve γ_i con $i = 1, 2, 3$, come mostrato in Fig. B.1. Le curve dipendono dal raggio R. Quindi

$$I = 2 \lim_{R\to+\infty} \left[\int_{\gamma_1(R)} dz\, e^{-i\lambda z^2} \right] . \tag{B.34}$$

Poiché la funzione non ha poli all'interno della curva di integrazione, l'integrale diventa

$$I = 2 \lim_{R\to+\infty} \left[- \int_{\gamma_2(R)} dz\, e^{-i\lambda z^2} - \int_{\gamma_3(R)} dz\, e^{-i\lambda z^2} \right] . \tag{B.35}$$

Figura B.1 Percorso chiuso di integrazione nel piano complesso

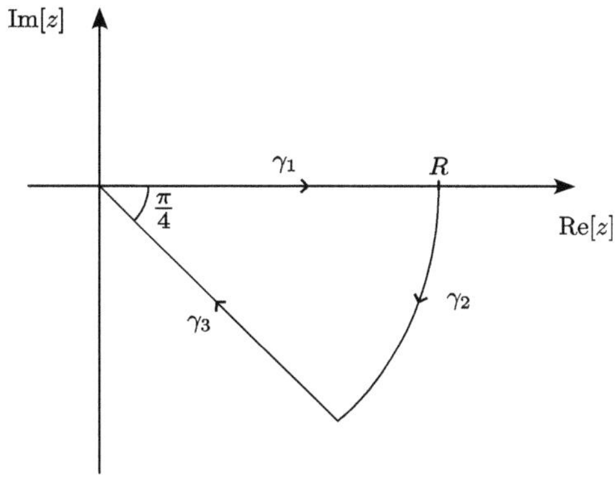

Nel limite $R \to +\infty$, l'integrale su γ_2 diventa nullo per il lemma di Jordan, mentre quello su γ_3 diventa un vero e proprio integrale gaussiano:

$$\lim_{R\to+\infty} \int_{\gamma_3(R)} dz\, e^{-i\lambda z^2} = -\int_0^{\infty} dr\; e^{-i\lambda r^2 \exp(-i\pi/2)} = -\int_0^{\infty} dr\; e^{-\lambda r^2} = -\frac{1}{2}\sqrt{\frac{\pi}{\lambda}}. \tag{B.36}$$

Quindi il risultato finale è

$$I = \sqrt{\frac{\pi}{\lambda}}, \tag{B.37}$$

in analogia con l'integrale gaussiano.

Appendice C. Trasformata di Fourier

C.1 Serie geometrica e di Taylor

Era noto fin dai tempi di Archimede che, in alcuni casi, la somma infinita di numeri decrescenti può produrre un risultato finito. Ma fu solo nel 1593 che il matematico Francois Viete diede il primo esempio di una funzione, $f(x) = 1/(1-x)$, scritta come la somma infinita di funzioni di potenza. Questa funzione non è altro che la serie geometrica, data da

$$\frac{1}{1-x} = \sum_{n=0}^{\infty} x^n , \qquad \text{per } |x| < 1 . \tag{C.1}$$

Nel 1714 Brook Taylor suggerì che qualsiasi funzione reale $f(x)$ che è infinitamente differenziabile in x_0 e sufficientemente regolare può essere scritta come una serie di potenze, cioè

$$f(x) = \sum_{n=0}^{\infty} c_n \, (x - x_0)^n , \tag{C.2}$$

dove i coefficienti c_n sono dati da

$$c_n = \frac{1}{n!} f^{(n)}(x_0) , \tag{C.3}$$

con $f^{(n)}(x)$ la n-esima derivata della funzione $f(x)$. La serie (C.2) è ora chiamata serie di Taylor e diventa la cosiddetta serie di Maclaurin se $x_0 = 0$. Chiaramente, la serie geometrica (C.1) non è altro che la serie di Maclaurin, dove $c_n = 1$. Osserviamo che è abbastanza facile dimostrare la serie di Taylor: è sufficiente supporre che l'Eq. (C.2) sia valida e poi derivare i coefficienti c_n calcolando le derivate di $f(x)$ a $x = x_0$; in questo modo si ottiene l'Eq. (C.3).

L. Salasnich, F. Lorenzi, *Introduzione alla fisica moderna*,
https://doi.org/10.1007/978-3-032-17303-4

C.2 Serie di Fourier

Nel 1807 Jean Baptiste Joseph Fourier, che era interessato alla propagazione delle onde e ai fenomeni periodici, scoprì che qualsiasi funzione reale sufficientemente regolare $f(x)$ che è periodica, cioè tale che

$$f(x+L) = f(x)\,, \tag{C.4}$$

dove L è la periodicità, può essere scritta come la somma infinita di funzioni sinusoidali, cioè

$$f(x) = \frac{a_0}{2} + \sum_{n=1}^{\infty}\left[a_n\,\cos\left(n\frac{2\pi}{L}x\right) + b_n\,\sin\left(n\frac{2\pi}{L}x\right)\right], \tag{C.5}$$

dove

$$a_n = \frac{2}{L}\int_{-L/2}^{L/2} f(y)\,\cos\left(n\frac{2\pi}{L}y\right)dy\,, \tag{C.6}$$

$$b_n = \frac{2}{L}\int_{-L/2}^{L/2} f(y)\,\sin\left(n\frac{2\pi}{L}y\right)dy\,. \tag{C.7}$$

È abbastanza facile dimostrare anche la serie (C.5), che ora si chiama serie di Fourier. Infatti, è sufficiente supporre che l'Eq. (C.5) sia valida e poi derivare i coefficienti a_n e b_n moltiplicando entrambi i lati dell'Eq. (C.5) per $\cos\left(n\frac{2\pi}{L}x\right)$ e $\sin\left(n\frac{2\pi}{L}x\right)$ rispettivamente e integrando su un periodo L; in questo modo si ottengono le Eq. (C.6) e (C.7).

È importante sottolineare che, in generale, la variabile reale x della funzione $f(x)$ può rappresentare una coordinata spaziale ma anche una coordinata temporale. Nel primo caso L dà la periodicità spaziale e $2\pi/L$ è il numero d'onda, mentre nel secondo caso L è la periodicità temporale e $2\pi/L$ la frequenza angolare.

C.2.1 Rappresentazione complessa della serie di Fourier

Tenendo conto della formula di Euler

$$e^{in\frac{2\pi}{L}x} = \cos\left(n\frac{2\pi}{L}x\right) + i\,\sin\left(n\frac{2\pi}{L}x\right) \tag{C.8}$$

con $i = \sqrt{-1}$ l'unità immaginaria, Fourier osservò che la sua serie (C.5) può essere riscritta nella forma molto elegante

$$f(x) = \sum_{n=-\infty}^{+\infty} f_n\, e^{in\frac{2\pi}{L}x}\,, \tag{C.9}$$

dove

$$f_n = \frac{1}{L} \int_{-L/2}^{L/2} f(y)\, e^{-in\frac{2\pi}{L}y}\, dy \tag{C.10}$$

sono coefficienti complessi, con $f_0 = a_0/2$, $f_n = (a_n - ib_n)/2$ se $n > 0$ e $f_n = (a_{-n} + ib_{-n})/2$ se $n < 0$, quindi $f_n^* = f_{-n}$.

C.3 Integrale di Fourier

La rappresentazione complessa (C.9) suggerisce che la funzione $f(x)$ può essere periodica ma complessa, cioè tale che $f : \mathbb{R} \to \mathbb{C}$. Inoltre, si può considerare il limite $L \to +\infty$ di periodicità infinita, cioè una funzione che non è periodica. In questo limite l'Eq. (C.9) diventa il cosiddetto integrale di Fourier (o anti-trasformata di Fourier)

$$f(x) = \frac{1}{2\pi} \int_{-\infty}^{+\infty} \tilde{f}(k)\, e^{ikx}\, dk \tag{C.11}$$

con

$$\tilde{f}(k) = \int_{-\infty}^{\infty} f(y)\, e^{-iky}\, dy \tag{C.12}$$

la trasformata di Fourier di $f(x)$. Per dimostrare le Eq. (C.11) e (C.12) scriviamo l'Eq. (C.9) tenendo conto dell'Eq. (C.10) e troviamo

$$f(x) = \sum_{n=-\infty}^{+\infty} \left(\frac{1}{L} \int_{-L/2}^{L/2} f(y)\, e^{-in\frac{2\pi}{L}y}\, dy \right) e^{in\frac{2\pi}{L}x} . \tag{C.13}$$

Impostando

$$k_n = n\frac{2\pi}{L} \quad \text{e} \quad \Delta k = k_{n+1} - k_n = \frac{2\pi}{L} \tag{C.14}$$

la precedente espressione di $f(x)$ diventa

$$f(x) = \frac{1}{2\pi} \sum_{n=-\infty}^{+\infty} \left(\int_{-L/2}^{L/2} f(y)\, e^{-ik_n y}\, dy \right) e^{ik_n x}\, \Delta k . \tag{C.15}$$

Nel limite $L \to +\infty$ si ottiene $\Delta k \to dk$, $k_n \to k$ e di conseguenza

$$f(x) = \frac{1}{2\pi} \int_{-\infty}^{+\infty} \left(\int_{-\infty}^{+\infty} f(y)\, e^{-iky}\, dy \right) e^{ikx}\, dk , \tag{C.16}$$

che fornisce esattamente le Eq. (C.11) e (C.12). Si noti, tuttavia, che si ottiene lo stesso risultato (C.16) se l'integrale di Fourier e la sua trasformata sono definiti moltiplicandoli rispettivamente con una costante generica e il suo inverso. Quindi, abbiamo scoperto che qualsiasi funzione complessa sufficientemente regolare $f(x)$ di variabile reale x che è globalmente integrabile, cioè tale che

$$\int_{-\infty}^{+\infty} |f(x)|\, dx < +\infty\,, \tag{C.17}$$

può essere considerata come la (infinita) sovrapposizione di onde monocromatiche complesse e^{ikx}. L'ampiezza $\tilde{f}(k)$ dell'onda monocromatica e^{ikx} è la trasformata di Fourier di $f(x)$.

C.3.1 Proprietà della trasformata di Fourier

La trasformata di Fourier $\tilde{f}(k)$ di una funzione $f(x)$ è talvolta denotata come $\mathcal{F}[f(x)](k)$, cioè

$$\tilde{f}(k) = \mathcal{F}[f(x)](k) = \int_{-\infty}^{\infty} f(x)\, e^{-ikx}\, dx\,. \tag{C.18}$$

La trasformata di Fourier $\mathcal{F}[f(x)](k)$ ha molte proprietà interessanti. Ad esempio, a causa della linearità dell'integrale la trasformata di Fourier è chiaramente una mappa lineare:

$$\mathcal{F}[a\, f(x) + b\, g(x)](k) = a\, \mathcal{F}[f(x)](k) + b\, \mathcal{F}[g(x)](k)\,. \tag{C.19}$$

Inoltre, si trova immediatamente che

$$\mathcal{F}[f(x-a)](k) = e^{-ika}\, \mathcal{F}[f(x)](k)\,, \tag{C.20}$$

$$\mathcal{F}[e^{ik_0x} f(x)](k) = \mathcal{F}[f(x)](k-k_0)\,. \tag{C.21}$$

$$\mathcal{F}[x\, f(x)](k) = i\, \tilde{f}'(k)\,, \tag{C.22}$$

$$\mathcal{F}[f^{(n)}(x)](k) = (ik)^n\, \tilde{f}(k)\,, \tag{C.23}$$

dove $f^{(n)}(x)$ è la n-esima derivata di $f(x)$ rispetto a x.

Nella Tabella C.1 riportiamo le trasformate di Fourier $\mathcal{F}[f(x)](k)$ di alcune funzioni elementari $f(x)$, compresa la funzione delta di Dirac $\delta(x)$ e la funzione gradino di Heaviside $\Theta(x)$. Inseriamo anche la funzione segno $\mathrm{sgn}(x)$ definita come: $\mathrm{sgn}(x) = 1$ per $x > 0$ e $\mathrm{sgn}(x) = -1$ per $x < 0$.

Tabella C.1 Trasformate di Fourier $\mathcal{F}[f(x)](k)$ di semplici funzioni $f(x)$, dove $\delta(x)$ è la funzione delta di Dirac, sgn(x) è la funzione segno, e $\Theta(x)$ è la funzione gradino di Heaviside

$f(x)$	$\mathcal{F}[f(x)](k)$
0	0
1	$2\pi\delta(k)$
$\delta(x)$	1
$\Theta(x)$	$\frac{1}{ik} + \pi\,\delta(k)$
e^{ik_0x}	$2\pi\,\delta(k-k_0)$
$e^{-x^2/(2a^2)}$	$a\sqrt{2\pi}e^{-a^2k^2/2}$
$e^{-a\lvert x\rvert}$	$\frac{2a}{a^2+k^2}$
$\mathrm{sgn}(x)$	$\frac{2}{ik}$
$\sin(k_0x)$	$\frac{\pi}{i}[\delta(k-k_0)-\delta(k+k_0)]$
$\cos(k_0x)$	$\pi[\delta(k-k_0)+\delta(k+k_0)]$

C.3.2 Trasformata di Fourier e teorema di indeterminazione

La tabella delle trasformate di Fourier mostra chiaramente che la trasformata di Fourier localizza funzioni che sono delocalizzate, mentre delocalizza funzioni che sono localizzate. Infatti, la trasformata di Fourier di una costante è una funzione delta di Dirac mentre la trasformata di Fourier di una funzione delta di Dirac è una costante. In generale, vale il seguente teorema di indeterminazione

$$\Delta x\,\Delta k \geq \frac{1}{2}\,, \tag{C.24}$$

dove

$$(\Delta x)^2 = \int_{-\infty}^{\infty} x^2\,|f(x)|^2\,dx - \left(\int_{-\infty}^{\infty} x\,|f(x)|^2\,dx\right)^2 \tag{C.25}$$

e

$$(\Delta k)^2 = \int_{-\infty}^{\infty} k^2\,|\tilde{f}(k)|^2\,dk - \left(\int_{-\infty}^{\infty} k\,|\tilde{f}(k)|^2\,dk\right)^2 \tag{C.26}$$

sono le dispersioni dei pacchetti d'onda rispettivamente nello spazio x e nello spazio duale k. Questo teorema non è altro che il principio di indeterminazione della meccanica quantistica formulato da Werner Heisenberg nel 1927, dove x è la posizione e k è il numero d'onda. Un'altra relazione interessante e intuitiva è l'identità di Parseval, data da

$$\int_{-\infty}^{+\infty} |f(x)|^2 dx = \int_{-\infty}^{+\infty} |\tilde{f}(k)|^2 dk\,. \tag{C.27}$$

C.4 Trasformata di Fourier di funzioni spazio-tempo

La trasformata di Fourier è spesso utilizzata in elettronica. In quel campo di ricerca il segnale di ampiezza f dipende sul tempo t, cioè $f = f(t)$. In questo caso la variabile duale del tempo t è la frequenza ω e l'integrale di Fourier è solitamente scritto come

$$f(t) = \frac{1}{2\pi} \int_{-\infty}^{+\infty} \tilde{f}(\omega)\, e^{-i\omega t}\, dk \tag{C.28}$$

con

$$\tilde{f}(\omega) = \mathcal{F}[f(t)](\omega) = \int_{-\infty}^{\infty} f(t)\, e^{i\omega t}\, dt \tag{C.29}$$

la trasformata di Fourier di $f(t)$. Chiaramente, la funzione $f(t)$ può essere vista come l'anti-trasformata di Fourier di $\tilde{f}(\omega)$, in simboli

$$f(t) = \mathcal{F}^{-1}[\tilde{f}(\omega)](t) = \mathcal{F}^{-1}[\mathcal{F}[f(t)](\omega)](t)\,, \tag{C.30}$$

che ovviamente significa che la composizione $\mathcal{F}^{-1} \circ \mathcal{F}$ dà l'identità.

Più in generale, se il segnale f dipende dalle 3 coordinate spaziali $\mathbf{r} = (x, y, z)$ e dal tempo t, cioè $f = f(\mathbf{r}, t)$, si possono introdurre trasformate di Fourier da $\mathbf{r}$ a $\mathbf{k}$, da t a ω, o entrambe. In quest'ultimo caso si ottiene ovviamente

$$f(\mathbf{r}, t) = \frac{1}{(2\pi)^4} \int_{\mathbb{R}^4} \tilde{f}(\mathbf{k}, \omega)\, e^{i(\mathbf{k}\cdot\mathbf{x} - \omega t)}\, d^3\mathbf{k}\, d\omega \tag{C.31}$$

con

$$\tilde{f}(\mathbf{k}, \omega) = \mathcal{F}[f(\mathbf{r}, t)](\mathbf{k}, \omega) = \int_{\mathbb{R}^4} f(\mathbf{r}, t)\, e^{-i(\mathbf{k}\cdot\mathbf{r} - \omega t)}\, d^3\mathbf{r}\, dt\,. \tag{C.32}$$

Anche in questo caso generale la funzione $f(\mathbf{r}, t)$ può essere vista come l'anti-trasformata di Fourier di $\tilde{f}(\mathbf{k}, \omega)$, in simboli

$$f(\mathbf{r}, t) = \mathcal{F}^{-1}[\tilde{f}(\mathbf{k}, \omega)](\mathbf{r}, t) = \mathcal{F}^{-1}[\mathcal{F}[f(\mathbf{r}, t)](\mathbf{k}, \omega)](\mathbf{r}, t)\,. \tag{C.33}$$

Appendice D. Equazioni differenziali

D.1 ODE di primo ordine

Una tipica equazione differenziale ordinaria (*Ordinary Differential Equation*, ODE) di primo ordine è data da

$$a(x)\, f'(x) + b(x)\, f(x) = g[f(x), x] \,, \tag{D.1}$$

dove $f(x)$ è la funzione sconosciuta, mentre $a(x)$, $b(x)$ e $g[f(x), x]$ sono funzioni note. Questa è un'ODE di primo ordine perché appare solo la prima derivata $f'(x)$ della funzione sconosciuta $f(x)$. Ad esempio, l'equazione potrebbe essere

$$f'(x) = 2\sin(x) f(x)^2 + 3 \,, \tag{D.2}$$

dove chiaramente in questo caso abbiamo che $a(x) = 1$, $b(x) = 0$ e $g[f(x), x] = 2\sin(x) f(x)^2 + 3$.

L'ODE di primo ordine più generale con coefficienti costanti è

$$a\ f'(x) + b\ f(x) = c \,, \tag{D.3}$$

dove $f(x)$ è la funzione sconosciuta, mentre a, b e c sono coefficienti noti. Ad esempio, l'equazione potrebbe essere

$$-f'(x) + 3\ f(x) = \pi \,, \tag{D.4}$$

dove chiaramente in questo caso abbiamo che $a = -1$, $b = 3$ e $c = \pi$. È importante notare che i coefficienti a, b e c potrebbero anche essere numeri complessi. In questo caso la funzione sconosciuta $f(x)$ ha un codominio complesso. Se $c = 0$ l'ODE si dice omogenea.

L'ODE omogenea di primo ordine con coefficienti costanti

$$a\ f'(x) + b\ f(x) = 0 \,, \tag{D.5}$$

L. Salasnich, F. Lorenzi, *Introduzione alla fisica moderna*,
https://doi.org/10.1007/978-3-032-17303-4

ammette la soluzione generale

$$f(x) = A\, e^{\kappa x} \tag{D.6}$$

dove κ è la soluzione dell'equazione algebrica

$$a\kappa + b = 0 \qquad \text{cioè} \qquad \kappa = -\frac{b}{a}\,, \tag{D.7}$$

mentre la costante arbitraria A è determinata fissando una condizione iniziale alla funzione sconosciuta $f(x)$. Questo risultato è dimostrato verificando che una volta inserita l'Eq. (D.6) nel lato sinistro dell'uguale dell'Eq. (D.5) troviamo zero solo se κ soddisfa l'Eq. (D.7).

Come esempio, consideriamo l'ODE omogenea di primo ordine con coefficienti costanti

$$f'(x) + 4\, f(x) = 0 \tag{D.8}$$

con la condizione iniziale $f(0) = 3$. Questa equazione ammette la soluzione generale

$$f(x) = A\, e^{\kappa x}\,, \tag{D.9}$$

dove κ è la soluzione dell'equazione algebrica

$$\kappa + 4 = 0 \qquad \text{cioè} \qquad \kappa = -4\,, \tag{D.10}$$

e quindi

$$f(x) = A\, e^{-4x}\,. \tag{D.11}$$

La condizione iniziale $f(0) = 3$ implica $f(0) = A = 3$. In definitiva, la soluzione dell'ODE risulta in

$$f(x) = 3\, e^{-4x}\,. \tag{D.12}$$

D.1.1 Separazione delle variabili

L'ODE omogenea di primo ordine del tipo

$$a(x)\; f'(x) = d(x)\; p[f(x)]\,, \tag{D.13}$$

può essere risolta formalmente con il metodo della separazione delle variabili. Dato che $f'(x) = \frac{df}{dx}$ l'equazione può essere riscritta formalmente come

$$a(x)\frac{df}{dx} = d(x)\, p[f] \tag{D.14}$$

e quindi anche

$$\frac{df}{p[f]} = \frac{d(x)}{a(x)} dx \,. \tag{D.15}$$

Questa equazione che coinvolge le differenziali df e dx può essere integrata, dando

$$\int_{f(x_0)}^{f(x)} \frac{df}{p[f]} = \int_{x_0}^{x} \frac{d(x)}{a(x)} dx \,, \tag{D.16}$$

dove $f(x_0)$ è la condizione iniziale di $f(x)$ a x_0. Se riusciamo a calcolare i due integrali, otteniamo la soluzione $f(x)$ cercata.

Ad esempio, consideriamo l'ODE

$$x\ f'(x) = x^3\ f(x)^2 \,, \tag{D.17}$$

con condizione iniziale $f(1) = 2$. Impostando $f'(x) = \frac{df}{dx}$ l'equazione può essere riscritta come

$$\frac{df}{dx} = x^2\ f^2 \tag{D.18}$$

e quindi

$$\frac{df}{f^2} = x^2 dx \,. \tag{D.19}$$

Questa equazione tra differenziali può essere integrata

$$\int_2^{f(x)} \frac{df}{f^2} = \int_1^x x^2 dx \tag{D.20}$$

e otteniamo quindi

$$\left[-\frac{1}{f}\right]_2^{f(x)} = \left[\frac{x^3}{3}\right]_1^x . \tag{D.21}$$

Ne segue che

$$-\frac{1}{f(x)} + \frac{1}{2} = \frac{x^3}{3} - \frac{1}{3} \tag{D.22}$$

e infine

$$f(x) = \frac{1}{\frac{5}{6} - \frac{x^3}{3}} \,. \tag{D.23}$$

D.2 ODE del secondo ordine

Una tipica equazione differenziale ordinaria (ODE) del secondo ordine è data da

$$a(x)\ f''(x) + b(x)\ f'(x) + c(x)\ f(x) = d[f(x), x]\,, \tag{D.24}$$

dove $f(x)$ è la funzione sconosciuta, mentre $a(x)$, $b(x)$, $c(x)$, e $d[f(x), x]$ sono funzioni note. Questa è un'ODE del secondo ordine perché appare la seconda derivata $f''(x)$ della funzione sconosciuta $f(x)$ ma non derivate superiori. Ad esempio, l'equazione potrebbe essere

$$x^2\ f''(x) + 3\ f'(x) = 2\sin(x) f(x)^4\,, \tag{D.25}$$

dove chiaramente in questo caso abbiamo che $a(x) = x^2$, $b(x) = 3$, $c(x) = 0$, e $d[f(x), x] = 2\sin(x) f(x)^4$.

L'ODE del secondo ordine più generale con coefficienti costanti è

$$a\ f''(x) + b\ f'(x) + c\ f(x) = d\ , \tag{D.26}$$

dove $f(x)$ è la funzione sconosciuta, mentre a, b, c e d sono coefficienti noti. Ad esempio, l'equazione potrebbe essere

$$3\ f''(x) - f'(x) + 2\ f(x) = -7\,, \tag{D.27}$$

dove chiaramente in questo caso abbiamo che $a = 3$, $b = -1$, $c = 2$ e $d = -7$. È importante notare che i coefficienti a, b, c, d potrebbero anche essere numeri complessi. In questo caso anche la funzione sconosciuta $f(x)$ sarà una funzione con codominio complesso. Se $d = 0$ l'ODE è detta omogenea.

L'ODE omogenea del secondo ordine con coefficienti costanti

$$a\ f'(x) + b\ f'(x) + c\ f(x) = 0\,, \tag{D.28}$$

ammette la soluzione generale

$$f(x) = Ae^{\kappa_1 x} + Be^{\kappa_2 x} \tag{D.29}$$

dove κ_1 e κ_2 sono le due soluzioni complesse dell'equazione algebrica

$$a\kappa^2 + b\kappa + c = 0\,, \tag{D.30}$$

mentre le costanti arbitrarie A e B sono determinate fissando due condizioni iniziali alla funzione sconosciuta $f(x)$. Questo risultato è dimostrato verificando che una volta inserita l'Eq. (D.29) nel lato sinistro dell'Eq. (D.28) si trova zero solo se κ soddisfa l'Eq. (D.30).

Come esempio, consideriamo la seguente ODE omogenea del secondo ordine con coefficienti costanti

$$f''(x) + 4\, f(x) = 0 \tag{D.31}$$

con condizioni iniziali $f(0) = 1$ e $f'(0) = 0$. Questa equazione ammette la soluzione generale

$$f(x) = Ae^{\kappa_1 x} + Be^{\kappa_2 x} \tag{D.32}$$

dove κ_1 e κ_2 sono le due soluzioni complesse dell'equazione algebrica

$$\kappa^2 + 4 = 0\,, \tag{D.33}$$

cioè $\kappa_1 = -2i$ e $\kappa_2 = 2i$, e quindi

$$f(x) = Ae^{-i2x} + Be^{i2x}\,. \tag{D.34}$$

In questo esempio abbiamo anche

$$f'(x) = -i2Ae^{-i2x} + i2Be^{i2x}\,. \tag{D.35}$$

La condizione iniziale $f'(0) = 0$ implica

$$f'(0) = -i2A + i2B = 0 \tag{D.36}$$

e quindi

$$A = B\,. \tag{D.37}$$

Inoltre, la condizione iniziale $f(0) = 1$ implica.

$$f(0) = A + B = 2A = 1\,, \tag{D.38}$$

e quindi

$$A = B = \frac{1}{2}\,. \tag{D.39}$$

Si conclude che la soluzione dell'ODE è

$$f(x) = \frac{1}{2}\left(e^{-i2x} + e^{i2x}\right) = \cos(2x)\,. \tag{D.40}$$

D.3 La legge di Newton come ODE del secondo ordine

È importante sottolineare che la familiare legge di Newton

$$\mathbf{F} = m\,\mathbf{a} \tag{D.41}$$

è a tutti gli effetti un'ODE del secondo ordine. Infatti, può essere scritta in forma completa come

$$\mathbf{F}(\mathbf{r}(t), \frac{d\mathbf{r}(t)}{dt}) = m\frac{d^2\mathbf{r}(t)}{dt^2} \tag{D.42}$$

dove la funzione sconosciuta è il vettore raggio $\mathbf{r}(t)$ in funzione del tempo t.

Infatti, l'accelerazione appare nella legge di Newton $\mathbf{a}(t)$ al tempo t. Questa può essere scritta come la seconda derivata rispetto al tempo t del vettore posizione $\mathbf{r}(t)$, cioè

$$\mathbf{a}(t) = \frac{d^2\mathbf{r}(t)}{dt^2}. \tag{D.43}$$

Inoltre, in certi casi, la forza $\mathbf{F}$ può dipendere non solo dalla posizione $\mathbf{r}(t)$ ma anche dalla velocità $\mathbf{v}(t)$, e quindi dalla prima derivata del vettore posizione, poiché $\mathbf{v}(t) = d\mathbf{r}(t)/dt$.

D.4 Equazioni differenziali alle derivate parziali

Un'equazione differenziale parziale (PDE) è un'equazione che coinvolge le derivate parziali di una funzione sconosciuta di diverse variabili indipendenti. Ad esempio, nell'equazione differenziale

$$\frac{\partial f(x,y)}{\partial x} + \frac{\partial f(x,y)}{\partial y} = 2x^2\,y \tag{D.44}$$

appaiono le derivate parziali della funzione sconosciuta $f(x, y)$. Questa PDE è del primo ordine perché appaiono solo le prime derivate parziali.

In generale, una PDE è di ordine n se nell'equazione appare la n-esima derivata parziale rispetto ad una qualche variabile. Di solito in Fisica la funzione sconosciuta dipende dalle tre coordinate spaziali x, y, z e dal tempo t. La funzione sconosciuta può essere una quantità scalare, cioè del tipo $f(x, y, z, t)$ o una quantità vettoriale, cioè del tipo $\mathbf{v}(x, y, z, t)$. In modo compatto, possiamo riscrivere le due funzioni come $f(\mathbf{r}, t)$ e $\mathbf{v}(\mathbf{r}, t)$, rispettivamente. In Fisica, una quantità che dipende dalle tre coordinate spaziali è chiamata un campo. Quindi, si possono avere campi scalari e campi vettoriali. Più in generale, possiamo avere anche campi tensoriali.

D.4.1 Equazione delle onde

Un tipico esempio di PDE dalla Fisica è l'equazione delle onde, chiamata anche equazione di d'Alembert, data da

$$\left(\frac{1}{c^2}\frac{\partial^2}{\partial t^2} - \nabla^2\right) f(\mathbf{r}, t) = 0\,, \tag{D.45}$$

dove

$$\nabla^2 = \frac{\partial^2}{\partial x^2} + \frac{\partial^2}{\partial y^2} + \frac{\partial^2}{\partial z^2} \tag{D.46}$$

è noto come operatore differenziale di Laplace, o Laplaciano, a volte chiamato anche nabla. La costante c è la velocità di propagazione dell'onda. Nel caso delle onde elettromagnetiche c è la velocità della luce. Nel caso delle onde sonore, c è la velocità del suono. Questa equazione può essere scritta in modo ancora più compatto

$$\Box f(\mathbf{r}, t) = 0\,, \tag{D.47}$$

dove

$$\Box = \frac{1}{c^2}\frac{\partial^2}{\partial t^2} - \nabla^2 \tag{D.48}$$

è noto come operatore differenziale di d'Alembert, o d'Alembertiano. L'Eq. (D.47) ammette la seguente soluzione complessa, chiamata onda piana monocromatica

$$f(\mathbf{r}, t) = f_0\, e^{i(\mathbf{k}\cdot\mathbf{r} - \omega\, t)}\,, \tag{D.49}$$

dove f_0 è una costante arbitraria, chiamata l'ampiezza dell'onda, $\mathbf{k}$ è chiamato il vettore d'onda, e ω è chiamato la frequenza angolare dell'onda. Il vettore d'onda e la frequenza angolare non sono indipendenti. Infatti tra loro esiste la seguente relazione

$$\omega = c\, k \tag{D.50}$$

chiamata la relazione di dispersione, con $k = |\mathbf{k}|$. La relazione di dispersione si ottiene immediatamente inserendo la funzione (D.49) nell'Eq. (D.47). Come abbiamo già visto, impostando $\omega = 2\pi\nu$ e $k = 2\pi/\lambda$ la relazione può essere riscritta come

$$\lambda\, \nu = c\,. \tag{D.51}$$

Poiché l'operatore d'Alembertiano è lineare, tenendo conto della formula di Euler dei numeri complessi, è immediato verificare che anche le funzioni

$$f(\mathbf{r}, t) = A\, \cos\left(\mathbf{k}\cdot\mathbf{r} - \omega\, t\right) \tag{D.52}$$

e

$$f(\mathbf{r},t) = B\,\sin(\mathbf{k}\cdot\mathbf{r} - \omega\,t) \tag{D.53}$$

sono soluzioni dell'equazione d'onda. Anche in questo caso la relazione di dispersione $\omega = ck$ vale, e A e B sono costanti arbitrarie. Più in generale, segue immediatamente che anche

$$f(\mathbf{r},t) = A\,\cos(\mathbf{k}\cdot\mathbf{r} - \omega\,t) + B\,\sin(\mathbf{k}\cdot\mathbf{r} - \omega\,t) \tag{D.54}$$

è soluzione, ma anche

$$f(\mathbf{r},t) = f_0\,e^{i(\mathbf{k}\cdot\mathbf{r}-\omega\,t)} + f_1\,e^{-i(\mathbf{k}\cdot\mathbf{r}-\omega\,t)} \tag{D.55}$$

è una soluzione di (D.47) con f_0 e f_1 costanti arbitrarie.

D.4.2 Equazione di diffusione

Un altro esempio tipico di EDP è l'equazione di diffusione, chiamata anche equazione del calore, data da

$$\frac{\partial}{\partial t} f(\mathbf{r},t) = D\nabla^2 f(\mathbf{r},t)\,, \tag{D.56}$$

dove D è una costante, di solito reale, che è il cosiddetto coefficiente di diffusione. Questa equazione assomiglia alla equazione di Schrödinger di una particella quantistica in assenza di un potenziale esterno. Nel caso dell'equazione di Schrödinger il coefficiente D è un numero complesso dato da

$$D = \frac{i\hbar}{2m}\,, \tag{D.57}$$

dove i è l'unità immaginaria, $\hbar$ è la costante di Planck ridotta, e m è la massa della particella quantistica.

Considerando il caso di una singola coordinata spaziale, l'equazione di diffusione diventa

$$\frac{\partial}{\partial t} f(x,t) = D\frac{\partial^2}{\partial x^2} f(x,t)\,. \tag{D.58}$$

Assumendo che al tempo $t = 0$ la condizione iniziale sia gaussiana

$$f(x,t=0) = e^{-x^2}\,, \tag{D.59}$$

si può verificare che la soluzione al tempo t è

$$f(x,t) = \frac{1}{\sqrt{\zeta(t)}} e^{-\frac{x^2}{\zeta(t)}} , \tag{D.60}$$

dove

$$\zeta(t) = 1 + 2Dt . \tag{D.61}$$

Quindi se $D > 0$ la soluzione si allarga e si abbassa con l'aumentare del tempo, cioè, si diffonde.

Appendice E. Teoria della diffusione

E.1 Problema di Schrödinger di due particelle in collisione

Nella teoria quantistica della diffusione si presume solitamente che una particella in arrivo, descritta da un'onda piana lungo l'asse z, si disperda con un bersaglio, modellato da un potenziale esterno sfericamente simmetrico (anche chiamato centrale) $V(\mathbf{r})$. Lo stesso risultato si ottiene considerando la diffusione tra due particelle identiche di massa m nel centro del sistema di riferimento della massa. In questo caso la particella effettiva ha la massa ridotta $m_r = m/2$ e $V(\mathbf{r})$ rappresenta il potenziale inter-particella tra le due particelle con $\mathbf{r}$ il vettore di posizione relativa. Di seguito considereremo la collisione tra due particelle identiche che è descritta dall' equazione di Schrödinger stazionaria

$$\left(-\frac{\hbar^2}{2m_r}\nabla^2 + V(\mathbf{r})\right)\psi(\mathbf{r}) = E_k \ \psi(\mathbf{r}) \tag{E.1}$$

con $E_k = \hbar^2 k^2/(2m_r)$ l'energia della particella effettiva caratterizzata dal vettore d'onda iniziale $\mathbf{k} = (0, 0, k)$. Una soluzione asintotica dell'Eq. (E.1) è

$$\psi(\mathbf{r}) \simeq e^{ikz} + f(k, \theta)\frac{e^{ikr}}{r} , \tag{E.2}$$

che è una sovrapposizione tra l'onda piana iniziale e^{ikz} lungo l'asse z e l'onda sferica finale e^{ikr}/r, con $f(k, \theta)$ è la cosiddetta ampiezza di diffusione. Introduciamo ora il concetto di sezione d'urto differenziale, che può essere correlato agli esperimenti. Consideriamo un fascio incidente di particelle in un potenziale fisso nello spazio, costituito da un numero di particelle per unità di area per unità di tempo dato da I. Se le particelle hanno densità numerica n e velocità $\mathbf{v}$, il numero è dato da $I = n|\mathbf{v}|$. La sezione d'urto differenziale $d\sigma/d\Omega$ è definita dalla probabilità di diffusione di una particella, per unità di tempo, per unità di angolo solido, in una data direzione. Di conseguenza, $I(d\sigma/d\Omega)d\Omega$ è il numero di particelle scatterate nell'angolo solido $d\Omega$, per unità di tempo.

L. Salasnich, F. Lorenzi, *Introduzione alla fisica moderna*,
https://doi.org/10.1007/978-3-032-17303-4

Prendendo il modulo quadro della componente scatterata della funzione d'onda nell'Eq. (E.2) possiamo correlare la sezione d'urto differenziale nella direzione θ all'ampiezza di diffusione come

$$\frac{d\sigma}{d\Omega} = |f(k,\theta)|^2 \,. \tag{E.3}$$

E.2 Ampiezza di diffusione e approssimazione di Born

Il problema della diffusione dipende in modo cruciale dall'ampiezza di diffusione $f(k,\theta)$. È necessario mostrare come si può calcolare esplicitamente $f(k,\theta)$ per un dato potenziale $V(\mathbf{r})$. L'Eq. (E.1) ammette la soluzione formale e implicita di Lippmann-Schwinger

$$\psi(\mathbf{r}) = e^{i\mathbf{k}\cdot\mathbf{r}} - \frac{m}{4\pi\hbar^2}\int d^3\mathbf{r}' \frac{e^{ik|\mathbf{r}-\mathbf{r}'|}}{|\mathbf{r}-\mathbf{r}'|} V(\mathbf{r}')\,\psi(\mathbf{r}') \,. \tag{E.4}$$

In campo lontano, dove

$$\frac{e^{ik|\mathbf{r}-\mathbf{r}'|}}{|\mathbf{r}-\mathbf{r}'|} \simeq \frac{e^{ikr}}{r} \,, \tag{E.5}$$

l'Eq. (E.4) diventa l'Eq. (E.2) con

$$f(k,\theta) = -\frac{m}{4\pi\hbar^2}\int d^3\mathbf{r}'\, V(\mathbf{r}')\,\psi(\mathbf{r}') \,. \tag{E.6}$$

Sostituendo in questa formula $\psi(\mathbf{r}')$ con $e^{i\mathbf{k}\cdot\mathbf{r}'}$ otteniamo l'approssimazione di Born per l'onda s

$$f_0(k) = -\frac{m}{4\pi\hbar^2}\int d^3\mathbf{r}'\, V(\mathbf{r}')\, e^{i\mathbf{k}\cdot\mathbf{r}'} = -\frac{m}{4\pi\hbar^2}\tilde{V}(k) \tag{E.7}$$

per l'ampiezza di diffusione in onda s, con $\tilde{V}(k)$ la trasformata di Fourier di $V(\mathbf{r})$.

E.3 Sezione d'urto e lunghezza di diffusione in onda s

L'ampiezza di diffusione $f(k,\theta)$ è spesso scritta come

$$f(k,\theta) = \sum_{l=0}^{\infty}(2l+1) f_l(k)\, P_l(\cos(\theta)) \,, \tag{E.8}$$

dove $P_l(x)$ sono i polinomi di Legendre e $f_l(k)$ sono le ampiezze di diffusione parziale. Inoltre, solitamente si introduce lo shift di fase $\delta_l(k)$ tale che

$$f_l(k) = \frac{e^{i\delta_l(k)}}{k} \sin(\delta_l(k)) \ . \tag{E.9}$$

La corrispondente sezione d'urto integrata $\sigma(k)$ è

$$\begin{aligned} \sigma(k) &= \int \frac{d\sigma}{d\Omega} d\Omega = \int_0^{2\pi} d\phi \int_0^{\pi} d\theta \ \sin(\theta) \, |f(k,\theta)|^2 \\ &= 4\pi \sum_{l=0}^{\infty} (2l+1) |f_l(k)|^2 = \frac{4\pi}{k^2} \sum_{l=0}^{\infty} (2l+1) \sin^2(\delta_l(k)) \ . \end{aligned} \tag{E.10}$$

A bassi momenti si può considerare solo la diffusione in onda s ($l = 0$) e la sezione d'urto differenziale non dipende dall'angolo θ. In questo caso la sezione d'urto di diffusione è solo

$$\sigma(k) = 4\pi |f_0(k)|^2 = \frac{4\pi}{k^2} \sin^2(\delta_0(k)) \ , \tag{E.11}$$

dove $\delta_0(k)$ è lo shift di fase in onda s della sezione d'urto. La lunghezza di diffusione in onda s a_s, che caratterizza la dimensione effettiva del bersaglio, è quindi definita come il seguente limite a bassa energia

$$a_s = - \lim_{k\to 0} \frac{1}{k} \tan(\delta_0(k)) \ . \tag{E.12}$$

In questo modo si trova quindi

$$\lim_{k\to 0} \sigma(k) = 4\pi a_s^2 \ . \tag{E.13}$$

Quindi, per un gas di atomi molto diluito e ultrafreddo la sezione d'urto $\sigma(k)$ degli atomi a bassa energia può essere effettivamente approssimata come $\sigma(k) \simeq \sigma(0) = 4\pi a_s^2$, dove il valore di a_s deve essere ottenuto dalla conoscenza dell'ampiezza di diffusione in onda s $f_0(k)$ o della fase in onda s. spostamento $\delta_0(k)$.

Lavorando nell'approssimazione di Born e considerando il potenziale di contatto

$$V(\mathbf{r}) = g \, \delta^{(3)}(\mathbf{r}) \tag{E.14}$$

con $\delta^{(3)}(\mathbf{r})$ la funzione delta di Dirac in tre dimensioni spaziali, poiché $\tilde{V}(k) = g$ si trova quindi

$$a_s = \frac{m}{4\pi\hbar^2} g \ , \tag{E.15}$$

che è una relazione esplicita tra la lunghezza di diffusoine s-wave a_s e la forza g dell'interazione di contatto. Considerando invece il potenziale a buca quadrata attrattivo

$$V(\mathbf{r}) = \begin{cases} -V_0 & \text{per } r < R_0 \\ 0 & \text{per } r > R_0 \end{cases} \tag{E.16}$$

è possibile derivare l'espressione

$$a_s = R_0\left(1 - \frac{\tan(k_0 R_0)}{k_0 R_0}\right) \tag{E.17}$$

con $k_0 = \sqrt{m V_0/\hbar^2}$. Il comportamento della lunghezza di diffusione a_s in funzione di $k_0 R_0$ è piuttosto notevole: per $k_0 R_0 \to 0^+$ risulta $a_s \to 0^-$, per $k_0 R_0 \to (\pi/2)^{\mp}$ segue che $a_S \to \pm\infty$. Una lunghezza di diffusione divergente a_s significa la formazione di uno stato legato (anche la sezione d'urto di diffusione diverge) e si dice che si verifica una risonanza. In realtà, aumentando la profondità del potenziale V_0 si produce un nuovo stato legato e una risonanza ogni volta che $k_0 R_0 = (2j + 1)\pi/2$ con j un numero naturale.

Bibliografia

1. J. S. Bell, Physics World **3**, (8) 33 (1990).
2. J.D. Bjorken e S.D. Drell, Relativistic Quantum Mechanics (McGraw-Hill, 1964).
3. P.M.S. Blackett e G. P. S. Occhialini, Proceedings Royal Society of London A **139**, 699 (1933).
4. L. Boltzmann, Sitzungsberichte der Kaiserlichen Akademie der Wissenschaften in Wien, Mathematisch-Naturwissenschaftliche Classe **66**, 275 (1872).
5. M. Born, Zeitschrift für Physik **37**, 863 (1926).
6. M. Born, Zeitschrift für Physik **38**, 803 (1926).
7. M. Born e P. Jordan, Zeitschrift für Physik **34**, 858 (1925).
8. M. Born, W. Heisenberg, e P. Jordan, Zeitschrift für Physik **35**, 557 (1926).
9. N. Bohr, Philosophical Magazine **26**, 1 (1913).
10. B.H. Bransden e C.J. Joachain, Physics of Atoms and Molecules (Prentice Hall, 2003).
11. C. Cohen-Tannoudji, B. Dui, e F. Laloe, Quantum Mechanics (Wiley, 2019).
12. A.H. Compton, Physical Review **21**, 483 (1923).
13. C.J. Davisson e L.H. Germer, Proceedings National Academy Sciences **14**, 317 (1928).
14. P.A.M. Dirac, Proceedings Royal Society of London A **114**, 243 (1927).
15. P.A.M. Dirac, The Principles of Quantum Mechanics. Pubblicato per la prima volta nel 1928 (Oxford Univ. Press, 1982).
16. L. De Broglie, Annales de Physique **10**, 22 (1925).
17. A. Einstein, Annalen der Physik **17**, 891 (1905).
18. A. Einstein, Annalen der Physik **17**, 132 (1905).
19. A. Einstein, Sitzungsberichte der Preussischen Akademie der Wissenschaften zu Berlin, Part 2, 844 (1915).
20. A. Einstein, Verhandlungen der Deutschen Physikalischen Gesellschaft **18**, 318 (1916).
21. G.F. Fitzgerald, Science **13**, 390 (1889).
22. J.W. Gibbs, Elementary Principles in Statistical Mechanics (Charles Scribner's Sons, 1902; Cambridge Univ. Press, 2010).
23. W. Heisenberg, Zeitschrift für Physik **33**, 879 (1925).
24. D. Hilbert, Nachrichten von der Gesellschaft der Wissenschaften zu Göttingen, Mathematisch-Physikalische Klasse **3**, 395 (1915).
25. K. Huang, Statistical Mechanics (Wiley, 1987).
26. L.D. Landau e E.M. Lifshitz, The Classical Theory of Fields (Pergamon, 1980).
27. L.D. Landau e E.M. Lifshitz, Quantum Mechanics: Non-Relativistic Theory (Pergamon, 1981).
28. L.D. Landau e E.M. Lifshitz, Statistical Physics (Pergamon, 1980).
29. H.A. Lorentz, Proceedings Royal Netherlands Academy of Arts and Sciences **6**, 809 (1904).
30. J.C. Maxwell, Philosophical Transactions Royal Society of London **157**, 49 (1867).
31. J.D. McGervey, Introduction to Modern Physics (Academic Press, 1983).

L. Salasnich, F. Lorenzi, *Introduzione alla fisica moderna*,
https://doi.org/10.1007/978-3-032-17303-4

32. P.G. Merli, G.F. Missiroli, e G. Pozzi, American Journal of Physics **44**, 306 (1976).
33. A.A. Michelson e E. W. Morley, American Journal of Science **34**, 333 (1887).
34. A. A. Michelson e E. W. Morley, American Journal of Science **34**, 427 (1887).
35. M. Planck, Verhandlungen der Deutschen Physikalischen Gesellschaft **2**, 237 (1900).
36. H. Poincaré, Revue de Metaphysique et de Morale **6**, 1 (1898).
37. W. Rindler, Introduction to Special Relativity (Oxford Univ. Press, 1991).
38. R.W. Robinett, Quantum Mechanics: Classical Results, Modern Systems, and Visualized Examples (Oxford Univ. Press, 2006).
39. M. Robnik e L. Salasnich, Journal of Physics A **30**, 1711 (1997).
40. M. Robnik e L. Salasnich, Journal of Physics A **30**, 1719 (1997).
41. J.R. Rydberg, Proceedings of the Royal Swedish Academy of Science **23**, 1 (1889).
42. L. Ryder, Introduction to General Relativity (Cambridge Univ. Press, 2009).
43. J.J. Sakurai e J. Napolitano, Modern Quantum Mechanics (Cambridge Univ. Press, 2020).
44. L. Salasnich, Quantum Physics of Light and Matter: Photons, Atoms, and Strongly Correlated Systems (Springer, 2017).
45. E. Schrödinger, Physical Review **28**, 1049 (1926).
46. R.A. Serway, C.J. Moses, C.A. Moyer, Modern Physics (Brooks/Cole Publishing Company, 2004).
47. A. Tonomura, J. Endo, T. Matsuda, T. Kawasaki, e H. Ezawa, American Journal of Physics **57**, 117 (1989).
48. J. von Neumann, Mathematical Foundations of Quantum Mechanics. Pubblicato per la prima volta nel 1932 (Princeton Univ. Press, 2018).
49. W. Zurek, Review of Modern Physics **75**, 715 (2003).

Indice analitico

A
Algoritmo di Deutsch-Jozsa, 198
Approssimazione del punto di sella, 211
Approssimazione di Born-Oppenheimer, 155
Armoniche sferiche, 125, 126
Atomo di idrogeno, 52, 53, 66, 123–125, 136, 137, 141, 143
Autofunzione, 75, 79, 83, 154
Azione euclidea, 210

B
Bosoni, 129, 149–152, 154, 156–158, 168, 170, 172

C
Campo gravitazionale, 35
Capacità termica, 13, 49–51
Coefficienti di Einstein, 57
Condensazione di Bose-Einstein, 151, 158, 171, 172
Contrazione delle lunghezze, 22
Corpo nero, 37, 38, 40, 41, 170
Costante di Planck, 7, 39

D
Decomposizione di Trotter-Suzuki, 207
Densità di stati, 7, 12, 40, 51, 164
Determinante di Slater, 152, 158
Diffusione, 89
Dilatazione del tempo, 23
Distribuzione di Bose-Einstein, 171
Distribuzione di Fermi-Dirac, 174, 223
Distribuzione di Maxwell-Boltzmann, 5, 7

E
Effetto Compton, 46
Effetto fotoelettrico, 42, 43
Effetto Stark, 141
Effetto Zeeman, 143–145
Elettrone, 46–48, 52, 53, 66, 123, 127, 134, 140, 143, 152–155, 159, 160
Energia cinetica relativistica, 28, 29
Energia di Fermi, 152, 175
Energia di riposo, 28
Energia libera di Helmholtz, 11, 165
Energia relativistica, 28, 29, 129
Entanglement, 190
Entropia, 9, 164
Entropia di von Neumann, 193
Equazione di Dirac, 130–132, 134
Equazione di Gross-Pitaevskii, 158
Equazione di Klein-Gordon, 130
Equazione di Pauli, 132, 134
Equazione di Schrödinger, 67, 69, 71–75, 81, 84, 90, 92, 93, 101, 103, 107, 123, 125, 129, 155
Equazioni di Einstein, 33
Equazioni di Maxwell, 15, 16, 18

F
Fase stazionaria, 211
Fermioni, 128, 129, 149, 150, 152, 154, 155, 158, 159, 168, 173, 175
Fonone, 49–51
Fotone, 29, 43–46, 52, 53, 59, 127, 169
Frazione di condensato, 173
Funzione delta di Dirac, 119, 224, 225
Funzione di partizione, 8, 10–12, 165–167

L. Salasnich, F. Lorenzi, *Introduzione alla fisica moderna*,
https://doi.org/10.1007/978-3-032-17303-4

Funzione d'onda, 151
Funzione gradino di Heaviside, 169, 174, 223

G
Gate CNOT, 189
Gran potenziale, 12, 166

H
Hartree-Fock, 156, 158, 159

I
Insieme statistico, 8–11, 163–165
Integrale gaussiano, 212
Intervallo spaziotemporale, 30

K
Kernel, 206

L
Larghezza della linea, 59–61
Legge di Planck, 38–40, 170
Lunghezza d'onda di De Broglie, 65, 66

M
Matrici di Pauli, 131, 186
Meccanica matriciale, 105
Metodo WKB, 96, 100
Misura a operatori positivi, 184
Moto browniano, 1

N
Numero d'onda di Fermi, 175

O
Operatore aggiunto, 76
Operatore autoaggiunto, 76
Operatore del momento angolare, 124, 125, 134, 135, 138
Operatore hermitiano, 76, 109, 206
Operatore numero, 86, 88
Operatore unitario, 112, 186, 195, 206
Operatori a scala, 88, 89
Operatori di creazione e annichilazione, 86

P
Parametri di Stokes, 183
Polarizzazione, 40, 169, 181, 182
Porta di Hadamard, 186
Porte di Pauli, 186
Positrone, 47, 48
Potenziale a buca quadrato, 81
Potenziale a doppia buca, 93, 95
Potenziale a gradino, 90
Potenziale armonico, 83, 87, 103, 104
Potenziale chimico, 168, 169
Potenziale quantico, 74
Potenziale rettangolare, 92
Prima legge della termodinamica, 11, 12
Primo principio della termodinamica, 9
Principio di covarianza generale, 33
Principio di equivalenza, 33
Principio di esclusione di Pauli, 128, 150, 153
Principio di indeterminazione di Heisenberg, 113, 115
Principio variazionale, 120
Probabilità di tunneling, 218
Produzione di coppie, 47
Propagatore, 206
Protone, 52, 123
Punto di inversione, 218
Punto di svolta, 99, 100

Q
Quantità di moto relativistica, 26
Quantizzazione, 39, 53–55, 62, 66, 70, 83, 87, 104, 105, 107, 108, 125, 126, 128, 129, 136, 146, 153
Qubit, 181

R
Raggi X, 46
Regola d'oro di Fermi, 119
Regole di commutazione, 105, 135
Regole di selezione, 127
Relazione di dispersione, 17, 40, 68, 247, 248
Rotazione di Wick, 210

S
Scalare di Ricci, 34
Separazione fine, 137
Sfera di Bloch, 183, 220
Sistema a due livelli, 56, 106, 181
Sistema di riferimento inerziale, 22
Sistema di spin, 219

Spazio delle fasi, 7, 208
Spazio di Hilbert, 75, 108, 109, 191, 194
Spin, 128, 129, 132, 134, 139, 140, 150, 153, 159, 160
Stati di Bell, 190
Stato misto, 192

T

Teletrasporto quantistico, 197
Tempo di vita, 58, 115
Tensore di Ricci, 33
Tensore energia-impulso, 34
Tensore metrico dello spaziotempo, 33, 34
Tensore metrico di Minkowski, 31
Tensore metrico di spazio-tempo, 31, 32
Teorema dell'equipartizione, 3, 13
Teorema di non-clonazione, 195
Teorema spin-statistica, 150
Teoria cinetica, 1
Traccia, 167, 178, 194
Transizione elettromagnetica, 56
Trasformazione di Madelung, 73
Trasformazioni di Galilei, 18, 26
Trasformazioni di Lorentz, 19–22, 25, 26
Tunneling, 91, 93, 96
Tunneling quantistico, 216

MIX
Papier aus verantwortungsvollen Quellen
Paper from responsible sources
FSC® C105338

If you have any concerns about our products,
you can contact us on
ProductSafety@springernature.com

In case Publisher is established outside the EU,
the EU authorized representative is:
Springer Nature Customer Service Center GmbH
Europaplatz 3, 69115 Heidelberg, Germany

Printed by Libri Plureos GmbH
in Hamburg, Germany